浙江省级重点学科应用数学教学改革与科学研究丛书

数值计算基础

主　编　陆建芳

副主编　谢聪聪　练晓鹏

浙江工业大学重点教材建设项目基金资助

科学出版社

北　京

内 容 简 介

本书弱化了理论的严密证明，代之以简单的推导与方法的说明，加强了例题的示范作用，是浙江工业大学教学改革的系列教材之一.

本书主要介绍数值计算的基本理论与方法，内容包括数值计算引论、解线性方程组的直接法、解线性方程组的迭代法、非线性方程(组)的数值解法、插值法、逼近、数值积分与数值微分、常微分方程初值问题数值算法等. 对于数学系的学生，教学内容可侧重算法的理论部分；对于一般工科的学生，教学内容可侧重算法的实用性和实验性部分.

本书可作为应用数学、工程技术和其他相关专业本科生或研究生“数值计算”课程的教材，也可作为计算数学和工程技术人员的参考用书.

图书在版编目(CIP)数据

数值计算基础/陆建芳主编. —北京：科学出版社，2013
(浙江省级重点学科应用数学教学改革与科学研究丛书)
ISBN 978-7-03-037624-4

I. ①数… II. ①陆… III. ①数值计算 IV. ①O241

中国版本图书馆 CIP 数据核字(2013)第 114624 号

责任编辑：石　悦/责任校对：刘亚琦
责任印制：吴兆东/封面设计：华路天然设计工作室

科学出版社 出版
北京东黄城根北街 16 号
邮政编码：100717
http://www.sciencep.com
北京中石油彩色印刷有限责任公司印刷
科学出版社发行　各地新华书店经销
*
2013 年 9 月第 一 版　开本：720 × 1000 1/16
2025 年10月第十次印刷　印张：17 3/4
字数：341 000

定价：49.00 元

(如有印装质量问题，我社负责调换)

“浙江省级重点学科应用数学教学改革与科学研究丛书”

编　委　会

总　序

近年来, 关于数学的各种新观点不断出现.

有一种观点认为, 随着数学的发展, 数学已经从自然科学中分离出来, 成为独立的科学门类——数学科学.

持这种观点的学者的依据是：①从现代数学的发展情况可以看出, 数学的许多内容和方法的产生, 不再是基于研究自然界中存在的物质运动规律的需要, 而是基于数学自身的需要. 例如, $6=3+3$, $8=3+5$, $10=5+5=3+7$, 等等, 即每一个大于等于6的偶数都可以表示为两个奇素数的和, 这就是哥德巴赫猜想, 至今没有证明. 但是, 这样一个在数学中显得十分重要的著名的猜想, 其结果的对与否, 不会对数学之外的任何学科产生影响, 证明它不是自然科学的需要, 而仅仅是数学科学的需要. ②数学不仅具有应用功能, 而且具有其他学科不能比拟的教育功能. 数学的应用功能表现在：没有数学, 现代科技无从谈起；任何一种学科, 只有应用了数学, 才能成为科学学科. 数学的教育功能表现在：在中国, 语文、数学、英语被认为是初等教育中最重要的三门课程；在世界范围内, 有不学中文的学生, 有不学英语的学生, 但没有不学数学的学生.

我同意这种观点, 希望在数学教学改革和科学研究中体现这种观点.

数学教学改革, 首先需要的是教材的改革, 而教材的改革, 涉及的只有两个方面：一是内容; 二是方法.

如何在一本数学教材中以数学科学的观点选取内容、介绍方法?

我的认识是：无论是选取内容方面, 还是介绍方法方面, 都要关注数学的应用功能和教育功能的展现.

在内容的选取方面, 既不是不管数学的教育功能, 狭隘地全部以目前生产生活的实际应用为目的, 打乱系统, 什么"有用"就选什么, 什么"没用"就跳过什么; 也不是完全从数学的需要出发, 一点也不考虑所选取的内容和实际应用的联系. 本套丛书采取有实际应用背景的内容优先选取的原则. 我们的考虑是：没有迹象表明, 没有实际应用背景的内容在体现数学的教育功能时强于有实际应用背景的内容, 既然如此, 后者更有利于同时展现数学的应用功能和教育功能.

在方法的介绍方面, 既不完全采用公理化体系的做法, 让读者在接受严格数学训练的基础上自然地受到数学科学的熏陶; 也不完全摒弃数学特有的推理过程, 以急功近利的方式只讲结果, 只讲计算公式. 我们知道, 公理化体系的做法是将数学的训练目的不直接说出来, 而是藏起来, 藏在严密的过程背后, 让学生不知不觉得到严格的数学训练. 这种体系在介绍内容时, 不交代前因后果, 一上来就是莫名其妙的定义、公理, 然后一步步以极其严密的方式展开讨论. 这种做法在知识门类相对少的过去是有效的, 但在知识爆炸、课程门类不断增加、学生同时要有做学问和实际应用两手准备的现在, 没有时间这样做. 训练要有, 但训练目的不是藏起来, 而是尽可能直接讲出来. 例如, 数学书籍中一定会用到归纳法、演绎法、反证法, 这些方法不是数学特有的, 但可以被数学最为有效地传授给学生, 这一事实恰好可以说明数学的教育功能的强大. 但是, 如果我们去问一下数学系的毕业生什么是演绎法, 恐怕很少有人能说周全, 究其原因, 是我们的教材没有明确地告诉学生演绎法的基本内容和过程. 本套丛书将致力于改变这种状况.

本套丛书注意到：根据课程和授课对象的不同, 数学的应用功能和教育功能的展现需分层次, 两种功能的展现要有机配合. 例如, 有的数学分支本来就属于应用数学, 对这样的课程, 在选取内容和介绍方法时必须首先保证应用方面的需要, 其次才考虑教育功能的融入; 有的授课对象是文科学生, 对这些学生, 在编写教材时就要充分注意他们的基础、兴趣、思维方式和希望通过数学的学习要达到的目的, 因此要首先考虑数学的教育功能, 其次才考虑应用功能的融入.

现代化的标志是数字化, 也就是要在所有的领域尽最大可能地使用计算机技术, 因此, 在数学教学中, 对数字化的配合和适应是必需的. 为了展现数学的应用功能, 在数学教学的每个环节, 都应该关注计算机技术, 包括有意考虑内容的计算机实现, 如算法问题, 内容与几个成功的数学软件的结合问题. 我们知道, 介绍如何应用数学软件的最好环境, 当为相应的数学课程. 因此, 本套丛书中的教材, 特别注意介绍与主要内容配套的软件的应用, 例如, 介绍相应的MATLAB 软件包的使用.

科学研究成果整理成学术著作, 可以总结和条理化研究问题, 这对于传播研究成果、深化研究工作是有利的, 这些著作还可以作为研究生教材使用.

本套丛书中学术著作的撰写遵循了如下的原则:

首先, 作为介绍学术成果的学术著作要有新内容、新观点, 学术系统应是明显的, 不是杂乱的、拼凑的, 特别是著作中作者的成果应有重要的分量.

其次, 本套丛书中的学术著作特别注意内容的系统性、完备性.

再次, 也是最重要的, 本套丛书中的学术著作, 和教材一样注意展现数学的应用功能和教育功能, 在必要时, 还考虑内容的计算机实现, 如算法问题, 内容与几个成功的数学软件的结合问题.

最后, 在写作细节上, 本套丛书要求作者以严格的科学态度对待自己的著作, 概念和符号应明确, 推导和介绍要细致, 避免突然出现翻遍全书都找不到介绍的概念和符号, 避免用显然、易知等词语掩盖困难的证明过程.

教学改革涉及的问题很多, 有些问题需要一步步解决, 有的还需要根据形势的变化调整解决方案. 我们仅做了初步的尝试, 加之水平有限, 本套丛书中的问题一定很多, 迫切希望读者批评指正.

邱继征
2013年3月8日

前　　言

数值计算方法是一种研究并解决数学问题的数值近似方法, 简称计算方法, 在科学研究和工程技术中都会用到. 例如, 在航空航天、地质勘探、城市规划、车辆制造、桥梁设计、天气预报等方面都有计算方法的踪影.

"数值计算基础"是一门专业基础课程, 主要介绍科学计算的基本理论和基本方法, 着眼于算法的构造、实现, 收敛性与稳定性分析及应用等. 它既有数学类课程中理论上的抽象性和严谨性, 又有工程类课程中技术方面的实用性和实验性, 是一门理论性和实践性都很强的课程. 在20世纪70年代以前, 大多数学校仅在数学系的计算数学专业和计算机系开设这门课程. 随着计算机技术的迅速发展和普及, 现在"数值计算基础"几乎已成为所有理工科学生的必修课程.

本书是编者在多年从事"数值分析"、"计算方法"课程教学的基础上, 总结教学经验, 根据浙江工业大学实际情况并吸收众多参考资料长处的基础上编写而成的, 是浙江工业大学教学改革的系列教材之一. 本书以方法为中心, 以例题为载体, 将传统的理论基础和公式推导与算法构造和应用融为一体, 有意忽略复杂繁琐的理论证明和推导, 详细介绍各种算法的基本思想、实现步骤和算法优劣, 用算法缩小数学理论和方法应用的差距. 通过本课程的学习, 学生能够理解并掌握现代科学计算中常用的数值计算方法及原理, 并通过上机实习, 熟练掌握数值计算与数学软件的结合运用, 为解决科学与工程中的实际问题打好基础, 同时为后继课程的学习提供必要的知识.

本书共8章, 主要内容包括数值计算引论、解线性方程组的直接法、解线性方程组的迭代法、非线性方程(组)的数值解法、插值法、逼近、数值积分与数值微分、常微分方程初值问题数值算法. 每章都配备了一定量的习题, 其中(一)为基础题, (二)为较复杂的计算题、证明题及实用性很强的上机题. 书后附有部分习题答案. 对于数学系的学生, 教学内容可侧重算法的理论部分; 对于一般工科的学生, 教学内容可侧重算法的实用性和实验性部分. 我们的宗旨是, 既不以严谨的理论推导为主导, 也不以全篇的数据计算为宗旨, 而是两者兼顾.

本书第1, 3~6章由陆建芳编写, 第7章及各章数值实验部分由谢聪聪编写, 第2, 8章由练晓鹏编写. 全书由陆建芳统稿、审稿, 由谢聪聪完成电子稿的修改及校对工作.

本书可作为应用数学、工程技术和其他相关专业本科生或研究生"数值计算"课程的教材, 也可作为计算数学和工程技术人员的参考用书.

由于编者水平有限, 书中难免有不足之处, 恳请广大读者批评指正.

编　者
2012 年 9 月

目　　录

第 1 章　数值计算引论

1.1　数值计算的对象与特点

数值计算也称**数值分析**或者**计算方法**, 是近代数学的一个重要分支, 它研究用计算机求解各种数学问题的数值方法及其理论分析与计算机实现.

随着计算机的发展和科学技术的进步, 科学与工程计算的应用范围不断扩大, 已经形成了一系列的交叉学科, 如计算物理、计算化学等, 数值计算方法不仅被广泛应用于自然科学, 而且渗透到社会科学的各个领域.

1.1.1　数值计算的目的

我们看到的是一个物理世界, 如机电产品的设计、建筑工程项目的规划、天气预报、尖端武器的研制等, 这些科学技术问题往往会转化成数学问题, 并且运用计算机进行求解. 应用计算机求解各种科学计算问题需要经过以下几个过程:

首先, 根据实际问题建立数学模型. 例如, 建立代数方程、微分方程、积分方程等.

其次, 由数学模型给出数值计算方法. 例如, 函数的插值与逼近、微分与积分的数值计算、线性方程组与非线性方程(组)的数值求解及常微分方程的数值求解等.

最后, 用计算机实现这个过程. 例如, 根据计算方法编制程序, 上机调试并计算出数值结果.

以上是应用计算机解决科学计算问题的标准流程. 研究怎样通过计算机所能执行的基本运算, 求各类数学问题的近似解, 这是数值计算的根本任务, 也是数值计算研究的对象, 所以"数值计算"是一门与计算机密切相关且实用性很强的数学课程. 数值计算的目的是为电子计算机提供计算的依据, 计算机是实现科学计算的工具.

1.1.2　算法的优劣

所谓**算法**, 就是给定一些数据, 按照某种规定的次序进行计算的一个运算序列, 是一个近似的计算过程. 同一个数学问题可以选择不同的算法实现, 但所需的计算量和得到的精确度可能相差很大. 评价算法的优劣有以下三条标准:

(1) 计算量的大小. 求解同一问题可以用不同的算法, 但是它们计算量的大小可能相差很大. 例如, 解n元线性方程组

$$\boldsymbol{A}\boldsymbol{x}=\boldsymbol{b},$$

由Cramer法则

$$x_i = \frac{D_i}{D}, \quad i = 1, 2, \cdots, n,$$

其中

$$D = \det(\boldsymbol{A}), \quad D_i = \begin{vmatrix} a_{11} & \cdots & a_{1,i-1} & b_1 & a_{1,i+1} & \cdots & a_{1n} \\ \vdots & & \vdots & \vdots & \vdots & & \vdots \\ a_{n1} & \cdots & a_{n,i-1} & b_n & a_{n,i+1} & \cdots & a_{nn} \end{vmatrix}.$$

由于行列式的计算是取自不同的行、列元素乘积的代数和, 所以求解线性方程组的n个未知量共要计算$n!(n-1)(n+1)$次乘法运算, n次除法运算(加、减运算量不计), 总运算量为

$$N = n!(n-1)(n+1) + n.$$

如果$n = 20$, 则$N \approx 9.7073 \times 10^{20}$次运算量. 这项计算即使用千亿次超级计算机, 也要连续工作300年才能完成. 这样的运算量的算法显然是不可取的, 更何况实际问题中碰到的未知量会更多. 如果选用数值计算中的Gauss消去法求解n元线性方程组, 则大约需要$N = \frac{1}{3}n^3 + n^2 - \frac{n}{3}$次乘除运算. 如果$n = 20$, 则共计3060次乘除运算, 只需要使用小型计算机就能很快地解出来.

(2) 存储量的多少. 计算机的工作单元是固定的, 在计算大型数学问题时, 应尽可能地节省存储量, 一种有效的方法是采用"动态"存储.

(3) 算法的误差. 一个实际问题的真值与计算出来的近似值之间往往存在差异, 这种差异称为误差. 由于人为因素产生的差异称为**过失误差**; 由于方法原因产生的差异称为**非过失误差**. 数值分析要讨论的是非过失误差问题.

1.1.3 数值计算中常用的方法

1. "构造性"方法

在数值计算中, 许多问题的存在性证明都是以"构造性"方法出现的. 具体地讲, 就是把问题的计算公式构造出来, 这样不仅证明了问题的存在性, 而且有了具体的计算公式.

例如, 设函数$y = f(x)$在$[a, b]$上有$n+1$个互异点$a \leqslant x_0 < x_1 < \cdots < x_n \leqslant b$的函数值$y_0, y_1, \cdots, y_n$, 则存在$n$次多项式

$$P_n(x) = a_0 + a_1 x + a_2 x^2 + \cdots + a_n x^n,$$

满足

$$P_n(x_i) = y_i, \quad i = 0, 1, \cdots, n,$$

其中, $a_i\ (i=0,1,\cdots,n)$为$n+1$个待定系数.

下面介绍Lagrange插值构造方法.

首先, 构造Lagrange基函数

$$l_i(x)=\prod_{\substack{j=0\\j\neq i}}^{n}\frac{x-x_j}{x_i-x_j},\quad i=0,1,\cdots,n.$$

其次, 构造Lagrange插值多项式

$$L_n(x)=\sum_{i=0}^{n}y_il_i(x).$$

不难验证, $L_n(x)$确实满足$L_n(x_i)=y_i\ (i=0,1,\cdots,n)$, 并且它是$n$次多项式. 这不仅说明插值多项式的存在性, 而且给出了它的表达形式.

2. 近似代替法

数值计算是通过计算机解决数学问题的一门学科,"近似代替"是数值计算的核心, 最常用的近似代替方法是用"有限"代替"无限". 由于计算机运算不可能是无限制进行的, 所以通常用有限步算术运算来近似代替无限过程.

例1.1.1 计算无理数e的近似值.

解 根据e^x在$x=0$处的Taylor展开得

$$\mathrm{e}=1+1+\frac{1}{2!}+\frac{1}{3!}+\cdots+\frac{1}{n!}+\cdots,$$

在实际计算中只能取有限步, 如取$n=5$时的值2.7167来近似代替e, 也可以取精度高一点的$n=10$时的值2.7183来近似代替e.

3. 简单代替复杂

在数值计算中, 数值逼近也是一种常用的近似方法, 它是用简单的函数去代替复杂的函数或者代替那些不能用解析式表示的函数$f(x)$. 所谓简单函数主要是指可以用四则运算进行计算的函数, 而较简单的则是多项式$P_n(x)$.

例如, 用

$$I=\int_a^b[f(x)-P_n(x)]^2\mathrm{d}x$$

作为准则, 寻找$P_n(x)=\sum\limits_{k=0}^{n}a_kx^k$使$I$为最小的问题归结为求解线性方程组

$$\frac{\partial I}{\partial a_k}=0,\quad k=0,1,\cdots,n.$$

此外, 对给定的函数$f(x)$, 在一些离散点$x_1,x_2,\cdots,x_m$处考虑其逼近问题, 称为曲线拟合. 关于逼近问题将在第6章中详细讨论.

4. 外推法

外推法是利用已知的低精度计算值, 通过合理组合得到一个高精度近似计算值的一种方法. 这是数值计算中一个很重要的技巧, 通过外推可以提高计算精度, 加速收敛.

例如, 在定积分$\int_a^b f(x)\mathrm{d}x$的近似计算中, 由梯形公式

$$T_1 = \frac{b-a}{2}[f(a)+f(b)]$$

和复化梯形公式($n=2$)

$$T_2 = \frac{b-a}{4}\left[f(a)+2f\left(\frac{a+b}{2}\right)+f(b)\right]$$

经过线性组合得到

$$S_1 = \frac{4T_2-T_1}{4-1} = \frac{b-a}{6}\left[f(a)+4f\left(\frac{a+b}{2}\right)+f(b)\right],$$

这是计算定积分的Simpson公式, 它的精度比梯形公式更高.

5. 迭代法

迭代法是一种利用同一公式重复计算逐次逼近精确解的方法, 是数值计算中的一类重要方法, 尤其是在求解线性或非线性方程(组)中经常使用.

例如, 在求解非线性方程$f(x)=0$中, 常用到的Newton迭代法. 假设方程$f(x)=0$的根x^*的一个近似值为x_0, 将函数$f(x)$在x_0处Taylor展开得

$$f(x) = f(x_0)+f'(x_0)(x-x_0)+\frac{f''(\xi)}{2}(x-x_0)^2,$$

其中ξ在x与x_0之间. 取上式右端前两项近似代替$f(x)$, 即用线性方程

$$f(x_0)+f'(x_0)(x-x_0)=0$$

近似代替非线性方程$f(x)=0$. 然后利用线性方程的根作为第一次Newton迭代的近似值, 即$x_1 = x_0-\dfrac{f(x_0)}{f'(x_0)}$, 再将$x_1$作为一个新的近似值, 重复上面的过程得到Newton迭代格式

$$x_{k+1} = x_k - \frac{f(x_k)}{f'(x_k)}, \quad k=0,1,2,\cdots.$$

例1.1.2 用Newton迭代法求$\sqrt{3}$.

解 求$\sqrt{3}$等价于解二次方程$x^2-3=0$, 由此导出Newton迭代格式为

$$x_{k+1} = \frac{1}{2}\left(x_k+\frac{3}{x_k}\right),$$

取$x_0=1$得到

$$x_1=2,\quad x_2=1.75,\quad x_3=1.732143,\quad x_4=1.732051.$$

另外, $\sqrt{3}=1.7320508075\cdots$, 由此可知, 迭代3次, 误差就小于$\frac{1}{2}\times10^{-6}$了.

6. 离散化方法

变量离散化是数值计算最基本的方法之一. 对于有些函数, 如$y=\sin x$或e^x, 它们的自变量及函数都是连续变化的, 但人们却把它们列成数表, 这相当于把函数离散化. 用离散化的方法也可以计算离散点的近似值.

例如, 常微分方程初值问题

$$\begin{cases}\dfrac{\mathrm{d}y}{\mathrm{d}x}=f(x,y), & x\in[a,b],\\ y(a)=y_0\end{cases}$$

的数值解, 取一系列等距分布的节点$a=x_0<x_1<\cdots<x_n=b$, 记$h=x_i-x_{i-1}$. 利用差商代替微商, 即

$$y'(x_i)\approx\frac{y_{i+1}-y_i}{h},$$

把微分方程近似地化为

$$y_{i+1}=y_i+hf(x_i,y_i),\quad i=0,1,\cdots,n.$$

因此, 就可以从$y(a)=y_0$出发, 一步一步地计算出离散点x_i处的近似值y_i $(i=1,2,\cdots,n)$.

1.2 数值计算的误差

1.2.1 误差的来源及分类

误差的产生是多方面的, 但主要有以下几种途径:

(1) 要进行科学计算, 首先要从实际问题中抽象出数学模型, 这时抓住问题的本质进行抽象简化, 因而不可避免地产生误差, 将这种误差称为**模型误差**(model error).

(2) 计算过程中涉及某些初始条件的数据, 往往需要通过实验、观察、测量等手段给出, 由于实验仪器、测量工具等因素产生的误差, 将其称为**观测误差**(observation error).

从实际问题中抽象出的数学模型都假定是合理的, 并且模型误差难以用数量表示, 所以这种误差在数值计算中不予讨论. 同样也不讨论观测误差. 这里只研究用数值方法求解数学模型产生的误差.

(3) 因为计算中经常会遇到复杂运算, 其精确值很难在有限步内完成, 通常采用的办法是用有限步算术运算来近似代替, 由此引起的误差称为**截断误差**(truncation error).

例1.2.1　近似计算$\int_0^1 \mathrm{e}^{-x^2}\mathrm{d}x$.

解　将e^{-x^2}在$x=0$处作Taylor展开后再积分得

$$\begin{aligned}\int_0^1 \mathrm{e}^{-x^2}\mathrm{d}x &= \int_0^1\left(1-x^2+\frac{x^4}{2!}-\frac{x^6}{3!}+\frac{x^8}{4!}+\cdots\right)\mathrm{d}x\\ &= \underbrace{1-\frac{1}{3}+\frac{1}{2!}\times\frac{1}{5}-\frac{1}{3!}\times\frac{1}{7}}_{S_4}+\frac{1}{4!}\times\frac{1}{9}-\cdots.\end{aligned}$$

取前4项, 记

$$S_4 = 1-\frac{1}{3}+\frac{1}{10}-\frac{1}{42},$$

则$\int_0^1 \mathrm{e}^{-x^2}\mathrm{d}x - S_4$称为截断误差, 是由算法本身引起的, 只有通过改进算法才能降低.

另外,

$$S_4 = 1-\frac{1}{3}+\frac{1}{10}-\frac{1}{42}\approx 1-0.333+0.1-0.024=0.743,$$

则$S_4-0.743$称为舍入误差.

(4) 计算机的字长是有限位的(本书成稿时普及64位), 一个数在计算机中也因此只能用有限位数来表示, 由此引起的误差称为**舍入误差**(roundoff error).

"数值计算"课程中涉及的误差一般指截断误差和舍入误差. 讨论它们在计算过程中的传播, 研究控制它们对计算结果的影响, 以保证最终结果有足够的精度, 这是"数值计算"要做的工作.

1.2.2　误差与有效数字

设x为精确值, x^*为x的近似值.

定义1.2.1　称$e(x)=x-x^*$为x^*的**绝对误差**(absolute error).

在一般情况下, 无法得到精确值x, 因此, $e(x)$也很难计算得到, 通常只能求其范围. 称$|e(x)|$的上限为x^*的**绝对误差限**, 记为ε, 即$|e(x)|=|x-x^*|\leqslant\varepsilon$. 工程上, 常记$x=x^*\pm\varepsilon$来表示$x^*$为$x$的近似值, 允许误差范围为$\varepsilon$, 如

$$\int_0^1 \mathrm{e}^{-x^2}\mathrm{d}x = 0.743\pm 0.006.$$

绝对误差$e(x)$从理论上讲是唯一确定的, 可能取正, 也可能取负, 但ε不唯一, 当然ε越小越具有参考价值. 然而, 绝对误差不足以刻画近似计算的精确程度, 要决定一个近似值的精确程度, 除了绝对误差以外, 还必须考虑此数本身的大小.

定义1.2.2 称$e_{\mathrm{r}}(x)=\dfrac{e(x)}{x}=\dfrac{x-x^*}{x}$为$x^*$的**相对误差**(relative error).

由于$e(x)$很难计算, 因此, $e_{\mathrm{r}}(x)$也只能求其范围. 称$|e_{\mathrm{r}}(x)|$的上限为x^*的**相对误差限**, 记为δ, 即

$$|e_{\mathrm{r}}(x)|=\left|\frac{x-x^*}{x}\right|\leqslant\delta.$$

例1.2.2 设$x_1=1.234$, $x_2=0.002$, 其近似值$x_1^*=1.233$, $x_2^*=0.001$, 则绝对误差

$$e(x_1)=x_1-x_1^*=10^{-3},\quad e(x_2)=x_2-x_2^*=10^{-3},$$

相对误差

$$e_{\mathrm{r}}(x_1)=\frac{e(x_1)}{x_1}=0.081\%,\quad e_{\mathrm{r}}(x_2)=\frac{e(x_2)}{x_2}=50\%.$$

这两个近似数的绝对误差都是10^{-3}, 但相对误差却相差很大, 这说明x_1^*近似x_1的程度比x_2^*近似x_2的程度要好得多.

在实际计算中, 由于精确值x是不知道的, 通常相对误差用$e_{\mathrm{r}}^*(x)$来代替, 即$e_{\mathrm{r}}(x)\approx e_{\mathrm{r}}^*(x)=\dfrac{e(x)}{x^*}$. 这样的近似替换是否合理? 即$e_{\mathrm{r}}(x)=\dfrac{e(x)}{x}$与$e_{\mathrm{r}}^*(x)=\dfrac{e(x)}{x^*}$是否反映了同一数量级的误差, 关于此问题的详细讨论可见相关教材.

当精确值x有多位数时, 通常按四舍五入的原则得到x的近似值x^*.

例如, 考察$A=\sqrt{3}=1.7320508075\cdots$, 若进行四舍五入运算, 分别取$A=\sqrt{3}\approx 1.73, 1.732, 1.7321$, 简记

$$A^*=0.173\times10^1,\quad 0.1732\times10^1,\quad 0.17321\times10^1,$$

则称它们分别有3位、4位、5位有效数字. 一般地, 有如下定义:

定义1.2.3 如果x的近似值x^*可以表示为

$$x^*=\pm(0.a_1a_2\cdots a_n)\times10^m,$$

其中$n\in\mathbb{N}$, $m\in\mathbb{Z}$, $a_1\neq0$, $a_i\in\{0,1,2,\cdots,9\}$, 则这样的表示法称为**十进制规格化浮点数**, $\pm(0.a_1a_2\cdots a_n)$称为**尾数**, m称为**阶数**.

定义1.2.4 若$|x-x^*|\leqslant\dfrac{1}{2}\times10^{m-n}$, 则称$x^*$有$n$位**有效数字**(significant digits).

例如, 将下列各数经过四舍五入运算, 写出只有5位有效数字的近似值:

$$x=231.456,\quad 0.00132745,\quad 7.000023\times10^3.$$

按定义1.4, 上述各数据有5位有效数字的近似值为

$$x^*=231.46,\quad 0.0013275,\quad 7000.0.$$

又如, 将数值0.2300, 0.0023, 12300表示为十进制规格化浮点数, 并判别其有效数字. 因为$0.2300=0.2300\times10^0$, 所以有4位有效数字; $0.0023=0.23\times10^{-2}$只有2位有

效数字; $12300 = 0.12300 \times 10^5$有5位有效数字. 如果写成$12300 = 0.123 \times 10^5$, 则表示只有3位有效数字. 因此, 数字末尾的0不可随意省去!

例1.2.3 求$x = 4325.3624$的绝对误差限为$\frac{1}{2} \times 10^{-2}$的近似值, 指出其有效数字的位数.

解 将$x = 4325.3624$表示为十进制规格化浮点数: $x = 0.43253624 \times 10^4$, 则$m = 4$, 其绝对误差限表示为

$$|x - x^*| \leqslant \frac{1}{2} \times 10^{-2},$$

故$m - n = -2$, 即$n = 6$, 所以$x^* = 4325.36$.

例1.2.4 设$\pi = 3.1415926\cdots$, $\pi^* = 3.1416$, 问π^*有几位有效数字? 证明你的结论.

证明 因为$\pi^* = 0.31416 \times 10^1$, 则$m = 1$, 而

$$|\pi - \pi^*| < 0.5 \times 10^{-4},$$

故$m - n = -4$, 即$n = 5$, 所以π^*有5位有效数字, 这时说精确到小数点后第4位.

绝对误差、相对误差、有效数字是度量近似数精度常用的三种方式, 实际计算时均以有效数字给出结果, 同时也隐含地给出绝对误差界、相对误差界. 有效数字与相对误差之间并非独立, 而是相互制约的, 它们之间有如下关系:

定理1.2.1 设x的近似值$x^* = \pm(0.a_1a_2\cdots a_n)\times 10^m$, 其中$a_1 \neq 0$, $m \in \mathbb{Z}$, 若x^*具有n位有效数字, 则其相对误差限

$$|e_{\mathrm{r}}^*(x)| = \left|\frac{x - x^*}{x^*}\right| \leqslant \frac{1}{2a_1} \times 10^{-n+1};$$

反之, 若x^*的相对误差

$$|e_{\mathrm{r}}^*(x)| \leqslant \frac{1}{2(a_1 + 1)} \times 10^{-n+1},$$

则x^*至少具有n位有效数字.

证明 因为

$$a_1 \times 10^{m-1} = 0.a_1 \times 10^m \leqslant |x^*| \leqslant (0.a_1 + 0.1) \times 10^m = (a_1 + 1) \times 10^{m-1},$$

所以有

$$|e_{\mathrm{r}}^*(x)| = \left|\frac{x - x^*}{x^*}\right| \leqslant \frac{\frac{1}{2} \times 10^{m-n}}{a_1 \times 10^{m-1}} = \frac{1}{2a_1} \times 10^{-(n-1)}.$$

反之, 由

$$\begin{aligned}|x - x^*| = |e_{\mathrm{r}}^*(x) \cdot x^*| = |e_{\mathrm{r}}^*(x)||x^*| &\leqslant \frac{10^{-n+1}}{2(a_1 + 1)} \times 0.a_1a_2\cdots \times 10^m \\ &\leqslant \frac{10^{-n+1}}{2(a_1 + 1)} \cdot (a_1 + 1) \times 10^{m-1} = 0.5 \times 10^{m-n},\end{aligned}$$

故x^*至少有n位有效数字. □

例1.2.5 为了使π^*的相对误差小于0.001%, 至少应取几位有效数字?

解 假设π^*取到n位有效数字, 由定理1.1知, 其相对误差上限为

$$e_{\mathrm{r}}^* \leqslant \frac{1}{2a_1} \times 10^{-n+1}.$$

要保证其相对误差小于0.001%, 只要保证其上限满足

$$e_{\mathrm{r}}^* \leqslant \frac{1}{2a_1} \times 10^{-n+1} < 0.001\%.$$

已知$a_1 = 3$, 则从以上不等式可解得$n > 6 - \lg 6$, 即$n \geqslant 5$, 应取$\pi^* = 3.14159$.

显然, 有效数字的位数越多, 相对误差限越小; 反之也正确.

1.2.3 数值计算的误差估计

数值计算中误差产生及传播的情况相当复杂, 参与运算的数值往往都是近似值, 而这些数值的误差在多次运算中又会进行传播, 使得计算结果与实际问题有差异, 这就是误差的传播问题.

对于多元函数$A = f(x_1, x_2, \cdots, x_n)$, 若用近似值$\boldsymbol{x}^* = (x_1^*, x_2^*, \cdots, x_n^*)$代替精确值$\boldsymbol{x} = (x_1, x_2, \cdots, x_n)$, 将对$A$产生什么影响?

为简单起见, 记真值为$A = f(x_1, x_2, \cdots, x_n)$, 其近似值为$A^* = f(x_1^*, x_2^*, \cdots, x_n^*)$. 利用函数$A = f(x_1, x_2, \cdots, x_n)$在点$\boldsymbol{x}^* = (x_1^*, x_2^*, \cdots, x_n^*)$的Taylor展开, 得到函数值$A^*$的绝对误差为

$$\begin{aligned} e(A) &= A - A^* = f(x_1, x_2, \cdots, x_n) - f(x_1^*, x_2^*, \cdots, x_n^*) \\ &= \frac{\partial f}{\partial x_1}(x_1 - x_1^*) + \frac{\partial f}{\partial x_2}(x_2 - x_2^*) + \cdots + \frac{\partial f}{\partial x_n}(x_n - x_n^*) + \sum_{j=0}^{n} o[(x_j - x_j^*)^2] \\ &\approx \frac{\partial f}{\partial x_1}(x_1 - x_1^*) + \frac{\partial f}{\partial x_2}(x_2 - x_2^*) + \cdots + \frac{\partial f}{\partial x_n}(x_n - x_n^*) \\ &= \textstyle\sum_{j=0}^{n} \frac{\partial f}{\partial x_j} e(x_j), \end{aligned} \tag{1.2.1}$$

于是函数值A^*的绝对误差限

$$|e(A)| \leqslant \sum_{j=0}^{n} \left|\frac{\partial f}{\partial x_j}\right| |e(x_j)|.$$

称$\left|\dfrac{\partial f}{\partial x_j}\right|$为**绝对误差增长因子**, 它反映了$x_j$的绝对误差$e(x_j)$对函数绝对误差$e(A)$的影响程度.

另外, 函数值A的相对误差限为

$$|e_{\mathrm{r}}(A)| = \left|\frac{A - A^*}{A}\right| \approx \left|\sum_{j=0}^{n} \frac{x_j}{A} \frac{\partial f}{\partial x_j} \frac{e(x_j)}{x_j}\right| \leqslant \sum_{j=0}^{n} \left|\frac{x_j}{A}\right| \left|\frac{\partial f}{\partial x_j}\right| |e_r(x_j)|, \tag{1.2.2}$$

称$\left|\dfrac{x_j}{A}\right|\cdot\left|\dfrac{\partial f}{\partial x_j}\right|$为**相对误差增长因子**, 它反映了$x_j$的相对误差$e_{\mathrm{r}}(x_j)$对函数相对误差$e_{\mathrm{r}}(A)$的影响程度.

如果自变量误差$e(x_j), e_{\mathrm{r}}(x_j)$很小, 引起的函数误差$e(A), e_{\mathrm{r}}(A)$也很小, 则误差的传播是可控制的; 如果自变量误差$e(x_j), e_{\mathrm{r}}(x_j)$很小, 引起的函数误差$e(A), e_{\mathrm{r}}(A)$很大, 则这种问题称为**病态问题**或**坏条件**(ill-conditioned)**问题**.

下面利用(1.2.1), (1.2.2)考察算术运算的误差传播. 假设$x \neq 0,\ y \neq 0$.

(1) 对于加法运算 $A = f(x, y) = x + y$,

$$e(x+y) \approx e(x) + e(y),$$

$$e_{\mathrm{r}}(x+y) \approx \frac{x}{x+y}e_{\mathrm{r}}(x) + \frac{y}{x+y}e_{\mathrm{r}}(y).$$

上式说明此时误差是可控制的.

(2) 对于减法运算 $A = f(x, y) = x - y$,

$$e(x-y) \approx e(x) - e(y),$$

$$e_{\mathrm{r}}(x-y) \approx \frac{x}{x-y}e_{\mathrm{r}}(x) - \frac{y}{x-y}e_{\mathrm{r}}(y).$$

由此推出当$x \approx y$时, 即使$e_{\mathrm{r}}(x)$, $e_{\mathrm{r}}(y)$很小, 此时$e_{\mathrm{r}}(x-y)$也有可能很大, 有效数位将可能严重丢失.

例如, $x = 0.12345$, $y = 0.12346$, 各有5位有效数字, 而$y - x = 0.00001$, 只剩下1位有效数字, 损失了4位有效数字, 从而会使得相对误差很大, 进而严重影响计算的精确度, 所以在计算中, 要避免相近二数相减. 最好的办法是改变计算公式, 避免这种情况发生.

下面是几种常见的避免两个相近数相减的方法($x \to 0$):

$$\begin{aligned}
&\sqrt{1+x} - 1 = \frac{x}{\sqrt{1+x}+1},\\
&\ln(a+x) - \ln a = \ln\left(1 + \frac{x}{a}\right),\\
&1 - \cos x = 2\sin^2\frac{x}{2},\\
&\mathrm{e}^x - 1 = x\left(1 + \frac{1}{2}x + \frac{1}{6}x^2 + \cdots\right).
\end{aligned}$$

(3) 对于乘法运算 $A = f(x, y) = x \cdot y$,

$$e(x \cdot y) \approx ye(x) + xe(y),$$

$$e_{\mathrm{r}}(x \cdot y) \approx e_{\mathrm{r}}(x) + e_{\mathrm{r}}(y).$$

因此, 乘法运算的误差传播也是可控制的.

(4) 对于除法运算 $A=f(x,y)=\dfrac{x}{y}$,

$$e\left(\frac{x}{y}\right)\approx\frac{1}{y}e(x)-\frac{x}{y^2}e(y),$$
$$e_{\mathrm{r}}\left(\frac{x}{y}\right)=e_{\mathrm{r}}(x)-e_{\mathrm{r}}(y).$$

如果用绝对值很小的数作除数($y\to 0$), 即使$e_{\mathrm{r}}(x)$, $e_{\mathrm{r}}(y)$很小, 绝对误差$e\left(\dfrac{x}{y}\right)$也有可能会很大.

例如, $x=3.15287$, $y=0.00001$, 则$\dfrac{x}{y}\approx 315287$; 如果将$y$增加0.000001, 此时$y=0.000011$, 则$\dfrac{x}{y}\approx 286624.5$, 计算结果的绝对误差$e\left(\dfrac{x}{y}\right)\approx 28662.5$.

因此, 为了计算精度, 尽量不要用绝对值很小的数作除数.

(5) 对于乘方运算 $A=f(x)=x^n$,

$$e(x^n)\approx nx^{n-1}e(x),$$

$$e_{\mathrm{r}}(x^n)\approx ne_{\mathrm{r}}(x).$$

乘方运算将相对误差增大为原始变量相对误差的n倍, 降低了精度, 但仍是可控制的.

(6) 对于开方运算 $A=f(x)=\sqrt{x}$,

$$e(\sqrt{x})=\frac{1}{2\sqrt{x}}e(x),$$
$$e_{\mathrm{r}}(\sqrt{x})\approx\frac{1}{2}e_{\mathrm{r}}(x).$$

开方运算将相对误差缩小为原始变量相对误差的$\dfrac{1}{2}$倍, 精度得到了提高.

1.3 数值计算中应注意的问题

数值计算中主要研究各种算法, 一种算法在进行运算时, 由于原始数据的误差, 必然会引起计算结果的差异. 如果原始数据有扰动(即误差), 但在误差传播过程中舍入误差能够控制, 则称这种算法为**数值稳定**的(stable algorithm); 否则, 称算法为**不稳定**的.

如何选择优化的算法? 从截断误差来看, 要求算法的截断误差小, 收敛速度快; 从舍入误差来看, 要求算法数值稳定; 从实现算法来看, 要求算法的逻辑结构简单, 运算量小, 存储量少. 为了选择优化的算法, 在计算中应注意下面的几个问题.

1. 利用近似公式计算时, 要注意收敛速度, 讲究效率

例1.3.1 计算$\ln 2$, 要求误差小于10^{-7}.

解 算法1 如果用级数

$$\ln(1+x) = x - \frac{1}{2}x^2 + \frac{1}{3}x^3 - \frac{1}{4}x^4 + \cdots + (-1)^{n-1}\frac{1}{n}x^n + \cdots$$

来计算, 令$x = 1$, 可得

$$\ln 2 = 1 - \frac{1}{2} + \frac{1}{3} - \frac{1}{4} + \cdots + (-1)^{n-1}\frac{1}{n} + \cdots,$$

取这个级数前n项的和作为$\ln 2$的近似值, 记

$$S_n = 1 - \frac{1}{2} + \frac{1}{3} - \frac{1}{4} + \cdots + (-1)^{n-1}\frac{1}{n},$$

要求误差

$$|\ln 2 - S_n| \leqslant \frac{1}{n+1} < 10^{-7},$$

此时需要$n > 10^7$项求和.

算法2 如果用级数

$$\ln\frac{1+x}{1-x} = 2x\left(1 + \frac{1}{3}x^2 + \frac{1}{5}x^4 + \cdots + \frac{1}{2m+1}x^{2m} + \cdots\right)$$

来计算, 可令$x = \dfrac{1}{3}$, 记

$$S_m = 2x\left(1 + \frac{1}{3}x^2 + \frac{1}{5}x^4 + \cdots + \frac{1}{2m+1}x^{2m}\right)\Big|_{x=\frac{1}{3}},$$

则

$$\begin{aligned}|\ln 2 - S_m| &= \frac{2}{3}\left[\frac{1}{2m+3}\left(\frac{1}{3}\right)^{2(m+1)} + \frac{1}{2m+5}\left(\frac{1}{3}\right)^{2(m+2)} + \cdots\right] \\ &< \frac{2}{9}\left[\left(\frac{1}{9}\right)^{m+1} + \left(\frac{1}{9}\right)^{m+2} + \cdots\right] = \frac{2}{9}\left(\frac{1}{9}\right)^{m+1}\frac{1}{1-\frac{1}{9}} \\ &= \frac{1}{4\cdot 9^{m+1}} < 10^{-7},\end{aligned}$$

计算得$m > 5.7$, 所以只要取$m = 6$, 就能达到$|\ln 2 - S_6| < 10^7$的要求.

从理论上来讲, 这两种算法都是正确的, 要达到同样的收敛精度, 算法1需要计算10^7项, 而算法2仅取6项即可, 收敛速度大大地提高了.

2. 要避免大数“吃”小数

计算机在运算时, 首先将参加运算的数换成浮点数“对阶”, 绝对值较小的数往往会被绝对值大的数“吃掉”而不能发挥其作用, 严重影响计算结果的准确性.

例1.3.2 计算$x^2 - (10^9 + 1)x + 10^9 = 0$的根, 假设计算机显示8位字长, 精确解为$x_1 = 10^9$, $x_2 = 1$.

解 算法1 利用求根公式

$$x = \frac{-b \pm \sqrt{b^2 - 4ac}}{2a},$$

在计算机内, 10^9存储为0.1×10^{10}, 1存储为0.1×10^1. 做加法时, 两数相加, 指数先向大指数对齐, 即1的指数部分须变为10^{10}, 则$1 = 0.0000000001 \times 10^{10}$. 取单精度时为

$$10^9 + 1 = 0.10000000 \times 10^{10} + 0.00000000 \times 10^{10} = 0.10000000 \times 10^{10},$$

此时大数"吃"小数得

$$x_1^* = \frac{-b + \sqrt{b^2 - 4ac}}{2a} = 10^9, \quad x_2^* = \frac{-b - \sqrt{b^2 - 4ac}}{2a} = 0.$$

这样的结果显然误差太大.

算法2 先解出

$$x_1^* = \frac{-b - \mathrm{sgn}(b) \cdot \sqrt{b^2 - 4ac}}{2a} = 10^9,$$

再利用$x_1 \cdot x_2 = \dfrac{c}{a}$, 得到

$$x_2^* = \frac{c}{a \cdot x_1^*} = \frac{10^9}{10^9} = 1.$$

由此可见, 算法的选用很重要.

3. *先化简再计算, 尽量减少运算步骤, 避免误差累积*

减少运算次数不仅可以提高计算速度, 而且能减少误差的累积.

例1.3.3 计算多项式$P_n(x) = a_n x^n + a_{n-1} x^{n-1} + a_{n-2} x^{n-2} + \cdots + a_1 x + a_0$的值.

解 一般来说, 计算机处理下列运算的速度为$(+, -) > (\times, \div) > (\exp)$. 由于计算$a_k x^k$需$k$次乘法运算, 所以直接计算$P_n(x)$共需要$n + (n-1) + (n-2) + \cdots + 1 = \dfrac{n(n+1)}{2}$次乘法运算和$n$次加法运算. 若将$P_n(x)$变形为

$$P_n(x) = (\cdots((a_n x + a_{n-1})x + a_{n-2})x + \cdots + a_1)x + a_0,$$

此时可以将运算改写成递推形式

$$\begin{cases} u_0 = a_n, \\ u_k = u_{k-1} x + a_{n-k}, \quad k = 1, 2, \cdots, n, \end{cases}$$

则计算$P_n(x)$共需要n次乘法运算和n次加法运算.

这是计算多项式值最好的算法. 此算法称为**秦九韶算法**, 也称为**Hornor算法**.

4. 应十分小心处理病态的数学问题

对于数值计算问题, 如果由于问题本身而使得计算结果与实际问题相差甚远, 那么这种问题称为**病态问题**.

例1.3.4 解线性方程组

$$\begin{cases} 3.000x_1 + 4.127x_2 = 15.41, \\ 1.000x_1 + 1.374x_2 = 5.147. \end{cases}$$

解 容易解得其精确解为$x_1 = 13.6658$, $x_2 = -6.2$. 如果x_2的系数4.127有微小扰动, 变为4.122, 此时设线性方程组变为

$$\begin{cases} 3.000\widetilde{x}_1 + 4.122\widetilde{x}_2 = 15.41, \\ 1.000\widetilde{x}_1 + 1.374\widetilde{x}_2 = 5.147, \end{cases}$$

显然, $\det(\widetilde{\boldsymbol{A}}) = 0$, 此时方程组$\boldsymbol{A}\widetilde{\boldsymbol{x}} = \boldsymbol{b}$无解.

这就是说, 解$\boldsymbol{A}x = \boldsymbol{b}$对系数矩阵$\boldsymbol{A}$很灵敏, 这种方程组称为病态的, 常规算法的计算结果可能不可靠, 只能用非常规的方法来解决.

5. 设法控制误差的传播

利用递推关系进行计算时, 运算过程比较有规律, 但多次递推必须注意误差的累计. 如果递推过程中误差增大, 就会得出错误的结论; 如果递推过程中误差减少, 则得出的结论相对比较准确.

例1.3.5 计算定积分$\displaystyle\int_0^1 \frac{x^n}{x+5}\mathrm{d}x\ (n = 0, 1, 2, \cdots, 8)$.

解 记$I_n = \displaystyle\int_0^1 \frac{x^n}{x+5}\mathrm{d}x$, 则

$$I_n + 5I_{n-1} = \int_0^1 \frac{x^n + 5x^{n-1}}{x+5}\mathrm{d}x = \int_0^1 x^{n-1}\mathrm{d}x = \frac{1}{n},$$

于是有递推关系式

$$I_n = \frac{1}{n} - 5I_{n-1},$$

因此, 得到

$$I_0 = \int_0^1 \frac{1}{x+5}\mathrm{d}x = \ln 6 - \ln 5 \approx 0.182,$$

$$I_1 = 1 - 5I_0 \approx 0.09, \quad I_2 = \frac{1}{2} - 5I_1 \approx 0.05,$$

$$I_3 = \frac{1}{3} - 5I_2 \approx 0.083,\ I_4 = \frac{1}{4} - 5I_3 \approx -0.165, \quad \cdots$$

而当$x \in [0,1]$时, $\dfrac{x^n}{5+x} \geqslant 0$, 由定积分的性质知$\displaystyle\int_0^1 \frac{x^n}{5+x}\mathrm{d}x \geqslant 0$. 由此推出此算法不稳定. 分析原因是由于$I_n = \dfrac{1}{n} - 5I_{n-1}$计算时, I_{n-1}的误差在传播过程中以5倍增长传递给I_n.

如果改变计算公式, 将递推公式改写为

$$I_{n-1} = \frac{1}{5n} - \frac{1}{5}I_n,$$

则取$n=9$, 其初值I_9可以这样确定: 利用积分估值得

$$\frac{1}{60} = \int_0^1 \frac{x^9}{6}\mathrm{d}x \leqslant I_9 \leqslant \int_0^1 \frac{x^9}{5}\mathrm{d}x = \frac{1}{50},$$

取$I_9 \approx \frac{1}{2}\left(\frac{1}{50}+\frac{1}{60}\right) \approx 0.018$, 推出

$$\begin{aligned}
&I_8 \approx 0.019, \quad I_7 \approx 0.022, \quad I_6 \approx 0.024,\\
&I_5 \approx 0.028, \quad I_4 \approx 0.034, \quad I_3 \approx 0.043,\\
&I_2 \approx 0.058, \quad I_1 \approx 0.088, \quad I_0 \approx 0.182,
\end{aligned}$$

所以此算法是稳定的.

1.4 MATLAB 软件简介

MATLAB是Matrix Laboratory的缩写, 原意为"矩阵实验室". 它是由MathWorks公司研制和开发的最具吸引力、应用最广泛的数值科学计算语言. MATLAB可以处理矩阵变换及运算、多项式运算、微积分运算、线性与非线性方程求解、常微分方程求解、偏微分方程求解、插值与拟合、特征值问题和统计及优化等问题. MATLAB目前是用C语言和汇编语言编写的, 但是MATLAB更容易上手, 允许用户以数学形式语言来编写程序, 可视化更强.

1.4.1 数字及其运算

在MATLAB中是以矩阵为基本运算单元的, 而构成数值矩阵的基本单元是数字. 对于简单的数字运算, 可以直接在命令窗口(command window)中输入. 例如, 计算23和32的乘积, 可以直接输入如下命令:

```
>> 23*32
ans =

        736
```

这里ans指当前的计算结果. 若用户需要把计算结果赋值给变量x, 则可以输入如下命令:

```
>> x = 23*32
x =

        736
```

MATLAB中的变量名是以字母开头的, 可以由字母、数字、下划线组成, 但是不能使用标点, 字母区分大小写, 变量名长度不超过31位, MATLAB将忽略第31位后的字符. 如表1.1所示为几个MATLAB预定义变量, 用户可以直接使用.

表1.1　常驻变量

变量符号	所代表的数值或意义
pi	圆周率
i或 j	负数单位$\sqrt{-1}$
inf	无穷大数1/0
NaN	不定值0/0

在定义变量名时, 要注意与固定变量名称不能重复, 否则在计算时会出现混乱. 但是可以通过"clear+固定变量名"命令来恢复该固定变量的初始设计. 与其他程序设计语言相同, MATLAB中的变量都是局部变量, 若要定义该变量为全局变量, 则在该变量前加global即可.

在MATLAB中, 代数表达式的输入是比较直观的. 如四则运算直接用"+"、"−"、"*"和"/"来表示, 乘方、开方则用"^"和函数"sqrt"来实现.

例1.4.1　在命令窗口输入如下命令:

```
>> a=3; b=20; c=5; d=-2;
>> x = a-b/2*sqrt(c)+3*d^2        %求出x的值
x =
    -7.3607
```

注1.4.1　(1)"%"表示注释, 其之后的内容对结果不产生影响;

(2) 若用户不想显示中间的计算结果, 可用";"来结束这一行的输入;

(3) 运算的优先顺序为: "^"和"sqrt"最高, "*"和"/"次之, "+"和"−"最低.

MATLAB中的输出格式由format命令来控制. 例1.13中的命令是缺省的, 如果是实数, 则系统默认输出结果保留小数点后4位; 如果是整数, 则输出为整数. 如果想输出不同的格式, 那么有以下几种形式, 以例1.13来具体说明不同格式的显示结果:

```
short       -7.3607                    % 小数点后4位(系统默认值)
long        -7.360679774997898         % 小数点后14位
shorte      -7.3607e+000               % 5位指数形式
longe       -7.360679774997898e+000    % 15位指数形式
rational    -5204/707                  % 有理形式, 近似分数
```

注1.4.2　(1) 上述结果只是屏幕显示的结果, MATLAB内部的计算和存储总是以双精度进行的;

(2) 对于长型格式显示, 15位后的显示结果不一定正确, 但是在计算机内部的二进制存储都是准确的;

(3) 如果数值大于100000000或小于0.001, 则在使用长型或短型格式输出时, MATLAB会自动显示为科学计数法形式.

1.4.2 矩阵及其运算

MATLAB的数值功能都是以矩阵为基本单元进行的, 对矩阵运算有强大的支持, 而向量是组成矩阵的基本元素之一, 所以这里先介绍向量及其运算.

1. 向量及其运算

常见的向量输入主要有直接输入向量和利用冒号生成向量.

直接输入向量时, 向量中的元素用“[ ]”括起来, 元素之间可以用空格、逗号或者分号隔开. 空格和逗号分隔而成的向量生成行向量, 分号分隔而成的向量为列向量. 例如, $\boldsymbol{x} = [1\ 2\ 3]$表示3维行向量, $\boldsymbol{x} = [1;2;3]$则表示3维列向量.

利用冒号生成向量的基本形式是$\boldsymbol{x} = x_0 : \text{step} : x_n$, 其中$x_0, x_n$分别表示向量的首元素数值和尾元素数值限, step表示步长, 即后一个元素与前一个元素之间的差值.

例1.4.2

```
>> x = 1:3:17
x =
        1     4     7    10    13    16
>> x =1:7
x =
     1     2     3     4     5     6     7
>> x = 1:-3:17
x =
     Empty  matrix: 1-by-0
>> x = 1:-3:1
x =
     1
```

注1.4.3 (1) 利用冒号生成向量可以不用“[ ],” 如果step = 1, 则可以省略不写;

(2) x_n表示尾元素数值限, 只有当$x_n - x_0$刚好是step的整数倍时, x_n才是尾元素数值;

(3) 当$x_0 < x_n$时, 则step > 0; 反之, step < 0; 如果不满足前面的条件, 则向量为空; 如果$x_0 = x_n$, 则向量只有一个元素.

向量的加、减法要求运算的向量具有相同的维数. 如果向量与数进行相加、减, 那么需要把数扩展成与向量相同维数的向量, 并且向量中的每个元素都是该数. 向量的数乘运算是将每个向量元素都乘以该数字. 向量与向量之间的乘积有点积(dot)和叉积(cross).

例1.4.3

```
>> a = 2:3:8; b = 1:3;
>> a-1
ans =
     1     4     7
>> b*2
ans =
     2     4     6
>> dot(a,b)
ans =
     36
>> cross(a,b)
ans =
     -1     2     -1
```

2. 矩阵的产生

矩阵的产生有很多种方法, 对于较小的简单矩阵, 可以与向量一样, 利用直接输入法产生. 矩阵用方括号括起来, 同一行之间的元素可以用空格或者逗号分隔, 行与行之间则用分号或者回车符分隔. 例如,

```
>> A = [1 2 3;4 5 6]
A =
      1     2     3
      4     5     6
```

MATLAB提供了诸如zero, ones, eye等可以产生矩阵的预定义函数. 此外, 用户也可以通过后缀名为.m的程序文件产生满足特殊需要的矩阵.

3. 矩阵的运算

矩阵的加、减、乘运算与数字的加、减、乘运算一样, 都使用运算符"+", "−", "∗", 但要求相加、减的矩阵必须是同维的, 相乘的矩阵要有相邻公共维数, 即如果矩阵$\boldsymbol{A}$为$i \times j$维, 则矩阵$\boldsymbol{B}$必须是$j \times k$维的, 这样两个矩阵才可以相乘.

例1.4.4

```
>> A = [1 2 3;4 5 6];
>> B = [-1 1 2;3 -2 4];
>> A+B =
ans =
     0     3     5
     7     3     10
```

```
>> C = [B',[3;3;3]]'          % "'"表示转置; 将B矩阵进行扩展
C =
     -1     1     2
      3    -2     4
      3     3     3
>> D = A*C
D =
     14     6     19
     29    12     46
```

MATLAB中矩阵的除法有两种形式: 左除"\"和右除"/". 在一般情况下, $\boldsymbol{x} = \boldsymbol{A}\backslash\boldsymbol{b}$是方程$\boldsymbol{Ax} = \boldsymbol{b}$的解, 而$\boldsymbol{x} = \boldsymbol{b}/\boldsymbol{A}$是方程$\boldsymbol{xA} = \boldsymbol{b}$的解. 若$\boldsymbol{A}$是非奇异方阵, 则$\boldsymbol{A}\backslash\boldsymbol{B} = \boldsymbol{A}^{-1}\boldsymbol{B}$, $\boldsymbol{B}/\boldsymbol{A} = \boldsymbol{B}\boldsymbol{A}^{-1}$, 并且有$\boldsymbol{A}\backslash\boldsymbol{B} = (\boldsymbol{B}^{\mathrm{T}}/\boldsymbol{A}^{\mathrm{T}})^{\mathrm{T}}$.

矩阵与常数之间的运算类似于向量与常数的运算, 要将矩阵的每个元素都与常数进行运算. 但是在除法运算时, 常数一般只能作为除数.

4. 矩阵的特殊操作

矩阵抽取是经常用到的矩阵处理操作. 例如, 可以使用diag($\boldsymbol{A}$)抽取矩阵$\boldsymbol{A}$的对角元素向量, 如

```
>> A = [10 -1 -2;-1 10 -2;-1 -1 5];
>> diag(A)
ans =
    10
    10
     5
```

同时diag($\boldsymbol{v}$)还可用来建立以向量$\boldsymbol{v}$为主对角元素对角矩阵, 如

```
>> diag(diag(A))
ans =
    10     0     0
     0    10     0
     0     0     5
```

当然, 除了抽取矩阵的对角元素以外, 还可以抽取矩阵的第k条对角元素的元素向量diag($\boldsymbol{A}$,k). 当k为0时, 就是抽取对角元素, 即diag($\boldsymbol{A}$)=diag($\boldsymbol{A}$,0); 当k为正数时, 抽取对角元上方第k条对角元素; 当k为负数时, 抽取对角元下方第k条对角元素.

矩阵的抽取除了对角元素抽取之外, 还可以进行上三角矩阵和下三角矩阵的抽取, 分别由命令tril(A,k)和triu(A,k)来实现. 例如,

```
>> tril(A)
```

```
ans =
    10     0     0
    -1    10     0
    -1    -1     5
>> triu(A,1)
ans =
     0    -1    -2
     0     0    -2
     0     0     0
```

矩阵还有很多命令函数, 如inv表示求矩阵的逆, det表示求矩阵的行列式的值, eig表示求矩阵的特征值和特征向量, trace表示求矩阵的迹, cond表示求矩阵的条件数等.

5. 数组的运算

在实际问题中, 经常会碰到同维矩阵对应元素之间的运算, 这种运算称为数组运算. 数组的加、减法与矩阵的加、减法完全相同, 当然也要求是同维数组才能相加减. 然而, 乘法和除法就完全不一样, 首先, 在符号上不同, 数组的乘法使用“.*”, 除法使用“.\”和“./”; 其次, 元素之间的运算方法也不同, 数组的乘、除法是作用在对应的元素之间的. 有了“对应元素之间的运算”这个规定, 数组还可以进行幂运算(“.^”)、指数运算(exp)、对数运算(log)和开方运算(sqrt)等. 例如,

```
>> a = [1 2 3;2 3 2];
>> b = [2 1 -1;1 2 4];
>> a.*b
>> ans=
         2     2    -3
         2     6     8
>> a./b
ans=
         0.5000    2.0000    -3.0000
         2.0000    1.5000     0.5000
>> a.^3
ans=
         1     8    27
         8    27     8
```

数组与常数之间的运算与前面的向量、矩阵一样, 常数与数组中的每个元素都进行运算. 但在矩阵中, 常数只能作为除数, 在数组中就没有这个限制.

数组还有一个特殊的运算, 是别的运算所没有的, 这个运算称为逻辑运算(表1.2). 在数组运算中, 若比较双方是同维数组, 则结果数组也是同维的数组, 数组中的元素值由0(不满足关系)和1(满足关系)组成. 若数组与常数比较, 则结果数组与数组同维. 另外, 有下面的优先级次序: 比较运算最优, 算术运算次之, 逻辑运算最后.

表1.2 基本逻辑运算

符号运算符	功 能	函数名
==	等于	eq
~=	不等于	ne
<	小于	lt
>	大于	gt
<=	小于等于	le
>=	大于等于	ge
&	逻辑与	and
|	逻辑或	or
~	逻辑非	not

1.4.3 图形功能

MATLAB提供了强大的二维、三维图形的屏幕绘制功能. 除了可以画出简单的点、线、面之外, 还可以对二维、三维, 甚至四维图形进行着色、渲染、光照控制等.

1. 二维图形

函数plot是绘制二维图形最常用的函数, 该函数是将数组中的数据绘制在坐标平面上, 并用直线将这些点连接起来, 得到一个曲线图形. 它的形式是用plot(x,y)命令绘制向量$\boldsymbol{y}$对向量$\boldsymbol{x}$的图形. 例如, 用下述命令可以得到如图1.1所示的正弦函数:

```
>> x = 0:pi/50:2*pi;
>> y = sin(x);
>> plot(x,y)
```

plot函数能自动给坐标轴标注上坐标值以及标号, 坐标轴是经过缩放的, 可以用axis equal命令得到单位长度相同的坐标轴. 另外, 如需在一幅图上绘制多条曲线, 则可以利用命令plot(x_1,y_1, x_2,y_2,x_3,y_3).

MATLAB除了可以直接绘制二维函数图, 还提供了用于诸如标量场分析、矢量场分析、误差分析和统计分析等功能的图形支持函数.

2. 三维图形

MATLAB绘制三维曲线图形的函数是plot3(x,y,z), 也可以用函数plot3(x_1, y_1, z_1, x_2, y_2, z_2) 在同一图形上画多条曲线. 例如, 绘制如图1.2所示的螺旋线.

```
>> x = 0:pi/10:10*pi;
>> plot3(sin(x),cos(x),x)
```

图1.2中出现折线的原因是画图时点间距取得比较大, 可以通过缩小间距(即多取些点)来使函数图形达到更光滑的效果.

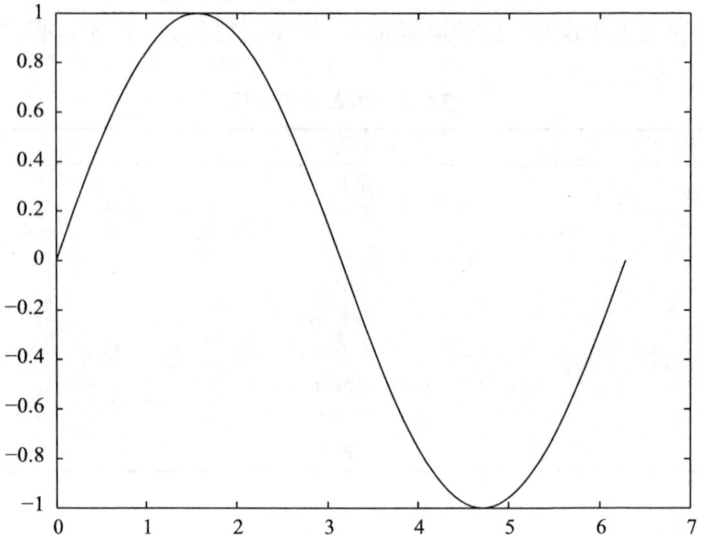

图1.1　$\sin x$ 的图形

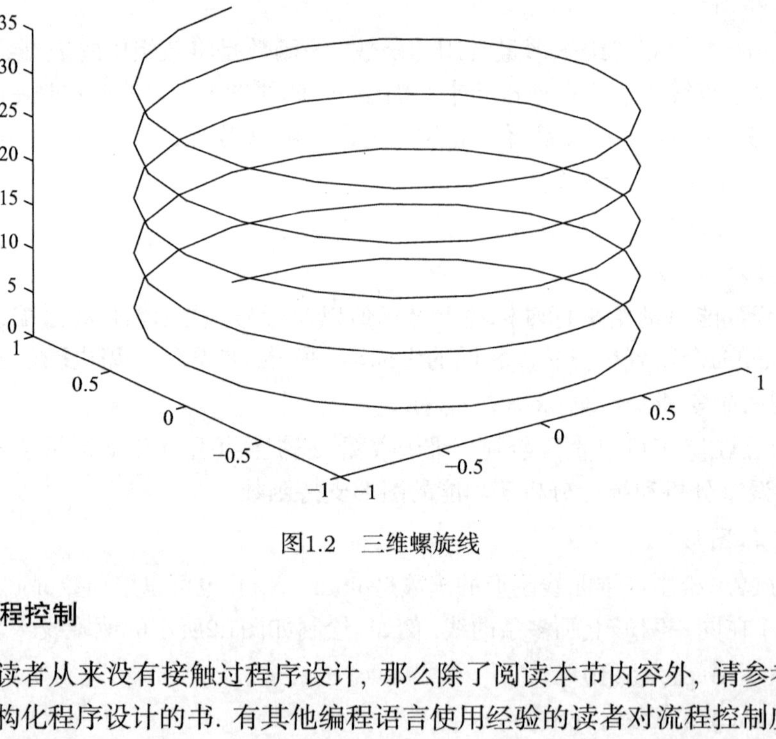

图1.2　三维螺旋线

1.4.4　流程控制

假如读者从来没有接触过程序设计, 那么除了阅读本节内容外, 请参考任何一本关于结构化程序设计的书. 有其他编程语言使用经验的读者对流程控制应该不会感到陌生, 那么这里介绍的一些流程控制语句将使你能快速掌握MATLAB程序的流程控制.

1. for循环

for循环结构是根据用户设定的条件, 对结构中的命令反复执行固定次数的操作. 它的一般格式为:

```
for i = array      % i 循环变量,  array 条件数组
    (commands)     % 执行语句
end
```

for循环是根据向量array的维数决定循环次数的, 每执行一次, i就取array中的一个值, 执行结束后, i就取array中的下一个值, 直到最后一个. 此外, MATLAB的for循环和其他程序设计语言一样, 是可以嵌套的. 例如, 给一个大小为3×4的矩阵$\boldsymbol{A}$赋值如下:

```
for i = 1:3
    for j = 1:4
        A(i,j) = i^2 + j^2;
    end
end
```

需要注意的是, for循环每执行一次都要花时间给变量分配一次内存, 所以在使用for循环语句时, 为循环体内出现的变量预先分配好内存可以提高执行效率.

2. while循环

利用for循环, 用户可以对一组命令执行固定次数的循环运算, while循环的范围可以更广一些, 因为它的判断控制语句可以是一个逻辑判断语句. 它的一般格式为:

```
while expression     % 条件表达式
    (commands)
end
```

在一般情况下, 只要条件表达式中所有元素的值都为真, (commands)命令就会一直执行下去. 如果表达式是一个标量, 那么非零代表真; 如果是一个数组, 那么只有当数组中的所有元素都非零时, 才代表真. 这时, 可以用any或all函数产生, 即while any(expression) 或 while all(expression).

3. 选择结构

在很多情况下, 要根据某一条件来执行相应的命令. MATLAB提供了if-else-end语句来进行判断选择, 其中最简单的一种选择结构为

```
if expression
  (commands)
end
```

只有当表达式中的结果为真时, 命令才被执行; 否则, 跳过. 语句只被执行一次而非循环. 如果希望在表达式为真和假时执行不同的命令, 那么可以采用如下结构:

```
if expression
   (commands 1)
else
   (commands 2)
end
```

当表达式为真时, 执行命令1; 当表达式为假时, 执行命令2. 更复杂的情况是, 需要根据多个条件执行不同的操作, 则可采用如下更复杂的结构:

```
if expression 1
   (commands 1)
elseif expression 2
   (commands 2)
elseif expression 3
   (commands 3)
    ...
else
   (commands 4)
end
```

例1.4.5 利用M文件实现符号函数

$$\operatorname{sgn}(x)=\begin{cases}-1, & x<0,\\ 0, & x=0,\\ 1, & x>0.\end{cases}$$

解 编写如下的M文件函数:

```
function sgn = doelseif(x)
if x < 0
    sgn = -1;
elseif x == 0;
    sgn = 0;
else
    sgn = 1;
end
```

4. 分支结构

switch-case结构是一种条件分支结构, 它可以根据一个公共参数的不同取值来执行不同的命令组. 一般格式如下:

```
switch expression
    case test expression 1
        (commands 1)
    case test expression 2
        (commands 2)
    ...
    otherwise
        (commands 3)
end
```

expression必须是一个标量或字符串, case语句实际上执行的是一个比较操作. MATLAB在执行switch-case结构语句时, 是按照从上到下的顺序进行的, 即先判断expression 与 test expression 1 是否相等, 如果相等, 则(commands 1)被执行并跳过后面的语句; 如果不相等, 就将expression与test expression 2比较, 只要相等, 则相应的命令就被执行; 如果都不相等, 那么就执行otherwise语句之后的(commands 3).

1.4.5 M文件

从前面的介绍可以知道, MATLAB可以在命令窗口中以交互的方式接受指令, 并将这些指令的执行结果以变量的方式储存在当前工作区中, 供其他指令使用. 这里所说的"指令"是指MATLAB计算引擎或工具箱(如符号计算、偏微分方程、优化、样条函数、图像处理等工具箱)提供的大量函数, 也可以包括任何第三方用户提供的函数. 同时, MATLAB也提供了类似于其他编程语言的程序设计能力, 具备解释M文件的功能. 所谓的M文件是指以.m为后缀名的程序文本, 它有以下两种形式: M脚本文件和M函数文件.

1. M脚本文件

M脚本文件就是各种指令和流程控制语句的叠加. MATLAB会按照文件中指令给出的顺序以及流程控制语句的导向执行, 得到的结果保存在当前工作区中. 将独立功能模块的指令(如大量变量赋值、数据预处理以及各种计算的初始化等)组合到同一M脚本文件中供经常调用是常用的做法. 例如, 将例1.15中的指令集合

```
a = 2:3:8;
b = 1:3;
c = a-1;
d = b*2;
e = dot(a,b);
f = cross(a,b);
```

保存成M脚本文件ex163.m, 接着就可以在MATLAB命令行窗口下执行如下命令:

```
>> ex163
```

来完成对变量a,b,c,d,e,f的初始化. 在此过程中, MATLAB计算引擎将分别依次从当前工作区变量、MATLAB内部函数以及当前搜索路径下搜索该指令所在的位置. 因此, 在运行上述命令之前, 需将该M脚本文件所在的路径加入到系统搜索路径中, 即

```
>> addpath('C:/path/to/M/file/');
```

2. M函数文件

除流程控制以外, 函数也是程序设计的一个重要组成部分. 程序设计中的函数与数学函数是具有不同含义的. 在MATLAB中, 创建M函数文件必须要满足如下一些标准:

(1) M函数文件的第一行必须是以function关键字开头的声明语句, 称为函数声明行, 声明行中包含函数名称、输入参数和输出参数;

(2) M函数文件名必须和function声明行中的函数名一致;

(3) 函数文件内部创建的变量不会储存到MATLAB工作区中, 只有函数的输出结果才储存到MATLAB工作区中.

例如, 将如下内容保存成名为sum_n.m的M函数文件:

```
function  s = sum_n(n)    % 求和
s = 0;
for i = 1:n
    s = s + i;
end
```

那么在MATLAB主窗口中就可用该文件名(须与函数名一致)运行这个函数, 如

```
>> sum_n(100)
ans =
        5050
```

3. M文件调试

用户在编写M函数文件时, 不可避免地会出现错误. 在MATLAB中, 最常见的主要有两种错误: 一种是语法错误; 另有一种是运行错误. 如果有语法错误, 则MATLAB在运行时会发现这些错误, 并且标识出错误的位置, 用户可以很方便地修改. 语法错误一般是由于用户的错误操作造成的, 如符号或变量函数名写错、缺少括号或引号等, 所以语法错误修改比较容易.

运行错误虽然可以被MATLAB发现并标识出来, 但是它很难发现到底错在何处, 所以这时调试就非常重要. 一般有以下几种方法:

(1) 可以将要调试的语句行后面的分号去掉, 这样可以在主窗口中显示出运算的中间结果;

(2) 在M函数文件中设置断点, 这样在程序执行到断点处会停下来, 用户可以在主窗口中调试输出结果;

(3) 将M函数文件的第一行函数声明行之前加%, M函数文件就变成了M脚本文件, 其工作区就是MATLAB工作区, 用户在出现错误时可以查看工作区中的变量.

习 题 1

(一)

1. 表1.3中各x^*都是对准确值x进行四舍五入得到的近似值, 试分别指出其绝对误差限、相对误差限及有效数字位数, 并填入表中.

表1.3

x^*	绝对误差限	相对误差限	有效数字位数
0.3012			
30.12			
30.120			
30120			
0.3012×10^5			

2. 为了使$\sqrt{11}$的近似值的相对误差不超过0.1%,问至少应取几位有效数字?

3. 已知$y=P_2(x)=x^2+x-1150$, $x=\dfrac{100}{3}$, $x^*=33$, 计算$y=P_2\left(\dfrac{100}{3}\right)$及$y^*=P_2(33)$,并求$x^*$和$y^*$的相对误差.

4. 由四舍五入得到近似数$x_1^*=1.4684$, $x_2^*=0.047154$, 试分别估计计算$x_1^*+x_2^*$和$x_1^{*2}x_2^*$ 有几位有效数字.

5. 利用下列等式:

$$\frac{1}{(\sqrt{2}+1)^6},\quad (3-2\sqrt{2})^3,\quad \frac{1}{(3+2\sqrt{2})^3},\quad 99-70\sqrt{2}$$

计算$(\sqrt{2}-1)^6$, 取$\sqrt{2}\approx1.4$, 问哪一个计算结果最好?

6. 求方程$x^2-40x+1=0$的两个根, 使它们至少具有4位有效数字(已知$\sqrt{399}\approx19.975$).

7. 已知$\sqrt{201}$和$\sqrt{200}$具有6位有效数字的近似值分别为14.1774和14.1421, 试按$A=\sqrt{201}-\sqrt{200}$ 和$A=\dfrac{1}{\sqrt{201}+\sqrt{200}}$两种算法求出$A$的近似值, 并分别求出这两种算法所得$A$的近似值的绝对误差限和有效数字.

8. 设$Y_0=28$,递推公式

$$Y_n=Y_{n-1}-\frac{1}{100}\sqrt{783},\quad n=1,2,\cdots$$

计算到Y_{100}.若取$\sqrt{783}\approx27.982$(5位有效数字), 试问计算Y_{100}将有多大误差?

9. 设近似值$T_0=S_0=35.70$具有4位有效数字, 计算中无舍入误差, 试分析分别用递推式

$$T_{i+1}=5T_i-142.8\quad 和\quad S_{i+1}=\frac{1}{5}S_i-142.8$$

计算T_{10}和S_{10}时的误差有多大? 哪一种计算结果更可靠?

(二)

1. 设分别取

$$x_1 = \sqrt{2000} = 44.7213\cdots, \quad x_2 = \sqrt{1999} = 44.7102\cdots$$

的具有n位有效数字的近似值x_1^*和x_2^*,

(1) 若要得到x_1x_2具有7位有效数字的近似值, 则n的值至少应为多少?

(2) 若要得到$x_1 - x_2$具有7位有效数字的近似值, 则n的值至少应为多少?

2. $f(x) = \ln(x - \sqrt{x^2-1})$,求$f(30)$的值. 若开方用6位函数表(即取$\sqrt{899} \approx 29.9833$), 问求对数时, 误差有多大? 若改用另一等价公式

$$\ln(x - \sqrt{x^2-1}) = -\ln(x + \sqrt{x^2-1})$$

计算, 则求对数时, 误差有多大?

3. 计算$I_n = \int_0^1 x^n \mathrm{e}^{2x} \mathrm{d}x \ (n = 0, 1, \cdots, 8)$, 试构造一个数值稳定的算法, 并证明其稳定性.

第 2 章　解线性方程组的直接法

2.1 引言及预备知识

2.1.1 引言

线性方程组求解是科学计算中最常遇到的问题. 在实际中, 存在大量解线性方程组的问题, 如在应力分析、电路分析、分子结构、测量学等方面都会遇到解线性方程组的问题. 很多数值方法到最后也会涉及线性方程组的求解问题, 如三次样条、最小二乘法、微分方程边值问题的差分法与有限元法等. 因此, 线性方程组的求解对于实际问题是极其重要的.

本章讨论的线性方程组的表达式为

$$\begin{cases} a_{11}x_1 + a_{12}x_2 + \cdots + a_{1n}x_n = b_1, \\ a_{21}x_1 + a_{22}x_2 + \cdots + a_{2n}x_n = b_2, \\ \qquad \cdots\cdots \\ a_{n1}x_1 + a_{n2}x_2 + \cdots + a_{nn}x_n = b_n, \end{cases} \tag{2.1.1}$$

其中$a_{ij}\ (i,j=1,2,\cdots,n)$为方程组的系数, $b_i(i=1,2,\cdots,n)$ 为方程组的自由项. 方程组(2.1.1)写为矩阵形式为

$$\boldsymbol{Ax}=\boldsymbol{b},$$

其中

$$\boldsymbol{A}=\begin{bmatrix} a_{11} & a_{12} & \cdots & a_{1n} \\ a_{21} & a_{22} & \cdots & a_{2n} \\ \vdots & \vdots & & \vdots \\ a_{n1} & a_{n2} & \cdots & a_{nn} \end{bmatrix}, \quad \boldsymbol{x}=\begin{bmatrix} x_1 \\ x_2 \\ \vdots \\ x_n \end{bmatrix}, \quad \boldsymbol{b}=\begin{bmatrix} b_1 \\ b_2 \\ \vdots \\ b_n \end{bmatrix}$$

分别称为线性方程组的系数矩阵、未知向量和常数向量.

方程组的系数矩阵一般分成两类: 第一类是低阶稠密矩阵(如阶数不超过150); 另一类是大型稀疏矩阵(即矩阵阶数高且零元素较多).

线性方程组的数值解法可以分为直接法和迭代法两类. 迭代法速度快, 但是有误差, 将在第3章中介绍; 直接法是在不考虑舍入误差的前提下, 通过有限步四则运算即能求得线性方程组(2.1.1)精确解的方法, 其特点是准确、可靠, 如Gramer法则. 但

通过第1章的分析, 可以知道, 用Gramer法则来求解线性代数方程组, 特别是大型矩阵并不实用. 例如, 对方程组(2.1.1)用Gramer法则, 当且仅当$D = \det(\boldsymbol{A}) \neq 0$时, 有唯一的解

$$x_i = \frac{D_i}{D}, \quad i = 1, 2, \cdots, n.$$

但Gramer法则并不适合于计算大型线性方程组的解, 如取$n = 10^{10}$, 则Gramer法则几乎就不能求出方程组的解, 因而寻求线性方程组的快速而有效的解法是十分重要的.

本章主要介绍计算机上常用而有效的直接解法: Gauss消去法、平方根法、追赶法, 以及向量、矩阵的范数与条件数. 为方便计算, 设所讨论的线性方程组的系数行列式不等于零.

对于本书中的线性方程组(2.1.1), 规定作如下变换时, 解不变:

(1) 交换两个方程的次序;

(2) 一个方程的两边同时乘以一个非0的数;

(3) 一个方程的两边同时乘以一个非0数, 再加到另一个方程上去.

2.1.2 预备知识

为了后面讨论数值解法, 这里先复习一下关于矩阵的基本知识.

本书中用$\mathbb{R}^{m\times n}$表示全部$m \times n$**实矩阵的向量空间**.

设$\boldsymbol{A} = (a_{ij}) \in \mathbb{R}^{n\times n}$, 若存在一个数$\lambda$(实数或复数)和非零向量$\boldsymbol{x} = (x_1, \cdots, x_n)^{\mathrm{T}} \in \mathbb{R}^n$, 使得

$$\boldsymbol{Ax} = \lambda \boldsymbol{x},$$

则称λ为$\boldsymbol{A}$的**特征值**, $\boldsymbol{x}$为$\boldsymbol{A}$对应λ的**特征向量**,

$$\det(\lambda \boldsymbol{I} - \boldsymbol{A}) = \begin{vmatrix} \lambda - a_{11} & -a_{12} & \cdots & -a_{1n} \\ -a_{21} & \lambda - a_{22} & \cdots & -a_{2n} \\ \vdots & \vdots & & \vdots \\ -a_{n1} & -a_{n2} & \cdots & \lambda - a_{nn} \end{vmatrix} = 0$$

为$\boldsymbol{A}$的**特征方程**, 其中$\boldsymbol{I}$为单位矩阵.

$\boldsymbol{A}$的特征值λ和特征向量$\boldsymbol{x}$有如下性质:

(1) $\boldsymbol{A}^{\mathrm{T}}$与$\boldsymbol{A}$有相同的特征值$\lambda$和特征向量$\boldsymbol{x}$;

(2) 若$\boldsymbol{A}$非奇异, 则$\boldsymbol{A}^{-1}$的特征值为λ^{-1}, 特征向量为$\boldsymbol{x}$.

设$\boldsymbol{A} = (a_{ij}) \in \mathbb{R}^{n\times n}$, 若$\boldsymbol{A}^{\mathrm{T}} = \boldsymbol{A}$, 即$a_{ij} = a_{ji} \quad (i, j = 1, 2, \cdots, n)$, 则称$\boldsymbol{A}$为**对称矩阵**.

若还满足对于$\forall \boldsymbol{x} \neq \boldsymbol{0}, \boldsymbol{x} \in \mathbb{R}^n$,

$$(\boldsymbol{x}, \boldsymbol{Ax}) = \boldsymbol{x}^{\mathrm{T}} \boldsymbol{Ax} > 0,$$

则称$\boldsymbol{A}$为**对称正定矩阵**;

对称正定矩阵有以下重要性质:

(1) $\boldsymbol{A}$为对称正定矩阵, 则$\boldsymbol{A}$为**非奇异矩阵**, 并且$\boldsymbol{A}^{-1}$也是对称正定矩阵;

(2) $\boldsymbol{A}$为对称正定矩阵, 则$\boldsymbol{A}$的对角元素$a_{ii} > 0\ (i = 1, 2, \cdots, n)$;

(3) $\boldsymbol{A}$为对称正定矩阵的充要条件是$\boldsymbol{A}$的所有特征值$\lambda_i > 0\ (i = 1, 2, \cdots, n)$;

(4) $\boldsymbol{A}$为对称正定矩阵的充要条件是$\boldsymbol{A}$的所有**顺序主子式**

$$\Delta_i = \det(\boldsymbol{A}_i) = \begin{vmatrix} a_{11} & \cdots & a_{1i} \\ \vdots & & \vdots \\ a_{i1} & \cdots & a_{ii} \end{vmatrix} > 0, \quad i = 1, \cdots, n.$$

2.2 Gauss消去法

Gauss消去法是解线性方程组最常用的方法之一, 它的基本思想是通过逐步消元, 把方程组的系数矩阵化为三角矩阵的同解方程组, 然后用回代法解此三角形方程组, 从而得到原方程组的解. 下面先讨论三角形方程组的解法.

2.2.1 三角形方程组的算法

三角形方程组包括上三角形方程组和下三角形方程组, 是最简单的线性方程组之一. 上三角形方程组的一般形式为

$$\begin{cases} a_{11}x_1 + a_{12}x_2 + \cdots + a_{1n}x_n = b_1, \\ \qquad\quad a_{22}x_2 + \cdots + a_{2n}x_n = b_2, \\ \qquad\qquad \cdots\cdots \\ \qquad\qquad\qquad a_{nn}x_n = b_n, \end{cases} \tag{2.2.1}$$

其中$a_{ii} \neq 0\ (i = 1, 2, \cdots, n)$.

下面可以先来看一个上三角形方程组的简单例子.

例2.2.1 解方程组

$$\begin{cases} x_1 + x_2 + \qquad x_4 = 4, \\ \quad -x_2 - x_3 - 5x_4 = -7, \\ \qquad 3x_3 + 13x_4 = 13, \\ \qquad\qquad 13x_4 = 13. \end{cases}$$

解 从最后一个方程算起, 逐步代回上一方程可得

$$
\begin{aligned}
&x_4 = 1,\\
&x_3 = (13 - 13x_4)/3 = 0,\\
&x_2 = -(-7 + 5x_4 + x_3) = -(-7 + 5 + 0) = 2,\\
&x_1 = 4 - x_4 - x_2 = 4 - 1 - 2 = 1,
\end{aligned}
$$

所以解为

$$(x_1, x_2, x_3, x_4)^{\mathrm{T}} = (1, 2, 0, 1)^{\mathrm{T}}.$$

从例2.1.1可以看出, 对于一般的上三角形方程组, 从最后一个方程入手, 先解出$x_n = b_n/a_{nn}$, 然后按方程由后向前的顺序递推, 从方程中依次解出$x_{n-1}, x_{n-2}, \cdots, x_1$, 这样就完成了上三角形方程组的求解过程.

这种计算步骤如下:

$$
\begin{cases}
x_n = b_n/a_{nn},\\
x_i = \dfrac{b_i - \displaystyle\sum_{j=i+1}^{n} a_{ij}x_j}{a_{ii}}, \quad i = n-1, n-2, \cdots, 1.
\end{cases}
$$

下面考虑下三角形方程组.

例2.2.2　解方程组

$$
\begin{cases}
2x_1 = 2,\\
x_1 + x_2 = 2,\\
3x_1 + 2x_2 + 4x_3 = 9.
\end{cases}
$$

解　类似前代过程的逆过程, 从第一个方程算起, 可得

$$
\begin{aligned}
&x_1 = 2/2 = 1,\\
&x_2 = (2 - 1)/1 = 1,\\
&x_3 = (9 - 3 \times 1 - 2 \times 1)/4 = 1,
\end{aligned}
$$

所以解为

$$(x_1, x_2, x_3)^{\mathrm{T}} = (1, 1, 1)^{\mathrm{T}}.$$

下三角形方程组的一般形式为

$$
\begin{cases}
a_{11}x_1 = b_1,\\
a_{21}x_1 + a_{22}x_2 = b_2,\\
\qquad\cdots\cdots\\
a_{n1}x_1 + a_{n2}x_2 + a_{n3}x_3 + \cdots + a_{nn}x_n = b_n.
\end{cases}
$$

其求解顺序是从第一个方程开始, 按从上到下的顺序, 依次解出$x_1, x_2, \cdots, x_n$, 其计算公式为

$$\begin{cases} x_1 = b_1/a_{11}, \\ x_i = \dfrac{b_i - \displaystyle\sum_{j=1}^{i-1} a_{ij}x_j}{a_{ii}}, \quad i = 2, 3, \cdots, n. \end{cases}$$

2.2.2 Gauss消去法

Gauss消去法是一种古老的直接法, 由它改进得到的选主元法及三角分解法, 是目前计算机上常用于求低阶稠密矩阵方程组的有效方法, 其特点就是通过消元将一般线性方程组的求解问题转化为上三角形方程组的求解问题.

首先举一个例子来说明消去法的基本思路.

例2.2.3 用消去法解方程组

$$\begin{cases} 2x_1 + 2x_2 + 2x_3 = 1, \\ 3x_1 + 2x_2 + 4x_3 = \dfrac{1}{2}, \\ x_1 + 3x_2 + 9x_3 = \dfrac{5}{2}. \end{cases}$$

解 (1) 将第1个方程乘以$(-3/2)$加到第2个方程上, 乘以$(-1/2)$ 加到第3个方程上, 得到与原方程组等价的方程组

$$\begin{cases} 2x_1 + 2x_2 + 2x_3 = 1, \\ -x_2 + x_3 = -1, \\ 2x_2 + 8x_3 = 2. \end{cases}$$

其中第2个和第3个方程已消去了未知数x_1.

(2) 保留第1个方程, 将第2个方程乘以2加到第3个方程, 消去未知数x_2, 又得到与原方程组等价的三角形方程组

$$\begin{cases} 2x_1 + 2x_2 + 2x_3 = 1, \\ -x_2 + x_3 = -1, \\ 10x_3 = 0. \end{cases}$$

最后对上面的方程用回代的方法,即可求得原方程组的解为

$$x_3 = 0, \quad x_2 = 1, \quad x_1 = -1/2.$$

若用矩阵来描述消去法的约化过程, 即为

$$[\boldsymbol{A}|\boldsymbol{b}]=\left[\begin{array}{ccc|c}2&2&2&1\\3&2&4&\dfrac{1}{2}\\1&3&9&\dfrac{5}{2}\end{array}\right]\xrightarrow{(1)}\left[\begin{array}{ccc|c}2&2&2&1\\0&-1&1&-1\\0&2&8&2\end{array}\right]\xrightarrow{(2)}\left[\begin{array}{ccc|c}2&2&2&1\\0&-1&1&-1\\0&0&10&0\end{array}\right].$$

这种求解过程称为具有回代的Gauss消去法.

从例2.2.3的计算过程可以得到, 对于一般的线性方程组, 只要把方程组转化为等价的上三角形方程组, 求解过程就很容易完成. Gauss消去法就是将一般的线性方程组等价地变换为一个上三角形方程组, 然后用回代法求解. 下面讨论一般的线性方程组的Gauss消去法.

记线性方程组(2.2.1)为

$$\begin{cases}a_{11}^{(1)}x_1+a_{12}^{(1)}x_2+\cdots+a_{1n}^{(1)}x_n=b_1^{(1)},\\a_{21}^{(1)}x_1+a_{22}^{(1)}x_2+\cdots+a_{2n}^{(1)}x_n=b_2^{(1)},\\\qquad\cdots\cdots\\a_{n1}^{(1)}x_1+a_{n2}^{(1)}x_2+\cdots+a_{nn}^{(1)}x_n=b_n^{(1)}.\end{cases}\tag{2.2.2}$$

设$a_{11}^{(1)}\neq 0$, 经过一次消元后, 可得

$$\begin{cases}a_{11}^{(1)}x_1+a_{12}^{(1)}x_2+\cdots+a_{1n}^{(1)}x_n=b_1^{(1)},\\\qquad a_{22}^{(2)}x_2+\cdots+a_{2n}^{(2)}x_n=b_2^{(2)},\\\qquad\cdots\cdots\\\qquad a_{n2}^{(2)}x_2+\cdots+a_{nn}^{(2)}x_n=b_n^{(2)}.\end{cases}$$

计算公式是

$$\begin{cases}a_{ij}^{(2)}=a_{ij}^{(1)}-a_{1j}^{(1)}a_{i1}^{(1)}/a_{11}^{(1)},\\b_i^{(2)}=b_i^{(1)}-b_1^{(1)}a_{i1}^{(1)}/a_{11}^{(1)},\quad i,j=2,\cdots,n.\end{cases}$$

一般地, 设经过$k-1$次消元后, 得到的方程组为

$$\begin{cases}a_{11}^{(1)}x_1+a_{12}^{(1)}x_2+\quad\cdots\quad+a_{1n}^{(1)}x_n=b_1^{(1)},\\\qquad a_{22}^{(2)}x_2+\quad\cdots\quad+a_{2n}^{(2)}x_n=b_2^{(2)},\\\qquad\qquad\cdots\cdots\\\qquad\qquad a_{kk}^{(k)}x_k+\cdots+a_{kn}^{(k)}x_n=b_k^{(k)},\\\qquad\qquad\cdots\cdots\\\qquad\qquad a_{nk}^{(k)}x_k+\cdots+a_{nn}^{(k)}x_n=b_n^{(k)}.\end{cases}$$

设$a_{kk}^{(k)} \neq 0$, 则经过k次消元后得

$$\begin{cases} a_{11}^{(1)}x_1 + a_{12}^{(1)}x_2 + \quad \cdots \quad + a_{1n}^{(1)}x_n = b_1^{(1)}, \\ \qquad a_{22}^{(2)}x_2 + \quad \cdots \quad + a_{2n}^{(2)}x_n = b_2^{(2)}, \\ \qquad \cdots\cdots \\ \qquad a_{kk}^{(k)}x_k + a_{k,k+1}^{(k)}x_{k+1} + \cdots + a_{kn}^{(k)}x_n = b_k^{(k)}, \\ \qquad a_{k+1,k+1}^{(k+1)}x_{k+1} + \cdots + a_{k+1,n}^{(k+1)}x_n = b_{k+1}^{(k+1)}, \\ \qquad \cdots\cdots \\ \qquad a_{n,k+1}^{(k+1)}x_{k+1} + \cdots + a_{nn}^{(k+1)}x_n = b_n^{(k+1)}. \end{cases}$$

计算公式是

$$\begin{cases} a_{ij}^{(k+1)} = a_{ij}^{(k)} - a_{kj}^{(k)}a_{ik}^{(k)}/a_{kk}^{(k)}, \\ b_i^{(k+1)} = b_i^{(k)} - b_k^{(k)}a_{ik}^{(k)}/a_{kk}^{(k)}, \quad i,j = k+1,\cdots,n. \end{cases}$$

经过$n-1$次消元后, 最后得到上三角形方程组

$$\begin{cases} a_{11}^{(1)}x_1 + a_{12}^{(1)}x_2 + \cdots + a_{1n}^{(1)}x_n = b_1^{(1)}, \\ \qquad a_{22}^{(2)}x_2 + \cdots + a_{2n}^{(2)}x_n = b_2^{(2)}, \\ \qquad \cdots\cdots \\ \qquad a_{nn}^{(n)}x_n = b_n^{(n)}. \end{cases} \tag{2.2.3}$$

然后, 用回代法求解方程组(2.2.3), 就能得到线性方程组的解.

系数矩阵对角元素$a_{kk}^{(k)}$称为**约化主元**. 将方程组(2.2.2)约化为方程组(2.2.3)的过程称为**消元过程**, 求解方程组(2.2.3)的过程称为**回代过程**, 由消元过程和回代过程求解线性方程组的方法称为**Gauss消去法**.

定理2.2.1(Gauss消去法) 设$\boldsymbol{Ax} = \boldsymbol{b}$, 其中$\boldsymbol{A} \in \mathbb{R}^{n\times n}$为非奇异矩阵, 若约化主元$a_{kk}^{(k)} \neq 0(k = 1,2,\cdots,n)$, 则可通过Gauss消去法将$\boldsymbol{Ax} = \boldsymbol{b}$约化为等价的上三角形方程组(2.2.3), 算法如下:

(1) 消元计算

$$\begin{cases} m_{ik} = a_{ik}^{(k)}/a_{kk}^{(k)}, \\ a_{ij}^{(k+1)} = a_{ij}^{(k)} - m_{ik}a_{kj}^{(k)}, \\ b_i^{(k+1)} = b_i^{(k)} - m_{ik}b_k^{(k)}, \quad i,j = k+1,\cdots,n, \quad k = 1,2,\cdots,n-1; \end{cases} \tag{2.2.4}$$

(2) 回代计算

$$\begin{cases} x_n = b_n^{(n)}/a_{nn}^{(n)}, \\ x_i = \dfrac{b_i^{(i)} - \displaystyle\sum_{j=i+1}^{n} a_{ij}^{(i)}x_j}{a_{ii}^{(i)}}, \quad i = n-1,n-2,\cdots,1. \end{cases} \tag{2.2.5}$$

下面来考虑Gauss消去法求解$\boldsymbol{Ax} = \boldsymbol{b}$的计算量.

(1) 消元过程(2.2.4): 第$k(k = 1, 2, \cdots, n-1)$步的计算量:

(i) 计算乘数m_{ik}: 需要作$(n-k)$次除法运算;

(ii) 消元$a_{ij}^{(k+1)}$: 需作$(n-k)^2$次乘法运算;

(iii) 计算$b_i^{(k+1)}$: 需作$(n-k)$次乘法运算.

合计:

$$\sum_{k=1}^{n-1}(n-k) + \sum_{k=1}^{n-1}(n-k)^2 + \sum_{k=1}^{n-1}(n-k)$$
$$= \frac{n(n-1)}{2} + \frac{(n-1)n(2n-1)}{6} + \frac{n(n-1)}{2}$$

次乘除运算.

(2) 回代过程(2.2.5): 共需要作$n(n+1)/2$次乘除法运算.

总计算量共为

$$\frac{n^3}{3} + n^2 - \frac{n}{3} = O(n^3).$$

2.2.3 选主元的Gauss消去法

在前述的消去过程中, 未知量是按其出现在方程组中的自然顺序消去的, 所以又称顺序消去法. 实际上, 已经发现顺序消去法有很大的缺点. 注意到计算过程中, $a_{kk}^{(k)}$处在除数位置上, 因此, 整个计算过程要保证它不为0. 所以, Gauss消去法的可行条件为$a_{kk}^{(k)} \neq 0$. 这就要求$\boldsymbol{A}$的所有顺序主子式均不为0, 即

$$\Delta_k = \det(\boldsymbol{A}_k) = \begin{vmatrix} a_{11} & \cdots & a_{1k} \\ \vdots & & \vdots \\ a_{k1} & \cdots & a_{kk} \end{vmatrix} \neq 0, \quad k = 1, \cdots, n.$$

由于$a_{kk}^{(k)}$的舍入误差和有效位数消失等因素, 故其本身常常有较大的相对误差. 用其作除数, 会导致其他元素数量级的严重增长和舍入误差的扩散, 使得所求的解误差过大, 以致失真. 如果某个$a_{kk}^{(k)}$很小, 则会引起大的误差. 例如, 下面的例子.

例2.2.4 解方程组

$$\begin{cases} 10^{-9}x_1 + x_2 = 1, \\ x_1 + x_2 = 2. \end{cases}$$

解 方程组的精确解为

$$x_1 = \frac{1}{1-10^{-9}} = 1.\overbrace{00\cdots0}^{8个}100\cdots, \quad x_2 = 2 - x_1 = 0.\overbrace{99\cdots9}^{8个}899\cdots.$$

用Gauss消去法计算

$$
\begin{aligned}
&m_{21} = a_{21}/a_{11} = 10^9, \\
&a_{22} = 1 - m_{21} \times 1 = 0.\overbrace{0\cdots0}^{8\text{个}}1 \times 10^9 - 10^9 = -10^9, \\
&b_2 = 2 - m_{21} \times 1 = -10^9.
\end{aligned}
$$

消元后的增广矩阵为

$$
\left[\begin{array}{cc|c} 10^{-9} & 1 & 1 \\ 0 & -10^9 & -10^9 \end{array}\right] \Rightarrow x_2 = 1,\ x_1 = 0.
$$

可见, 有一个解$x_1 = 0$严重失真.

造成这个现象的原因如下: 主元太小, 使得消元后所得的三角形方程组很不准确. 因此, 在消去法中, 应避免采用绝对值很小的主元. 对于一般的矩阵方程组, 需要引进选主元的技巧, 即Gauss消去法的每一步都应该在系数矩阵或消元后的低阶矩阵中选取绝对值最大的元素作为主元, 以减少计算过程中舍入误差对计算解的影响.

因此, 用Gauss消去法求解线性方程组时, 为了避免小的主元, 在进行第k步消元前, 应该在第k列元素$a_{ik}^{(k)}(i = k, \cdots, n)$中选出绝对值最大者, 如$|a_{i_k k}^{(k)}| = \max\limits_{k \leqslant i \leqslant n} |a_{ik}^{(k)}|$, 再把第$i_k$个方程与第$k$个方程进行交换, 使$a_{i_k k}^{(k)}$成为主元, 这个过程称为选主元. 由于只在第$k$列元素中选主元, 故通常称其为**按列选主元**.

如果在第k步消元前, 从第k个方程到第n个方程所有的x_k到x_n的系数$a_{ij}^{(k)}$ $(i = k, \cdots, n;\ j = k, \cdots, n)$中, 选出绝对值最大者, 如

$$
|a_{i_k j_k}^{(k)}| = \max_{k \leqslant i, j \leqslant n} |a_{ij}^{(k)}|,
$$

再交换第k, i_k个方程和第k, j_k列, 使$a_{i_k j_k}^{(k)}$成为主元, 称这个过程为**完全选主元**. 因其计算量较大且应用列主元已能满足实际要求, 故这里不再讨论.

无论是哪种方式选出主元, 只要选出主元后再按上面(2.2.5)介绍的计算步骤进行消元的计算, 一般都称为**选主元的Gauss消去法**. 在实际计算中, 通常用按列选主元Gauss消去法.

例2.2.5 用列主元Gauss消去法求解例2.2.4中的方程组.

解 由

$$
\left[\begin{array}{cc|c} 10^{-9} & 1 & 1 \\ 1 & 1 & 2 \end{array}\right] \Rightarrow \left[\begin{array}{cc|c} 1 & 1 & 2 \\ 10^{-9} & 1 & 1 \end{array}\right] \Rightarrow \left[\begin{array}{cc|c} 1 & 1 & 2 \\ 0 & 1 & 1 \end{array}\right]
$$

得到解$x_2 = 1,\ x_1 = 1$.

可见, 使用按列选主元Gauss消去法避免了根的失真.

例2.2.6 用列主元Gauss消去法解$\boldsymbol{Ax}=\boldsymbol{b}$, 其中

$$[\boldsymbol{A}|\boldsymbol{b}]=\left[\begin{array}{ccc|c}-0.002 & 2 & 2 & 0.4\\ 1 & 0.78125 & 0 & 1.3816\\ 3.996 & 5.5625 & 4 & 7.4178\end{array}\right].$$

解 第一次消元 对$[\boldsymbol{A}|\boldsymbol{b}]=[\boldsymbol{A}^{(1)}|\boldsymbol{b}^{(1)}]$, 选列主元为$a_{31}^{(1)}=3.996$, 故先作行交换$r_1\leftrightarrow r_3$, 然后进行消元计算可得

$$[\boldsymbol{A}^{(2)}|\boldsymbol{b}^{(2)}]=\left[\begin{array}{ccc|c}3.996 & 5.5625 & 4 & 7.4178\\ 0 & -0.61077 & -1.0010 & -0.47471\\ 0 & \boxed{2.0029} & 2.0020 & 0.40371\end{array}\right].$$

第二次消元 对$[\boldsymbol{A}^{(2)}|\boldsymbol{b}^{(2)}]$, 选列主元为$a_{32}^{(2)}$, 故先作行交换$r_2\leftrightarrow r_3$, 然后进行消元计算可得

$$[\boldsymbol{A}^{(3)}|\boldsymbol{b}^{(3)}]=\left[\begin{array}{ccc|c}3.996 & 5.5625 & 4 & 7.4178\\ 0 & 2.0029 & 2.0020 & 0.40371\\ 0 & 0 & -0.39050 & -0.35160\end{array}\right],$$

由此利用回代公式(2.2.5)解得

$$\boldsymbol{x}=(1.92730,-0.69850,0.90043)^{\mathrm{T}}.$$

例2.2.6的精确解为$\boldsymbol{x}^*=(1.9300,-0.698496,0.900423)^{\mathrm{T}}$, 可见, 结果精度较高. 若直接用Gauss消去法, 则求得近似解$\boldsymbol{x}=(1.930,-0.68695,0.88888)^{\mathrm{T}}$, 误差较大.

2.2.4 Gauss-Jordan消去法

在Gauss消去法中, 若同时消去对角线下方和上方的元素, 则这种方法称为**Gauss-Jordan消去法**. 与一般消去法相比, Gauss-Jordan消去法是一种无须回代过程的算法. 如果消元过程中选列主元, 则称为**列主元Gauss-Jordan消去法**.

假设列主元Gauss-Jordan消去法已完成第1～$k-1$步, 得到与原方程组等价的方程组$\boldsymbol{A}^{(k)}\boldsymbol{x}=\boldsymbol{b}^{(k)}$, 其中

$$[\boldsymbol{A}^{(k)}|\boldsymbol{b}^{(k)}]=\left[\begin{array}{cccccccc|c}1 & 0 & \cdots & 0 & a_{1k}^{(k)} & \cdots & a_{1n}^{(k)} & & b_1^{(k)}\\ & 1 & \cdots & 0 & a_{2k}^{(k)} & \cdots & a_{2n}^{(k)} & & b_2^{(k)}\\ & & \ddots & \vdots & \vdots & & \vdots & & \vdots\\ & & & 1 & a_{k-1,k}^{(k)} & \cdots & a_{k-1,n}^{(k)} & & b_{k-1}^{(k)}\\ & & & & a_{kk}^{(k)} & \cdots & a_{kn}^{(k)} & & b_n^{(k)}\\ & & & & \vdots & & \vdots & & \vdots\\ & & & & a_{nk}^{(k)} & \cdots & a_{nn}^{(k)} & & b_n^{(k)}\end{array}\right].$$

第k步计算步骤如下:

(1) 消元.

(i) 按列选主元: 确定i_k, 使$|a_{i_k,k}|=\max\limits_{k\leqslant i\leqslant n}|a_{ik}|$;

(ii) 换行: 当$i_k\neq k$时, 交换$[\boldsymbol{A}|\boldsymbol{b}]$中第$k$行与第$i_k$行的元素;

(iii) 消元计算:

$$\begin{aligned}&m_{ik}=a_{ik}^{(k)}/a_{kk}^{(k)},\quad i=1,2,\cdots,n\text{且}i\neq k,\\&m_{kk}=1/a_{kk}^{(k)},\\&a_{ij}^{(k+1)}=a_{ij}^{(k)}-m_{ik}a_{kj}^{(k)},\quad i=1,2,\cdots,n\text{且}i\neq k,j=k+1,\cdots,n,\\&b_i^{(k+1)}=b_i^{(k)}-m_{ik}b_k^{(k)},\quad i=1,2,\cdots,n\text{且}i\neq k;\end{aligned}$$

(iv) 计算主行(主元所在行)

$$\begin{aligned}&a_{kj}^{(k+1)}\leftarrow a_{kj}^{(k)}m_{kk},\quad j=k,k+1,\cdots,n,\\&b_k^{(k+1)}=b_k^{(k)}m_{kk}.\end{aligned}$$

上述过程完成后, 则有

$$[\boldsymbol{A}|\boldsymbol{b}]\xrightarrow[n\text{步}]{}[\boldsymbol{A}^{(k+1)}|\boldsymbol{b}^{(k+1)}]=\left[\begin{array}{cccc|c}1 & & & & \hat{b_1}\\ & 1 & & & \hat{b_2}\\ & & \ddots & & \vdots\\ & & & 1 & \hat{b_n}\end{array}\right].$$

(2) 计算解:

$$x_i=\hat{b_i},\quad i=1,2,\cdots,n.$$

Gauss-Jordan消去法形式上比Gauss消去法简单, 求解无须回代过程, 但从计算量的角度来看, 前者大约需要$O(\frac{1}{2}n^3)$, 而后者需要$O(\frac{1}{3}n^3)$, 比有回代的Gauss消去法多$O(\frac{1}{6}n^3)$的工作量. 由于以前使用计算工具落后, 所以计算量较小的计算方法更受欢迎, 但是这对于现在使用的计算机来说, Gauss-Jordan消去法完全算不了什么.

用Gauss-Jordan法将$\boldsymbol{A}$约化为单位矩阵, 计算解就在常数项位置得到, 不用回代, 所以用Gauss-Jordan方法还可以计算矩阵的逆.

定理2.2.2(Gauss-Jordan法求逆矩阵)　设$\boldsymbol{A} \in \mathbb{R}^{n\times n}$为非奇异矩阵, 记方程组$\boldsymbol{AX} = \boldsymbol{I}_n$的增广矩阵为$\boldsymbol{C} = [\boldsymbol{A}|\boldsymbol{I}_n]$, 若对$\boldsymbol{C}$应用Gauss-Jordan法化为$[\boldsymbol{I}_n|\boldsymbol{T}]$, 则$\boldsymbol{A}^{-1} = \boldsymbol{T}$.

事实上, 求$\boldsymbol{A}$的逆矩阵$\boldsymbol{A}^{-1}$, 即求n阶矩阵$\boldsymbol{X}$, 使得$\boldsymbol{AX} = \boldsymbol{I}_n$, 其中$\boldsymbol{I}_n$为单位矩阵. 将$\boldsymbol{X}$, $\boldsymbol{I}$按列分块为

$$\boldsymbol{X} = (\boldsymbol{x}_1\ \boldsymbol{x}_2\ \cdots\ \boldsymbol{x}_n), \quad \boldsymbol{I} = (\boldsymbol{e}_1\ \boldsymbol{e}_2\ \cdots\ \boldsymbol{e}_n),$$

于是求解$\boldsymbol{AX} = \boldsymbol{I}_n$等价于求解$n$个方程组

$$\boldsymbol{A}\boldsymbol{x}_j = \boldsymbol{e}_j, \quad j = 1, 2, \cdots, n.$$

这样就可用Gauss-Jordan消去法求解.

例2.2.7　用列主元Gauss-Jordan法求

$$\begin{bmatrix} 1 & 2 & 3 \\ 2 & 4 & 5 \\ 3 & 5 & 6 \end{bmatrix}$$

的逆矩阵$\boldsymbol{A}^{-1}$.

解

$$\boldsymbol{C} = \left[\begin{array}{ccc|ccc} 1 & 2 & 3 & 1 & 0 & 0 \\ 2 & 4 & 5 & 0 & 1 & 0 \\ 3 & 5 & 6 & 0 & 0 & 1 \end{array}\right] \xrightarrow{\text{列主元}} \left[\begin{array}{ccc|ccc} 3 & 5 & 6 & 0 & 0 & 1 \\ 2 & 4 & 5 & 0 & 1 & 0 \\ 1 & 2 & 3 & 1 & 0 & 0 \end{array}\right]$$

$$\xrightarrow{\text{消元}} \left[\begin{array}{ccc|ccc} 1 & \frac{3}{5} & 2 & 0 & 0 & \frac{1}{3} \\ 0 & \frac{2}{3} & 1 & 0 & 1 & -\frac{2}{3} \\ 0 & \frac{1}{3} & 1 & 1 & 0 & -\frac{1}{3} \end{array}\right] \xrightarrow{\text{消元}} \left[\begin{array}{ccc|ccc} 1 & 0 & -\frac{1}{2} & 0 & -\frac{5}{2} & 2 \\ 0 & 1 & \frac{3}{2} & 0 & \frac{3}{2} & -1 \\ 0 & 0 & \frac{3}{2} & 3 & -\frac{3}{2} & 0 \end{array}\right]$$

$$\xrightarrow{\text{消元}} \left[\begin{array}{ccc|ccc} 1 & 0 & 0 & 1 & -3 & 2 \\ 0 & 1 & 0 & -3 & 3 & -1 \\ 0 & 0 & 1 & 2 & -1 & 0 \end{array}\right] = (\boldsymbol{I}, \boldsymbol{A}^{-1}),$$

所以

$$\boldsymbol{A}^{-1} = \begin{bmatrix} 1 & -3 & 2 \\ -3 & 3 & -1 \\ 2 & -1 & 0 \end{bmatrix}.$$

注2.2.1 该方法与高等代数中求逆矩阵方法的不同之处是有选列主元. 实际上, 选列主元就是交换两行的位置, 仍是初等变换, 在一般的求逆矩阵方法中也有交换两行元素.

方法评述 Gauss-Jordon消去法简单, 编程的方式更灵活, 可用来求解具有相同系数矩阵的方程组, 还可用来求矩阵的逆, 所以Gauss-Jordon消去法的价值超过了Gauss消去法.

2.3 矩阵三角分解法

2.3.1 矩阵的三角分解

对矩阵进行一次初等变换, 就相当于用相应的初等矩阵去左乘原来的矩阵. 因此, 用这个观点来考察Gauss消去法用矩阵乘法来表示, 就可以得到矩阵的三角分解.

对于方程组(2.2.2), 第一步等价于当$a_{11}^{(1)} \neq 0$时, 将$a_{21}^{(1)}, a_{31}^{(1)}, \cdots, a_{n1}^{(1)}$消为零, 令$l_{i1} = a_{i1}^{(1)}/a_{11}^{(1)}$, 则$r_1 \times (-l_{i1}) + r_i\ (i = 2, 3, \cdots, n)$ (其中r_i表示方程组的第i个方程), 其矩阵形式为

$$\underset{\boldsymbol{L}_1}{\begin{bmatrix} 1 & & & \\ -l_{21} & 1 & & \\ \vdots & \vdots & \ddots & \\ -l_{n1} & 0 & \cdots & 1 \end{bmatrix}} \underset{\boldsymbol{A}^{(1)}}{\begin{bmatrix} a_{11}^{(1)} & a_{12}^{(1)} & \cdots & a_{1n}^{(1)} \\ a_{21}^{(1)} & a_{22}^{(1)} & \cdots & a_{2n}^{(1)} \\ \vdots & \vdots & & \vdots \\ a_{n1}^{(1)} & a_{n2}^{(1)} & \cdots & a_{nn}^{(1)} \end{bmatrix}} = \underset{\boldsymbol{A}^{(2)}}{\begin{bmatrix} a_{11}^{(1)} & a_{12}^{(1)} & \cdots & a_{1n}^{(1)} \\ & a_{22}^{(2)} & \cdots & a_{2n}^{(2)} \\ & \vdots & & \vdots \\ & a_{n2}^{(2)} & \cdots & a_{nn}^{(2)} \end{bmatrix}}.$$

第二步等价于当$a_{22}^{(2)} \neq 0$时, 用矩阵

$$\begin{bmatrix} 1 & 0 & 0 & \cdots & 0 \\ 0 & 1 & 0 & \cdots & 0 \\ 0 & -l_{32} & 1 & \cdots & 0 \\ \vdots & \vdots & \vdots & & \vdots \\ 0 & -l_{n2} & 0 & \cdots & 1 \end{bmatrix}, \quad l_{i2} = \frac{a_{i2}^{(2)}}{a_{22}^{(2)}}, \quad i = 3, 4, \cdots, n$$

左乘$\boldsymbol{A}^{(2)}$, 即有

$$\boldsymbol{L}_2\boldsymbol{A}^{(2)} = \begin{bmatrix} a_{11}^{(1)} & a_{12}^{(1)} & a_{13}^{(1)} & \cdots & a_{1n}^{(1)} \\ 0 & a_{22}^{(2)} & a_{23}^{(2)} & \cdots & a_{2n}^{(2)} \\ 0 & 0 & a_{33}^{(3)} & \cdots & a_{3n}^{(3)} \\ \vdots & \vdots & \vdots & & \vdots \\ 0 & 0 & a_{n3}^{(3)} & \cdots & a_{nn}^{(3)} \end{bmatrix} = \boldsymbol{A}^{(3)},$$

依次类推可得

$$\boldsymbol{L}_{n-1}\boldsymbol{L}_{n-2}\cdots\boldsymbol{L}_2\boldsymbol{L}_1\boldsymbol{A}=\begin{bmatrix} a_{11}^{(1)} & a_{12}^{(1)} & a_{13}^{(1)} & \cdots & a_{1n}^{(1)} \\ 0 & a_{22}^{(2)} & a_{23}^{(2)} & \cdots & a_{2n}^{(2)} \\ 0 & 0 & a_{33}^{(3)} & \cdots & a_{3n}^{(3)} \\ \vdots & \vdots & \vdots & & \vdots \\ 0 & 0 & 0 & \cdots & a_{nn}^{(n)} \end{bmatrix}\equiv\boldsymbol{U}.$$

因为

$$\boldsymbol{L}_1^{-1}=\begin{bmatrix} 1 & & & \\ l_{21} & 1 & & \\ \vdots & & \ddots & \\ l_{n1} & \cdots & \cdots & 1 \end{bmatrix},\quad \boldsymbol{L}_2^{-1}=\begin{bmatrix} 1 & & & & \\ & 1 & & & \\ & l_{32} & 1 & & \\ & \vdots & & \ddots & \\ & l_{n2} & \cdots & \cdots & 1 \end{bmatrix},\quad\cdots,$$

所以

$$\begin{aligned}\boldsymbol{A}&=(\boldsymbol{L}_{n-1}\boldsymbol{L}_{n-2}\cdots\boldsymbol{L}_2\boldsymbol{L}_1)^{-1}\boldsymbol{U}=\boldsymbol{L}_1^{-1}\boldsymbol{L}_2^{-1}\cdots\boldsymbol{L}_{n-2}^{-1}\boldsymbol{L}_{n-1}^{-1}\boldsymbol{U}\\ &=\begin{bmatrix} 1 & & & & \\ l_{21} & 1 & & & \\ l_{31} & l_{32} & 1 & & \\ \vdots & \vdots & & \ddots & \\ l_{n1} & l_{n2} & \cdots & l_{n,n-1} & 1 \end{bmatrix}\boldsymbol{U}=\boldsymbol{L}\boldsymbol{U},\end{aligned}$$

其中$\boldsymbol{L}$为**单位下三角阵**, $\boldsymbol{U}$为**上三角阵**.

Gauss消去法的实质是将$\boldsymbol{A}$分解为两个三角阵相乘的因式, 于是得到如下定理:

定理2.3.1　设$\boldsymbol{A}=(a_{ij})\in\mathbb{R}^{n\times n}$非奇异, 并且$\boldsymbol{A}$的顺序主子式$\Delta_i\neq 0(i=1,2,\cdots,n)$, 即约化主元$a_{ii}^{(i)}\neq 0\ (i=1,2,\cdots,n)$, 则存在唯一的单位下三角阵$\boldsymbol{L}$和上三角阵$\boldsymbol{U}$, $\boldsymbol{A}=\boldsymbol{L}\boldsymbol{U}$.

证明　存在性已从上面$\boldsymbol{A}$的矩阵三角分解中得到.

下面只证唯一性. 假定$\boldsymbol{A}$有两种不同的分解式, $\boldsymbol{A}=\boldsymbol{L}_1\boldsymbol{U}_1=\boldsymbol{L}_2\boldsymbol{U}_2$, 其中$\boldsymbol{L}_1,\boldsymbol{L}_2$为单位下三角阵, $\boldsymbol{U}_1,\boldsymbol{U}_2$为上三角阵, 因$\boldsymbol{A}$非奇异, 故$\boldsymbol{L}_1,\boldsymbol{L}_2,\boldsymbol{U}_1,\boldsymbol{U}_2$ 均非奇异, 于是上式用$\boldsymbol{L}_1^{-1}$左乘, 用$\boldsymbol{U}_2^{-1}$右乘, 则得

$$\boldsymbol{U}_1\boldsymbol{U}_2^{-1}=\boldsymbol{L}_1^{-1}\boldsymbol{L}_2.$$

因$\boldsymbol{U}_2^{-1}$仍为上三角阵, 故$\boldsymbol{U}_1\boldsymbol{U}_2^{-1}$为上三角阵; 而$\boldsymbol{L}_1^{-1}$仍为单位下三角阵, 则$\boldsymbol{L}_1^{-1}\boldsymbol{L}_2$也为下三角阵, 故$\boldsymbol{L}_1^{-1}\boldsymbol{L}_2=I$且$\boldsymbol{U}_1\boldsymbol{U}_2^{-1}=I$. 由此可得$\boldsymbol{L}_2=\boldsymbol{L}_1,\boldsymbol{U}_2=\boldsymbol{U}_1$. □

2.3.2 直接三角分解法

在前面矩阵的三角分解中, 若$\boldsymbol{A} \in \mathbb{R}^{n\times n}$非奇异, 并且顺序主子式$\Delta_i \neq 0(i = 1,2,\cdots,n-1)$, 则$\boldsymbol{A}$可作LU分解, 即

$$\boldsymbol{A} = \boldsymbol{LU} = \begin{bmatrix} 1 & & & \\ l_{21} & 1 & & \\ \vdots & \vdots & \ddots & \\ l_{n1} & l_{n2} & \cdots & 1 \end{bmatrix} \begin{bmatrix} u_{11} & u_{12} & \cdots & u_{1n} \\ & u_{22} & \cdots & u_{2n} \\ & & \ddots & \vdots \\ & & & u_{nn} \end{bmatrix}.$$

现在可直接通过矩阵乘法求得$\boldsymbol{L}$和$\boldsymbol{U}$中的元素, 于是方程组(2.2.1)就转化为求两个三角形方程组, 即

$$\boldsymbol{L}(\boldsymbol{Ux}) = \boldsymbol{b} \Leftrightarrow \begin{cases} \boldsymbol{Ly} = \boldsymbol{b}, \\ \boldsymbol{Ux} = \boldsymbol{y}. \end{cases}$$

因此, 关键问题在于能否对矩阵$\boldsymbol{A}$直接进行LU分解.

以$n = 3$为例,

$$\begin{bmatrix} a_{11} & a_{12} & a_{13} \\ a_{21} & a_{22} & a_{23} \\ a_{31} & a_{32} & a_{33} \end{bmatrix} = \begin{bmatrix} 1 & & \\ l_{21} & 1 & \\ l_{31} & l_{32} & 1 \end{bmatrix} \begin{bmatrix} u_{11} & u_{12} & u_{13} \\ & u_{22} & u_{23} \\ & & u_{33} \end{bmatrix},$$

当$k = 1$时, 计算$\boldsymbol{U}$的第1行, $\boldsymbol{L}$的第1列元素.

由$a_{1j} = u_{1j}$得$u_{1j} = a_{1j}(j = 1,2,3)$;

由$a_{21} = l_{21}u_{11}$得$l_{21} = \dfrac{a_{21}}{u_{11}}$;

由$a_{31} = l_{31}u_{11}$ 得$l_{31} = \dfrac{a_{31}}{u_{11}}$.

当$k = 2$时,计算$\boldsymbol{U}$的第2行, $\boldsymbol{L}$的第2列元素.

当$a_{22} = l_{21}u_{12} + u_{22}$得$u_{22} = a_{22} - l_{21}u_{12}$;

当$a_{23} = l_{21}u_{13} + u_{23}$得$u_{23} = a_{23} - l_{21}u_{13}$;

当$a_{32} = l_{31}u_{12} + l_{32}u_{22}$得$l_{32} = \dfrac{a_{32} - l_{31}u_{12}}{u_{22}}$.

当$k = 3$时,计算$\boldsymbol{U}$的第3行元素.

当$a_{33} = l_{31}u_{13} + l_{32}u_{23} + u_{33}$得$u_{33} = a_{33} - (l_{31}u_{13} + l_{32}u_{23})$.

若矩阵有分解$\boldsymbol{A} = \boldsymbol{LU}$, 其中$\boldsymbol{L}$为单位下三角阵, $\boldsymbol{U}$为上三角阵, 则称该分解为**Doolittle分解**. 由定理2.3.1, 当$\boldsymbol{A}$的各阶顺序主子式均不为零时, Doolittle分解

可以实现并且唯一. 一般地, 由于

$$\begin{bmatrix} a_{11} & a_{12} & \cdots & a_{1n} \\ a_{21} & a_{22} & \cdots & a_{2n} \\ \vdots & \vdots & & \vdots \\ a_{n1} & a_{n2} & \cdots & a_{nn} \end{bmatrix} = \begin{bmatrix} 1 & & & \\ l_{21} & 1 & & \\ \vdots & \vdots & \ddots & \\ l_{n1} & l_{n2} & \cdots & 1 \end{bmatrix} \begin{bmatrix} u_{11} & u_{12} & \cdots & u_{1n} \\ & u_{22} & \cdots & u_{2n} \\ & & \ddots & \vdots \\ & & & u_{nn} \end{bmatrix},$$

故由矩阵的乘法运算, 用比较等式两边元素的方法逐行逐列求解$\boldsymbol{U}, \boldsymbol{L}$的各元素.

第1步 由$a_{1j} = 1 \times u_{1j}$得$u_{1j} = a_{1j} (j = 1, 2, \cdots, n)$;

由$a_{i1} = l_{i1} u_{11}$得$l_{i1} = \dfrac{a_{i1}}{u_{11}} (i = 2, 3, \cdots, n)$.

第k步 计算$u_{kk}, u_{k,k+1}, \cdots, u_{kn}$. 由

$$a_{kj} = \left(l_{k1}, \quad l_{k2}, \quad \cdots, \quad l_{k,k-1}, \quad 1, \quad 0, \quad \cdots, \quad 0 \right) \begin{bmatrix} u_{1j} \\ u_{2j} \\ \vdots \\ u_{jj} \\ 0 \\ \vdots \\ 0 \end{bmatrix} = \sum_{t=1}^{k-1} l_{kt} u_{tj} + u_{kj}$$

得$u_{kj} = a_{kj} - \displaystyle\sum_{t=1}^{k-1} l_{kt} u_{tj} \ (j = k, k+1, \cdots, n)$.

计算$l_{k+1,k}, \cdots, l_{nk}$. 由

$$a_{ik} = \left(l_{i1}, \quad \cdots, \quad l_{i,i-1}, \quad 1, \quad 0, \quad \cdots, \quad 0 \right) \begin{bmatrix} u_{1k} \\ \vdots \\ u_{kk} \\ 0 \\ \vdots \\ 0 \end{bmatrix} = \sum_{t=1}^{k-1} l_{it} u_{tk} + l_{ik} u_{kk}$$

得$l_{ik} = \left(a_{ik} - \displaystyle\sum_{t=1}^{k-1} l_{it} u_{tk} \right) / u_{kk} \ (i = k+1, \cdots, n)$, 即

$$\begin{cases} u_{kj} = a_{kj} - \displaystyle\sum_{t=1}^{k-1} l_{kt} u_{tj}, \quad j = k, \cdots, n; \\ l_{ik} = \left(a_{ik} - \displaystyle\sum_{t=1}^{k-1} l_{it} u_{tk} \right) \Big/ u_{kk}, \quad i = k+1, \cdots, n, \quad k = 1, 2, \cdots, n. \end{cases}$$

所得元素在计算机中存于$\boldsymbol{A}$的相应各位置

$$\begin{bmatrix} u_{11} & u_{12} & \cdots & u_{1n} \\ l_{21} & u_{22} & \cdots & u_{2n} \\ \vdots & \vdots & & \vdots \\ l_{n1} & l_{n2} & \cdots & u_{nn} \end{bmatrix},$$

再由$\boldsymbol{Ly}=\boldsymbol{b}$, $\boldsymbol{Ux}=\boldsymbol{y}$得

$$\begin{cases} y_i = b_i - \displaystyle\sum_{j=1}^{i-1} l_{ij}y_j, & i=1,2,\cdots,n, \\ x_i = \left(y_i - \displaystyle\sum_{j=i+1}^{n} u_{ij}x_j\right) \Big/ u_{ii}, & i=n,n-1,\cdots,1, \end{cases}$$

可得到解$\boldsymbol{x}=(x_1,x_2,\cdots,x_n)^{\mathrm{T}}$.

例2.3.1 使用Doolittle分解求解方程组

$$\begin{bmatrix} 2 & 5 & -6 \\ 4 & 13 & -19 \\ -6 & -3 & -6 \end{bmatrix}\begin{bmatrix} x_1 \\ x_2 \\ x_3 \end{bmatrix} = \begin{bmatrix} 10 \\ 19 \\ -30 \end{bmatrix}.$$

解 (1) 分解$\boldsymbol{A}=\boldsymbol{LU}$, 有

$$\begin{bmatrix} 2 & 5 & -6 \\ 4 & 13 & -19 \\ -6 & -3 & -6 \end{bmatrix} = \begin{bmatrix} 1 & & \\ l_{21} & 1 & \\ l_{31} & l_{32} & 1 \end{bmatrix}\begin{bmatrix} u_{11} & u_{12} & u_{13} \\ & u_{22} & u_{23} \\ & & u_{33} \end{bmatrix},$$

当$k=1$时,

$$u_{11}=2, \quad u_{12}=5, \quad u_{13}=-6,$$
$$l_{21}=\frac{4}{u_{11}}=2, \quad l_{31}=\frac{-6}{2}=-3.$$

当$k=2$时,

$$u_{22}=a_{22}-l_{21}u_{12}=13-2\times 5=3,$$
$$u_{23}=a_{23}-l_{21}u_{13}=-19-2\times(-6)=-7,$$
$$l_{32}=\frac{a_{32}-l_{31}u_{12}}{u_{22}}=4.$$

当$k=3$时,

$$u_{33}=a_{33}-(l_{31}u_{13}+l_{32}u_{23})=4.$$

因此

$$\boldsymbol{A}=\begin{bmatrix}1&&\\2&1&\\-3&4&1\end{bmatrix}\begin{bmatrix}2&5&-6\\&3&-7\\&&4\end{bmatrix}=\boldsymbol{LU}.$$

(2) 解方程组.

(i) 解$\boldsymbol{Ly}=\boldsymbol{b}$,

$$\begin{bmatrix}1&&\\2&1&\\-3&4&1\end{bmatrix}\begin{bmatrix}y_1\\y_2\\y_3\end{bmatrix}=\begin{bmatrix}10\\19\\-30\end{bmatrix}$$

得$\boldsymbol{y}=(10,-1,4)^{\mathrm{T}}$.

(ii) 解$\boldsymbol{Ux}=\boldsymbol{y}$,

$$\begin{bmatrix}2&5&-6\\&3&-7\\&&4\end{bmatrix}\begin{bmatrix}x_1\\x_2\\x_3\end{bmatrix}=\begin{bmatrix}10\\-1\\4\end{bmatrix}$$

得$\boldsymbol{x}=(3,2,1)^{\mathrm{T}}$.

如果在LU分解中, $\boldsymbol{L}$是下三角阵, 而$\boldsymbol{U}$是单位上三角阵, 则这样的分解称为**Crout分解**.

2.3.3 平方根法

在工程计算中, 线性方程组的系数矩阵常常具有对称正定性, 其各阶顺序主子式及全部特征值均大于0. 矩阵的这一特性使它的三角分解也具有更简单的形式, 从而导出一些特殊的解法, 如本节介绍的平方根法与改进的平方根法.

定理2.3.2 设$\boldsymbol{A}$是对称正定矩阵, 则存在唯一的对角元素均为正数的下三角阵$\boldsymbol{L}$, 使得$\boldsymbol{A}=\boldsymbol{LL}^{\mathrm{T}}$.

证明 因为$\boldsymbol{A}$是正定矩阵, $\boldsymbol{A}$的顺序主子式

$$\Delta_i>0,\quad i=1,2,\cdots,n,$$

因此, 存在唯一的分解$\boldsymbol{A}=\boldsymbol{LU}$, 其中$\boldsymbol{L}$为单位下三角阵, $\boldsymbol{U}$为上三角阵. 将$\boldsymbol{U}$再分解得

$$\boldsymbol{U}=\begin{bmatrix}u_{11}&&&\\&u_{22}&&\\&&\ddots&\\&&&u_{nn}\end{bmatrix}\begin{bmatrix}1&\dfrac{u_{12}}{u_{11}}&\cdots&\dfrac{u_{1n}}{u_{11}}\\&1&&\vdots\\&&\ddots&\dfrac{u_{n-1,n}}{u_{n-1,n-1}}\\&&&1\end{bmatrix}=\boldsymbol{DU}_0,$$

其中$\boldsymbol{D}$为对角矩阵, $\boldsymbol{U}_0$为单位上三角阵, 于是

$$\boldsymbol{A}=\boldsymbol{L}\boldsymbol{U}=\boldsymbol{L}\boldsymbol{D}\boldsymbol{U}_0=\boldsymbol{A}^{\mathrm{T}}=\boldsymbol{U}_0^{\mathrm{T}}\boldsymbol{D}\boldsymbol{L}^{\mathrm{T}}.$$

由分解唯一性即得$\boldsymbol{U}_0^{\mathrm{T}}=\boldsymbol{L}$, 因此, 有$\boldsymbol{A}=\boldsymbol{L}\boldsymbol{D}\boldsymbol{L}^{\mathrm{T}}$. 又因为$\det(\boldsymbol{A}_k)>0(k=1,2,\cdots,n)$, 故$u_{ii}>0(i=1,2,\cdots,n)$. 于是对角矩阵$\boldsymbol{D}$还可分解成

$$\begin{bmatrix} u_{11} & & & \\ & u_{22} & & \\ & & \ddots & \\ & & & u_{nn} \end{bmatrix}=\begin{bmatrix} \sqrt{u_{11}} & & & \\ & \sqrt{u_{22}} & & \\ & & \ddots & \\ & & & \sqrt{u_{nn}} \end{bmatrix}\begin{bmatrix} \sqrt{u_{11}} & & & \\ & \sqrt{u_{22}} & & \\ & & \ddots & \\ & & & \sqrt{u_{nn}} \end{bmatrix},$$

上式等号右端两个矩阵的乘积刚好为$\boldsymbol{D}^{\frac{1}{2}}\boldsymbol{D}^{\frac{1}{2}}$, 所以

$$\boldsymbol{A}=\boldsymbol{L}\boldsymbol{D}\boldsymbol{L}^{\mathrm{T}}=\boldsymbol{L}\boldsymbol{D}^{\frac{1}{2}}\boldsymbol{D}^{\frac{1}{2}}\boldsymbol{L}^{\mathrm{T}}=(\boldsymbol{L}\boldsymbol{D}^{\frac{1}{2}})(\boldsymbol{L}\boldsymbol{D}^{\frac{1}{2}})^{\mathrm{T}}=\boldsymbol{L}_1\boldsymbol{L}_1^{\mathrm{T}},$$

其中$\boldsymbol{L}_1=\boldsymbol{L}\boldsymbol{D}^{\frac{1}{2}}$为下三角阵. 记$\boldsymbol{L}=\boldsymbol{L}_1$, 定理得证. □

实际分解时, 将对称正定矩阵$\boldsymbol{A}=\boldsymbol{L}\boldsymbol{L}^T$展开, 写成

$$\boldsymbol{A}=\begin{bmatrix} a_{11} & a_{12} & \cdots & a_{1n} \\ a_{21} & a_{22} & \cdots & a_{2n} \\ \vdots & \vdots & & \vdots \\ a_{n1} & a_{n2} & \cdots & a_{nn} \end{bmatrix}=\begin{bmatrix} l_{11} & & & \\ l_{21} & l_{22} & & \\ \vdots & \vdots & \ddots & \\ l_{n1} & l_{n2} & \cdots & l_{nn} \end{bmatrix}\begin{bmatrix} l_{11} & l_{21} & \cdots & l_{n1} \\ & l_{22} & \cdots & l_{n2} \\ & & \ddots & \vdots \\ & & & l_{nn} \end{bmatrix},$$

按矩阵的乘法, 可逐行求出分解矩阵$\boldsymbol{L}$的元素, 计算公式是对于$i=1,2,\cdots,n$,

$$l_{ii}=\left(a_{ii}-\sum_{k=1}^{i-1}l_{ik}^2\right)^{\frac{1}{2}},\quad l_{ij}=\frac{a_{ij}-\sum\limits_{k=1}^{j-1}l_{ik}l_{jk}}{l_{jj}},\quad j=1,2,\cdots,i-1.$$

这一分解称为**Cholesky分解**, 它所需要的乘除运算次数约为$O(\frac{1}{6}n^3)$数量级, 比 LU 分解节省近一半的工作量.

此时, 线性方程组$\boldsymbol{A}\boldsymbol{x}=\boldsymbol{b}$ 转化为两个三角方程组求解, 即

$$\begin{cases} \boldsymbol{L}\boldsymbol{y}=\boldsymbol{b}, \\ \boldsymbol{L}^{\mathrm{T}}\boldsymbol{x}=\boldsymbol{y}, \end{cases}$$

这一方法称为**平方根法**(square root method).

例2.3.2 用平方根法求解方程组

$$\begin{bmatrix} 1 & 1 & 2 \\ 1 & 2 & 0 \\ 2 & 0 & 11 \end{bmatrix}\begin{bmatrix} x_1 \\ x_2 \\ x_3 \end{bmatrix}=\begin{bmatrix} 5 \\ 8 \\ 7 \end{bmatrix}.$$

解　由Cholesky分解, 得到

$$L=\begin{bmatrix}1 & & \\ 1 & 1 & \\ 2 & -2 & \sqrt{3}\end{bmatrix},$$

由$\boldsymbol{L}\boldsymbol{y}=\boldsymbol{b}$解得

$$y_1=5,\quad y_2=3,\quad y_3=\sqrt{3},$$

由$\boldsymbol{L}^{\mathrm{T}}\boldsymbol{x}=\boldsymbol{y}$解得

$$\boldsymbol{x}^{\mathrm{T}}=(-2,5,1)^{\mathrm{T}}.$$

平方根法解对称正定方程组的缺点是需要进行开方运算. 为了避免开方运算, 改用单位三角阵作为分解矩阵, 其中$\boldsymbol{A}$分解成$\boldsymbol{A}=\boldsymbol{L}\boldsymbol{D}\boldsymbol{L}^{\mathrm{T}}$的形式, 其中

$$\boldsymbol{D}=\begin{bmatrix}d_1 & & & \\ & d_2 & & \\ & & \ddots & \\ & & & d_n\end{bmatrix},\quad \boldsymbol{L}=\begin{bmatrix}1 & & & & \\ l_{21} & 1 & & & \\ l_{31} & l_{32} & 1 & & \\ \vdots & \vdots & \vdots & \ddots & \\ l_{n1} & l_{n2} & l_{n3} & \cdots & 1\end{bmatrix}$$

分别是对角矩阵和单位下三角阵, 这里分解公式为

$$\begin{cases} l_{ij}=\left(a_{ij}-\displaystyle\sum_{k=1}^{j-1}d_k l_{ik}l_{jk}\right)\Big/ d_j, & j=1,2,\cdots,i-1,\\ d_i=a_{ii}-\displaystyle\sum_{k=1}^{i-1}d_k l_{ik}^2, & i=1,2,\cdots,n. \end{cases}\tag{2.3.1}$$

据此可逐行计算

$$d_1\to l_{21}\to d_2\to l_{31}\to l_{32}\to d_3\to\cdots.$$

运用这种矩阵分解方法, 方程组$\boldsymbol{A}\boldsymbol{x}=\boldsymbol{b}$, 即$\boldsymbol{L}(\boldsymbol{D}\boldsymbol{L}^{\mathrm{T}}\boldsymbol{x})=\boldsymbol{b}$, 可归结为求解两个下三角形方程组

$$\begin{cases}\boldsymbol{L}\boldsymbol{y}=\boldsymbol{b},\\ \boldsymbol{L}^{\mathrm{T}}\boldsymbol{x}=\boldsymbol{D}^{-1}\boldsymbol{y},\end{cases}$$

其计算公式分别为

$$\begin{cases} y_i=b_i-\displaystyle\sum_{k=1}^{i-1}l_{ik}y_k, & i=1,2,\cdots,n,\\ x_i=y_i/d_i-\displaystyle\sum_{k=i+1}^{n}l_{ik}x_k, & i=n,n-1,\cdots,1. \end{cases}$$

求解方程组的上述算法称为**改进的平方根法**.

这种方法的优点如下:

(1) 总的计算量约为$O(n^3/6)$, 是一般矩阵$\boldsymbol{A}$的LU分解(消元法)计算量的一半, 是目前解对称正定矩阵方程组的有效方法;

(2) 计算简单, 没有开方运算;

(3) 精度较高, 不用选主元, 求得较高精度的数值解, 是数值稳定的方法.

缺点为元素的储存量大.

例2.3.3 用改进的平方根法求解方程组

$$\begin{bmatrix} 2 & -2 & 0 & 0 & -1 \\ -2 & 3 & -2 & 0 & 0 \\ 0 & -2 & 5 & -3 & 0 \\ 0 & 0 & -3 & 10 & 4 \\ -1 & 0 & 0 & 4 & 10 \end{bmatrix} \begin{bmatrix} x_1 \\ x_2 \\ x_3 \\ x_4 \\ x_5 \end{bmatrix} = \begin{bmatrix} -1 \\ -1 \\ 0 \\ 11 \\ 13 \end{bmatrix}.$$

解 (1) 容易验证, 系数矩阵$\boldsymbol{A}$是对称正定的, 分解$\boldsymbol{A} = \boldsymbol{LDL}^{\mathrm{T}}$, 由方程组(2.3.1)得

$$\boldsymbol{L} = \begin{bmatrix} 1 & & & & \\ -1 & 1 & & & \\ 0 & -2 & 1 & & \\ 0 & 0 & -3 & 1 & \\ -1/2 & -1 & -2 & -2 & 1 \end{bmatrix}, \quad \boldsymbol{D} = \begin{bmatrix} 2 & & & & \\ & 1 & & & \\ & & 1 & & \\ & & & 1 & \\ & & & & 1/2 \end{bmatrix}.$$

(2) 解方程组$\boldsymbol{Ly} = \boldsymbol{b}$, 得到

$$\boldsymbol{y} = (-1, -2, -4, -1, 1/2)^{\mathrm{T}},$$

求解$\boldsymbol{L}^{\mathrm{T}}\boldsymbol{x} = \boldsymbol{D}^{-1}\boldsymbol{y}$, 得到方程组的解为

$$\boldsymbol{x} = (1, 1, 1, 1, 1)^{\mathrm{T}}.$$

2.3.4 求解三对角方程组的追赶法

在数值计算中, 如三次样条插值或用差分方法解常微分方程边值问题时, 常常会求解具有下列系数矩阵的方程组:

$$\begin{bmatrix} b_1 & c_1 & & & & & \\ a_2 & b_2 & c_2 & & & & \\ & \ddots & \ddots & \ddots & & & \\ & & a_i & b_i & c_i & & \\ & & & \ddots & \ddots & \ddots & \\ & & & & a_{n-1} & b_{n-1} & c_{n-1} \\ & & & & & a_n & b_n \end{bmatrix} \begin{bmatrix} x_1 \\ x_2 \\ \vdots \\ x_i \\ \vdots \\ x_{n-1} \\ x_n \end{bmatrix} = \begin{bmatrix} d_1 \\ d_2 \\ \vdots \\ d_i \\ \vdots \\ d_{n-1} \\ d_n \end{bmatrix}, \tag{2.3.2}$$

简记为$\boldsymbol{Ax} = \boldsymbol{d}$.

此系数矩阵的非零元素集中分布在主对角线及其相邻两条次对角线上, 称为**三对角矩阵**. 方程组(2.3.2)称为**三对角方程组**(tridiagonal linear equation).

定理2.3.3 设三对角方程组系数矩阵满足下列条件:

$$\begin{cases} |b_1| > |c_1| > 0, \\ |b_i| \geqslant |a_i| + |c_i|, \quad a_i c_i \neq 0, \ i = 2, 3, \cdots, n-1, \\ |b_n| > |a_n| > 0, \end{cases} \tag{2.3.3}$$

则它可分解为

$$\boldsymbol{A} = \boldsymbol{LU} = \begin{bmatrix} 1 & & & & \\ l_2 & 1 & & & \\ & l_3 & 1 & & \\ & & \ddots & \ddots & \\ & & & l_n & 1 \end{bmatrix} \begin{bmatrix} u_1 & c_1 & & & \\ & u_2 & c_2 & & \\ & & \ddots & \ddots & \\ & & & \ddots & c_{n-1} \\ & & & & u_n \end{bmatrix},$$

其中$c_i \ (i = 1, 2, \cdots, n-1)$为已给出的.

证明 将上式右端按乘法规则展开, 并与$\boldsymbol{A}$进行比较, 得到

$$\begin{cases} b_1 = u_1, \\ a_i = l_i u_{i-1}, \\ b_i = c_{i-1} l_i + u_i. \end{cases}$$

如果$u_{i-1} \neq 0 \ (i = 2, 3, \cdots, n)$, 则由上式可得

$$\begin{cases} u_1 = b_1, \\ l_i = a_i / u_{i-1}, \qquad i = 2, 3, \cdots, n, \\ u_i = b_i - c_{i-1} l_i. \end{cases}$$

按高斯消去法步骤易知, 经过$k-1$次消元后, 三对角方程的系数矩阵变为

$$A^{(k)}=\begin{bmatrix} u_1 & c_1 & & & & & \\ & \ddots & \ddots & & & & \\ & & u_k & c_k & & & \\ & & a_{k+1} & b_{k+1} & c_{k+1} & & \\ & & & \ddots & \ddots & \ddots & \\ & & & & a_{n-1} & b_{n-1} & c_{n-1} \\ & & & & & a_n & b_n \end{bmatrix},$$

其中$u_k=b_k-c_{k-1}a_k/u_{k-1}(k=2,3,\cdots,n)$.

由于$\boldsymbol{A}$满足定理所给的条件, 显然有$u_1=b_1\neq 0$. 又因为$|b_1|>|c_1|,|b_2|\geqslant|a_2|+|c_2|$, 于是$|b_1b_2|>|b_1a_2|+|b_1c_2|>|c_1a_2|+|b_1c_2|$, 从而有

$$\begin{aligned}|u_2|&=\left|b_2-\frac{c_1a_2}{u_1}\right|=\frac{|b_1b_2-c_1a_2|}{|b_1|}\\&\geqslant\frac{|b_1b_2|-|c_1a_2|}{|b_1|}>\frac{|b_1b_2|-|b_1a_2|}{|b_1|}=|b_2|-|a_2|\geqslant|c_2|\geqslant 0.\end{aligned}$$

同理, 可证$u_k\neq 0(k=1,2,\cdots,n)$. 因此, 由上面的公式唯一确定了$\boldsymbol{L}$和$\boldsymbol{U}$. □

求解$\boldsymbol{Ax}=\boldsymbol{d}$等价于解两个三角形方程组

$$\begin{cases}\boldsymbol{Ly}=\boldsymbol{d},\\ \boldsymbol{Ux}=\boldsymbol{y},\end{cases}$$

从而得到解三对角方程组的**追赶法**(forward elimination and backward substitution).

追赶法的计算步骤如下:

(1) $\boldsymbol{A}=\boldsymbol{LU}$分解公式

$$\begin{cases}u_1=b_1,\\ l_i=a_i/u_{i-1}, & i=2,3,\cdots,n,\\ u_i=b_i-c_{i-1}l_i;\end{cases}\tag{2.3.4}$$

(2) 解$\boldsymbol{Ly}=\boldsymbol{d}$, 得到

$$\begin{cases}y_1=d_1,\\ y_i=d_i-l_iy_{i-1}, \quad i=2,3,\cdots,n;\end{cases}$$

(3) 再解$\boldsymbol{Ux}=\boldsymbol{y}$得

$$\begin{cases}x_n=y_n/u_n,\\ x_i=(y_i-c_ix_{i+1})/u_i, \quad i=n-1,n-2,\cdots,1.\end{cases}$$

例2.3.4 用追赶法解下面的三对角方程组:

$$\begin{bmatrix} 3 & 1 & 0 & 0 \\ 1 & 4 & 1 & 0 \\ 0 & 1 & 6 & 1 \\ 0 & 0 & 2 & 8 \end{bmatrix}\begin{bmatrix} x_1 \\ x_2 \\ x_3 \\ x_4 \end{bmatrix} = \begin{bmatrix} 10 \\ 11 \\ 30 \\ 48 \end{bmatrix}.$$

解 先把系数矩阵分解成如下形式:

$$\begin{bmatrix} 3 & 1 & 0 & 0 \\ 1 & 4 & 1 & 0 \\ 0 & 1 & 6 & 1 \\ 0 & 0 & 2 & 8 \end{bmatrix} = \begin{bmatrix} 1 & & & \\ l_2 & 1 & & \\ & l_3 & 1 & \\ & & l_4 & 1 \end{bmatrix}\begin{bmatrix} u_1 & c_1 & & \\ & u_2 & c_2 & \\ & & u_3 & c_3 \\ & & & u_4 \end{bmatrix},$$

由追赶法的计算公式(2.3.4)可知

$$\begin{aligned} &u_1 = b_1 = 3, && l_2 = \frac{a_2}{u_1} = \frac{1}{3}, \\ &u_2 = b_2 - c_1 l_2 = \frac{11}{3}, && l_3 = \frac{a_3}{u_2} = \frac{3}{11}, \\ &u_3 = b_3 - c_2 l_3 = \frac{63}{11}, && l_4 = \frac{a_4}{u_3} = \frac{22}{63}, \\ &u_4 = b_4 - c_3 l_4 = \frac{482}{63}, \end{aligned}$$

其中$c_1 = c_2 = c_3 = 1$. 又由追赶法的计算过程中的步骤(2)可得

$$\boldsymbol{y} = \left(10,\ \frac{23}{3},\ \frac{307}{11},\ \frac{2410}{63}\right)^{\mathrm{T}},$$

最后由追赶法的计算过程中的步骤(3)可得

$$\boldsymbol{x} = (3,\ 1,\ 4,\ 5)^{\mathrm{T}}.$$

追赶法的基本思想与高斯消去法及三角分解法相同, 只是由于系数中出现了大量的零, 可使计算简化, 减少了计算量. 可证, 当系数矩阵为严格对角占优, 即满足方程组(2.3.3)时, 此方法具有良好的数值稳定性.

事实上, 追赶法的求解过程就是将系数矩阵分解成两个简单的二对角矩阵, 从而归结为求解两个简单方程组的过程. 定理2.3.3也表明, 追赶法的原理和高斯消去法相同, 但考虑到方程组的特点, 计算时会把大量零元素撇开, 从而大大节省计算量.

2.4 向量和矩阵的范数

在线性方程组的数值解法中, 经常需要分析解向量的误差. 为了研究方程组$\boldsymbol{A}\boldsymbol{x} = \boldsymbol{b}$的解的误差, 需对向量$\boldsymbol{x} \in \mathbb{R}^n$ 及矩阵$\boldsymbol{A} \in \mathbb{R}^{n\times n}$ 的“大小”引进一种度量. 在初等

的教学中知道, 定义向量的长度实际上就是对每一个向量按一定的法则规定一个非负实数与之对应, 这一思想推广到有限维线性空间中就是向量的范数或模.

2.4.1 向量范数

范数是对向量和矩阵的一种度量. 范数有多种定义形式, 只要满足下面的三个条件即可定义为一个范数. 同一向量, 采用不同的范数定义, 可得到不同的范数值.

定义2.4.1 对任一向量$\boldsymbol{x} \in \mathbb{R}^n$, 按照一个规则确定一个实数与它对应, 记该实数为$N(\boldsymbol{x}) = \|\boldsymbol{x}\|$, 若$\|\boldsymbol{x}\|$满足下面的三个条件:

(1) $\forall \boldsymbol{x} \in \mathbb{R}^n$, 有$\|\boldsymbol{x}\| \geqslant 0$, 当且仅当$\boldsymbol{x} = \boldsymbol{0}$时, $\|\boldsymbol{x}\| = 0$ (非负性);

(2) $\forall \boldsymbol{x} \in \mathbb{R}^n, a \in \mathbb{R}$, 有$\|a\boldsymbol{x}\| = |a|\|\boldsymbol{x}\|$ (齐次性);

(3) $\forall \boldsymbol{x}, \boldsymbol{y} \in \mathbb{R}^n$, 有$\|\boldsymbol{x} + \boldsymbol{y}\| \leqslant \|\boldsymbol{x}\| + \|\boldsymbol{y}\|$ (三角不等式),

则称该实数$N(\boldsymbol{x}) = \|\boldsymbol{x}\|$为**向量的范数**(或模).

下面给出几种常用的向量范数. 设向量$\boldsymbol{x} = (x_1, x_2, \cdots, x_n)^{\mathrm{T}}$.

(1) 向量$\boldsymbol{x}$的**1范数**

$$\|\boldsymbol{x}\|_1 = \sum_{i=1}^{n} |x_i|;$$

(2) 向量$\boldsymbol{x}$的**2范数**

$$\|\boldsymbol{x}\|_2 = (\boldsymbol{x}, \boldsymbol{x})^{\frac{1}{2}} = \left(\sum_{i=1}^{n} x_i^2\right)^{\frac{1}{2}};$$

(3) 向量$\boldsymbol{x}$的**∞范数(最大范数)**

$$\|\boldsymbol{x}\|_\infty = \max_{1 \leqslant i \leqslant n} |x_i|.$$

三种基本范数简记为

$$\|\boldsymbol{x}\|_\upsilon = \left(\sum_{i=1}^{n} |x_i|^\upsilon\right)^{\frac{1}{\upsilon}}, \quad \upsilon = 1, 2, \infty,$$

称其为**υ范数**.

例2.4.1 计算向量$\boldsymbol{x} = (1, 3, 5)^{\mathrm{T}}$的三种范数, $\upsilon = 1, 2, \infty$.

解

$$\begin{aligned} &\|\boldsymbol{x}\|_1 = 1 + 3 + 5 = 9, \\ &\|\boldsymbol{x}\|_2 = (1^2 + 3^2 + 5^2)^{\frac{1}{2}} = 5.9161, \\ &\|\boldsymbol{x}\|_\infty = \max\{1, 3, 5\} = 5. \end{aligned}$$

定理2.4.1(向量范数的等价性) 有限维线性空间$\mathbb{R}^n$中向量范数的定义都是等价的, 即若$\|\boldsymbol{x}\|_s, \|\boldsymbol{x}\|_t$是$\mathbb{R}^n$上两种不同的范数定义, 则必存在常数$c_1, c_2 > 0$, 使得对一切$\boldsymbol{x} \in \mathbb{R}^n$, 均有

$$c_1\|\boldsymbol{x}\|_s \leqslant \|\boldsymbol{x}\|_t \leqslant c_2\|\boldsymbol{x}\|_s.$$

证明 不妨仅证$\|\boldsymbol{x}\|_\infty \leqslant \|\boldsymbol{x}\|_2 \leqslant \sqrt{n}\|\boldsymbol{x}\|_\infty$成立.

$$\begin{aligned}\|\boldsymbol{x}\|_\infty^2 &= (\max_{1\leqslant i\leqslant n}|x_i|)^2 = \max_{1\leqslant i\leqslant n}(|x_i|^2) \leqslant \sum_{i=1}^n |x_i|^2 = \|\boldsymbol{x}\|_2^2 \leqslant \sum_{i=1}^n \max_{1\leqslant i\leqslant n}|x_i|^2 \\ &= n\max_{1\leqslant i\leqslant n}|x_i|^2 = n\|\boldsymbol{x}\|_\infty^2,\end{aligned}$$

故

$$\|\boldsymbol{x}\|_\infty \leqslant \|\boldsymbol{x}\|_2 \leqslant \sqrt{n}\|\boldsymbol{x}\|_\infty,$$

即$c_1 = 1, c_2 = \sqrt{n}$, 其他情况可类似得到. □

有了向量范数的概念, 可定义向量的极限和收敛概念.

定义2.4.2(向量范数的极限) 设$\boldsymbol{x}^{(1)}, \boldsymbol{x}^{(2)}, \cdots, \boldsymbol{x}^{(m)}, \cdots$为$\mathbb{R}^n$上的向量序列, 若存在向量$\boldsymbol{x}^* \in \mathbb{R}^n$, 使得$\lim\limits_{m\to\infty}\|\boldsymbol{x}^{(m)} - \boldsymbol{x}^*\| = 0$, 则称向量序列$\boldsymbol{x}^{(1)}, \boldsymbol{x}^{(2)}, \cdots, \boldsymbol{x}^{(m)}, \cdots$为收敛的(其中$\|\cdot\|$为某种向量范数), $\boldsymbol{x}^*$ 称为该向量序列的极限, 记为$\lim\limits_{m\to\infty}\boldsymbol{x}^{(m)} = \boldsymbol{x}^*$.

由向量范数的等价性知, 向量序列是否收敛与选取哪种范数无关, 即如下定理:

定理2.4.2 向量序列$\boldsymbol{x}^{(m)} = (x_1^{(m)}, x_2^{(m)}, \cdots, x_n^{(m)})^{\mathrm{T}}$ $(m = 1, 2, \cdots)$收敛的充分必要条件是其序列的每个分量都收敛, 即$\lim\limits_{m\to\infty} x_i^{(m)}$存在.

若$\lim\limits_{m\to\infty} x_i^{(m)} = x_i^*$, 则$\boldsymbol{x}^* = (x_1^*, x_2^*, \cdots, x_n^*)^{\mathrm{T}}$就是向量序列

$$\{\boldsymbol{x}^{(m)}\} = \{(x_1^{(m)}, x_2^{(m)}, \cdots, x_n^{(m)})^{\mathrm{T}}\}$$

的极限.

例2.4.2 求向量序列 $\{\boldsymbol{x}^{(m)}\} = \left\{\begin{bmatrix}\dfrac{1}{m+1} \\ \left(1+\dfrac{1}{m}\right)^m\end{bmatrix}\right\}$的极限.

解 由于

$$\lim_{m\to\infty}\boldsymbol{x}^{(m)} = \lim_{m\to\infty}\begin{bmatrix}\dfrac{1}{m+1} \\ \left(1+\dfrac{1}{m}\right)^m\end{bmatrix} = \begin{bmatrix}\lim\limits_{m\to\infty}\dfrac{1}{m+1} \\ \lim\limits_{m\to\infty}\left(1+\dfrac{1}{m}\right)^m\end{bmatrix} = \begin{bmatrix}0 \\ \mathrm{e}\end{bmatrix},$$

在实际运算中, 当$\|\boldsymbol{x}^{(m+1)} - \boldsymbol{x}^{(m)}\|$小于给定精度时, 可取$\boldsymbol{x}^{(m+1)}$为极限向量$\boldsymbol{x}^*$.

2.4.2 矩阵范数

类似向量范数的定义, 将向量范数的概念推广到矩阵, 下面给出矩阵范数的定义.

矩阵$\boldsymbol{A} = (a_{ij}) \in \mathbb{R}^{n\times n}$可以看成$n \times n$维向量, 如果直接将向量的2范数用于矩阵$\boldsymbol{A}$, 则可定义

$$F(\boldsymbol{A}) = \|\boldsymbol{A}\|_{\mathrm{F}} = \left(\sum_{i,j=1}^{n} a_{ij}^2\right)^{1/2},$$

称为矩阵$\boldsymbol{A}$的**Frobenius范数**, 简称为**F范数**. 它显然满足范数的三条性质, 但由于矩阵还有乘法运算, 因此, 在矩阵范数的定义中应增加新条件.

下面给出矩阵范数的定义.

定义2.4.3 如果矩阵$\boldsymbol{A} = (a_{ij}) \in \mathbb{R}^{n\times n}$的某个非负实函数$N(\boldsymbol{A}) = \|\boldsymbol{A}\|$, 满足如下条件:

(1) $\|\boldsymbol{A}\| \geqslant 0; \|\boldsymbol{A}\| = 0 \Leftrightarrow \boldsymbol{A} = \boldsymbol{0}$ (正定性);

(2) $\|a\boldsymbol{A}\| = |a| \cdot \|\boldsymbol{A}\| (\forall a \in \mathbb{R})$ (齐次性);

(3) $\|\boldsymbol{A}+\boldsymbol{B}\| \leqslant \|\boldsymbol{A}\| + \|\boldsymbol{B}\| (\forall \boldsymbol{A}, \boldsymbol{B} \in \mathbb{R}^{n\times n})$ (三角不等式);

(4) $\|\boldsymbol{AB}\| \leqslant \|\boldsymbol{A}\|\|\boldsymbol{B}\| (\forall \boldsymbol{A}, \boldsymbol{B} \in \mathbb{R}^{n\times n})$(乘法不等式),

则称$N(\boldsymbol{A})$为$\mathbb{R}^{n\times n}$上的一个**矩阵范数(模)**.

显然, $F(\boldsymbol{A})$满足定义2.4.3中的4个条件, 故$F(\boldsymbol{A})$是一种矩阵范数.

除矩阵自身的运算外, 在解线性方程时, 矩阵乘向量的运算, 即$\boldsymbol{Ax}$, 也是必不可少的. 因此, 对于任意的向量$\boldsymbol{x} \in \mathbb{R}^n$和矩阵$\boldsymbol{A} \in \mathbb{R}^{n\times n}$, 要求所引进的范数满足如下条件:

(5) $\|\boldsymbol{Ax}\| \leqslant \|\boldsymbol{A}\|\|\boldsymbol{x}\|$.

上式称为相容性条件, 矩阵范数$\|\boldsymbol{A}\|$与向量范数$\|\boldsymbol{x}\|$相容. 为了使引进的矩阵范数满足相容性条件, 给出以下定义:

定义2.4.4 设$\boldsymbol{x} \in \mathbb{R}^n, \boldsymbol{A} \in \mathbb{R}^{n\times n}$, 给出一种向量范数$\|\boldsymbol{x}\|_v$, 相应地, 定义一个矩阵的非负函数

$$\|\boldsymbol{A}\|_v = \max_{\boldsymbol{x}\neq\boldsymbol{0}} \frac{\|\boldsymbol{Ax}\|_v}{\|\boldsymbol{x}\|_v},$$

称为**从属于向量的范数**, 或者称为**矩阵的算子范数**.

由于

$$\|\boldsymbol{A}\| = \max_{\boldsymbol{x}\neq\boldsymbol{0}} \frac{\|\boldsymbol{Ax}\|}{\|\boldsymbol{x}\|} = \max_{\boldsymbol{x}\neq\boldsymbol{0}} \left\|\boldsymbol{A}\frac{\boldsymbol{x}}{\|\boldsymbol{x}\|}\right\|,$$

故矩阵的范数也可定义为$\|\boldsymbol{A}\| = \max\limits_{\|\boldsymbol{x}\|=1} \|\boldsymbol{Ax}\|$.

最常用的矩阵算子范数计算公式如下:

(1) $\|\boldsymbol{A}\|_1 = \max\limits_{1\leqslant j\leqslant n} \sum\limits_{i=1}^{n} |a_{ij}|$ (称为矩阵$\boldsymbol{A}$的**列范数**);

(2) $\|\boldsymbol{A}\|_2 = \sqrt{\lambda_{\max}(\boldsymbol{A}^{\mathrm{T}}\boldsymbol{A})}$ (称为矩阵$\boldsymbol{A}$的**2范数**), 其中$\lambda_{\max}(\boldsymbol{A}^{\mathrm{T}}\boldsymbol{A})$表示$\boldsymbol{A}^{\mathrm{T}}\boldsymbol{A}$的最大特征值;

(3) $\|\boldsymbol{A}\|_\infty = \max\limits_{1\leqslant i\leqslant n}\sum\limits_{j=1}^{n}|a_{ij}|$ (称为矩阵$\boldsymbol{A}$的**行范数**).

例2.4.3 设

$$\boldsymbol{A} = \begin{bmatrix} 1 & -2 \\ -3 & 4 \end{bmatrix},$$

计算$\boldsymbol{A}$的各种范数.

解

$$\|\boldsymbol{A}\|_1 = 6, \quad \|\boldsymbol{A}\|_\infty = 7, \quad \|\boldsymbol{A}\|_{\mathrm{F}} \approx 5.477, \quad \|\boldsymbol{A}\|_2 = \sqrt{15+\sqrt{221}} \approx 5.46.$$

2.4.3 谱半径

定义2.4.5 设$\boldsymbol{A} \in \mathbb{R}^{n\times n}$是矩阵, 其特征值为$\lambda_1, \lambda_2, \cdots, \lambda_n$, 称

$$\rho(\boldsymbol{A}) = \max_{1\leqslant j\leqslant n}|\lambda_j|$$

为$\boldsymbol{A}$的**谱半径**.

定理2.4.3 若$\|\cdot\|$是从属于向量的矩阵范数, 则谱半径$\rho(\boldsymbol{A}) \leqslant \|\boldsymbol{A}\| (\forall \boldsymbol{A} \in \mathbb{R}^{n\times n})$.

证明 设λ_1是$\boldsymbol{A}$的绝对值的最大特征值, $\boldsymbol{y}$是相应的特征向量, 即$\boldsymbol{A}\boldsymbol{y} = \lambda_1\boldsymbol{y}$, 于是

$$\rho(\boldsymbol{A}) = |\lambda_1| = \frac{\|\lambda_1\boldsymbol{y}\|}{\|\boldsymbol{y}\|} = \frac{\|\boldsymbol{A}\boldsymbol{y}\|}{\|\boldsymbol{y}\|} \leqslant \|\boldsymbol{A}\|,$$

定理结论成立. □

定理2.4.4 如果$\boldsymbol{A} \in \mathbb{R}^{n\times n}$为对称矩阵, 则$\|\boldsymbol{A}\|_2 = \rho(\boldsymbol{A})$.

证明留作练习.

定理2.4.5 设$\boldsymbol{B} \in \mathbb{R}^{n\times n}$, 如果$\|\boldsymbol{B}\| < 1$, 则$\boldsymbol{I} \pm \boldsymbol{B}$为非奇异矩阵, 并且

$$\|(\boldsymbol{I}-\boldsymbol{B})^{-1}\| \leqslant \frac{1}{1-\|\boldsymbol{B}\|},$$

其中$\|\cdot\|$为矩阵的算子范数.

证明 用反证法. 若$\det(\boldsymbol{I}-\boldsymbol{B}) = 0$, 则$(\boldsymbol{I}-\boldsymbol{B})\boldsymbol{x} = 0$有非零解, 即存在$\boldsymbol{x}_0 \neq \boldsymbol{0}$, 使得$\boldsymbol{B}\boldsymbol{x}_0 = \boldsymbol{x}_0$, 则$\|\boldsymbol{x}_0\| = \|\boldsymbol{B}\boldsymbol{x}_0\| \leqslant \|\boldsymbol{B}\|\|\boldsymbol{x}_0\|$, 故$\|\boldsymbol{B}\| \geqslant 1$, 与假设矛盾. 又因为$(\boldsymbol{I}-\boldsymbol{B})(\boldsymbol{I}-\boldsymbol{B})^{-1} = \boldsymbol{I}$, 于是有

$$(\boldsymbol{I}-\boldsymbol{B})^{-1} = \boldsymbol{I} + \boldsymbol{B}(\boldsymbol{I}-\boldsymbol{B})^{-1},$$

从而

$$\|(\boldsymbol{I}-\boldsymbol{B})^{-1}\| \leqslant \|\boldsymbol{I}\| + \|\boldsymbol{B}\|\|(\boldsymbol{I}-\boldsymbol{B})^{-1}\|,$$

$$\|(\boldsymbol{I}-\boldsymbol{B})^{-1}\| \leqslant \frac{1}{1-\|\boldsymbol{B}\|}.$$

□

*2.5 误差分析

2.5.1 方程组的性态

在建立方程组时, 其系数往往含有误差(如观测误差或计算误差), 也就是说, 所要求解的运算是有扰动的方程组, 因此, 需要研究扰动对解的影响.

例如, 考察方程组

$$\begin{cases} x_1+x_2=2, \\ x_1+1.0001x_2=2.0001, \end{cases} \quad 和 \quad \begin{cases} x_1+x_2=2, \\ x_1+1.0001x_2=2. \end{cases}$$

尽管上述两个方程组只是右端项有微小扰动, 但解大不相同, 第一个方程组的解是$x_1=x_2=1$, 第二个方程组的解是$x_1=2, x_2=0$. 这类方程组称为病态的.

定义2.5.1 $\boldsymbol{A}$或$\boldsymbol{b}$的微小变化(又称扰动或摄动)引起方程组$\boldsymbol{A}\boldsymbol{x}=\boldsymbol{b}$解的巨大变化, 则称该方程组为**病态方程组**, 矩阵$\boldsymbol{A}$称为**病态矩阵**; 否则, 称该方程组为**良态方程组**, 矩阵$\boldsymbol{A}$称为**良态矩阵**.

为了定量地刻画方程组"病态"的程度, 要对方程组$\boldsymbol{A}\boldsymbol{x}=\boldsymbol{b}$进行讨论, 考察$\boldsymbol{A}$或$\boldsymbol{b}$的微小误差对解的影响.

首先, 考察常数项$\boldsymbol{b}$的微小误差对解的影响.

设方程组$\boldsymbol{A}\boldsymbol{x}=\boldsymbol{b}$有精确解$\boldsymbol{x}$, 如果$\boldsymbol{b}$有误差(或扰动)$\delta\boldsymbol{b}$, 显然, 方程组$\boldsymbol{A}\widetilde{\boldsymbol{x}}=\boldsymbol{b}+\delta\boldsymbol{b}$的解$\widetilde{\boldsymbol{x}}$与$\boldsymbol{x}$有差别, 记

$$\widetilde{\boldsymbol{x}}-\boldsymbol{x}=\delta\boldsymbol{x},$$

则有

$$\boldsymbol{A}(\boldsymbol{x}+\delta\boldsymbol{x})=\boldsymbol{b}+\delta\boldsymbol{b},$$

即

$$\boldsymbol{A}\delta\boldsymbol{x}=\delta\boldsymbol{b},$$

于是

$$\|\delta\boldsymbol{x}\| \leqslant \boldsymbol{A}^{-1}\|\|\delta\boldsymbol{b}\|. \tag{2.5.1}$$

又因为$\boldsymbol{A}\boldsymbol{x}=\boldsymbol{b}\neq\boldsymbol{0}$, 则有$\|\boldsymbol{b}\| \leqslant \|\boldsymbol{A}\|\|\boldsymbol{x}\|$ 或

$$\frac{1}{\|\boldsymbol{x}\|} \leqslant \frac{\|\boldsymbol{A}\|}{\|\boldsymbol{b}\|}. \tag{2.5.2}$$

由式(2.5.1)及式(2.5.2)即得如下定理:

定理2.5.1($\boldsymbol{b}$的扰动对解的影响)　设$\boldsymbol{A}$为非奇异阵, $\boldsymbol{Ax} = \boldsymbol{b} \neq \boldsymbol{0}$, 并且$\boldsymbol{A}(\boldsymbol{x} + \delta\boldsymbol{x}) = \boldsymbol{b} + \delta\boldsymbol{b}$, 则有

$$\frac{\|\delta\boldsymbol{x}\|}{\|\boldsymbol{x}\|} \leqslant \|\boldsymbol{A}\|\|\boldsymbol{A}^{-1}\|\frac{\|\delta\boldsymbol{b}\|}{\|\boldsymbol{b}\|}.$$

上式给出了解的相对误差的上界.

其次, 考察系数矩阵$\boldsymbol{A}$的微小误差对解的影响. 设方程组$\boldsymbol{Ax} = \boldsymbol{b}$有精确解$\boldsymbol{x}$, 如果$\boldsymbol{A}$有微小误差(扰动)$\delta\boldsymbol{A}$, 其解为$\boldsymbol{x} + \delta\boldsymbol{x}$,则

$$(\boldsymbol{A} + \delta\boldsymbol{A})(\boldsymbol{x} + \delta\boldsymbol{x}) = \boldsymbol{b},$$

即

$$(\boldsymbol{A} + \delta\boldsymbol{A})\delta\boldsymbol{x} = -(\delta\boldsymbol{A})\boldsymbol{x}. \tag{2.5.3}$$

如果不对$\boldsymbol{A}$加以限制, 则$\boldsymbol{A} + \delta\boldsymbol{A}$ 可能奇异, 而

$$(\boldsymbol{A} + \delta\boldsymbol{A})\boldsymbol{x} = \boldsymbol{A}(\boldsymbol{I} + \boldsymbol{A}^{-1}\delta\boldsymbol{A})\boldsymbol{x},$$

由定理2.4.5知, 当$\|\boldsymbol{A}^{-1}\delta\boldsymbol{A}\| < 1$时, $(\boldsymbol{I} + \boldsymbol{A}^{-1}\delta\boldsymbol{A})^{-1}$存在.

由式(2.5.3)可推出

$$\delta\boldsymbol{x} = -(\boldsymbol{I} + \boldsymbol{A}^{-1}\delta\boldsymbol{A})^{-1}(\delta\boldsymbol{A})\boldsymbol{x},$$

因此, 可利用定理2.4.5的结果, 有

$$\|\delta\boldsymbol{x}\| = \frac{\|\boldsymbol{A}^{-1}\|\|\delta\boldsymbol{A}\|\|\boldsymbol{x}\|}{1 - \|\boldsymbol{A}^{-1}(\delta\boldsymbol{A})\|}.$$

若$\|\boldsymbol{A}^{-1}\|\|\delta\boldsymbol{A}\| < 1$, 即得

$$\frac{\|\delta\boldsymbol{x}\|}{\|\boldsymbol{x}\|} \leqslant \frac{\|\boldsymbol{A}^{-1}\|\|\boldsymbol{A}\|\frac{\|\delta\boldsymbol{A}\|}{\|\boldsymbol{A}\|}}{1 - \|\boldsymbol{A}^{-1}\|\|\boldsymbol{A}\|\frac{\|\delta\boldsymbol{A}\|}{\|\boldsymbol{A}\|}}. \tag{2.5.4}$$

于是有下面的定理.

定理2.5.2($\boldsymbol{A}$的扰动对解的影响)　设$\boldsymbol{A}$非奇异, $\boldsymbol{Ax} = \boldsymbol{b} \neq \boldsymbol{0}$, 并且$(\boldsymbol{A} + \delta\boldsymbol{A})(\boldsymbol{x} + \delta\boldsymbol{x}) = \boldsymbol{b}$, 若$\|\boldsymbol{A}^{-1}\|\|\delta\boldsymbol{A}\| < 1$, 则式(2.5.4)成立.

还可以证明如下更为一般的结论:

当方程组的系数矩阵$\boldsymbol{A}$非奇异且常数项$\boldsymbol{b}$为非零向量时, 同时有扰动$\delta\boldsymbol{A}$和$\delta\boldsymbol{b}$, 满足$\|\boldsymbol{A}^{-1}\|\|\delta\boldsymbol{A}\| \leqslant 1$, 若$\boldsymbol{x}$和$\boldsymbol{x} + \delta\boldsymbol{x}$分别是方程组

$$\boldsymbol{Ax} = \boldsymbol{b}$$

及

$$(\boldsymbol{A}+\delta\boldsymbol{A})(\boldsymbol{x}+\delta\boldsymbol{x})=\boldsymbol{b}+\delta\boldsymbol{b}$$

的解, 则

$$\frac{\|\delta\boldsymbol{x}\|}{\|\boldsymbol{x}\|}\leqslant\frac{\|\boldsymbol{A}^{-1}\|\|\boldsymbol{A}\|}{1-\|\boldsymbol{A}^{-1}\|\|\boldsymbol{A}\|\frac{\|\delta\boldsymbol{A}\|}{\|\boldsymbol{A}\|}}\left(\frac{\|\delta\boldsymbol{A}\|}{\|\boldsymbol{A}\|}+\frac{\|\delta\boldsymbol{b}\|}{\|\boldsymbol{b}\|}\right).$$

$\|\boldsymbol{A}^{-1}\|\|\boldsymbol{A}\|$越小, 由$\boldsymbol{A}$(或$\boldsymbol{b}$)的相对误差引起的解的相对误差就越小; $\|\boldsymbol{A}^{-1}\|\|\boldsymbol{A}\|$越大, 解的相对误差就越大. 因此, $\|\boldsymbol{A}^{-1}\|\|\boldsymbol{A}\|$实际上刻画了解对原始数据变化的灵敏程度, 即方程组的"病态"程度.

为此, 引入矩阵条件数的概念.

定义2.5.2(矩阵条件数) 设$\boldsymbol{A}$为非奇异矩阵, 称$\mathrm{Cond}(\boldsymbol{A})_v=\|\boldsymbol{A}^{-1}\|_v\|\boldsymbol{A}\|_v(v=1,2\text{或}\infty)$ 为矩阵$\boldsymbol{A}$的**条件数**(condition number).

由上面的讨论可知, 当$\boldsymbol{A}$ 的条件数相对得大, 即$\mathrm{Cond}\boldsymbol{A}\gg 1$时, 方程组$\boldsymbol{Ax}=\boldsymbol{b}$是"病态"的(即$\boldsymbol{A}$是"病态"矩阵, 或者说, $\boldsymbol{A}$是坏条件的, 相对于解方程组); 当$\boldsymbol{A}$的条件数相对得小, 则方程组$\boldsymbol{Ax}=\boldsymbol{b}$是"良态"的(或者说, $\boldsymbol{A}$是好条件的).

"病态"性质是方程组本身的特性. $\boldsymbol{A}$的条件数越大, 方程组的"病态"程度越严重, 也就越难用一般的计算方法求得比较准确的解.

显然, 对于任何非奇异矩阵$\boldsymbol{A}$, 都有

$$\mathrm{Cond}(\boldsymbol{A})_v=\|\boldsymbol{A}^{-1}\|_v\|\boldsymbol{A}\|_v\geqslant\|\boldsymbol{A}^{-1}\boldsymbol{A}\|_v=\|\boldsymbol{I}\|_v=1.$$

常用的条件数有如下几个:

(1) $\mathrm{Cond}(\boldsymbol{A})_\infty=\|\boldsymbol{A}^{-1}\|_\infty\|\boldsymbol{A}\|_\infty$;

(2) $\boldsymbol{A}$的谱条件数

$$\mathrm{Cond}(\boldsymbol{A})_2=\|\boldsymbol{A}^{-1}\|_2\|\boldsymbol{A}\|_2=\sqrt{\frac{\lambda_{\max}(\boldsymbol{A}^{\mathrm{T}}\boldsymbol{A})}{\lambda_{\min}(\boldsymbol{A}^{\mathrm{T}}\boldsymbol{A})}};$$

当$\boldsymbol{A}$为对称矩阵时,

$$\mathrm{Cond}(\boldsymbol{A})_2=\frac{|\lambda_1|}{|\lambda_2|},$$

其中λ_1,λ_2为$\boldsymbol{A}$的绝对值最大和绝对值最小的特征值.

例2.5.1 设$\boldsymbol{A}$为正交矩阵, 证明$\mathrm{Cond}(\boldsymbol{A})_2=1$.

证明 因为$\boldsymbol{A}$是正交矩阵, 故

$$\boldsymbol{A}^{\mathrm{T}}\boldsymbol{A}=\boldsymbol{A}\boldsymbol{A}^{\mathrm{T}}=\boldsymbol{I},\quad \boldsymbol{A}^{-1}=\boldsymbol{A}^{\mathrm{T}},$$

从而

$$\begin{aligned}&\|\boldsymbol{A}\|_2=\sqrt{\lambda_{\max}(\boldsymbol{A}^{\mathrm{T}}\boldsymbol{A})}=\sqrt{\rho(\boldsymbol{A}^{\mathrm{T}}\boldsymbol{A})}=\sqrt{\rho(\boldsymbol{I})}=1,\\&\|\boldsymbol{A}^{-1}\|_2=\|\boldsymbol{A}^{\mathrm{T}}\|_2=\sqrt{\lambda_{\max}(\boldsymbol{A}^{\mathrm{T}}\boldsymbol{A})}=\sqrt{\rho(\boldsymbol{A}^{\mathrm{T}}\boldsymbol{A})}=\sqrt{\rho(\boldsymbol{I})}=1,\end{aligned}$$

故$\text{Cond}(\boldsymbol{A})_2=\|\boldsymbol{A}^{-1}\|_2\|\boldsymbol{A}\|_2=1$.

例2.5.2 设$\boldsymbol{A},\boldsymbol{B}$为$n$阶非奇异矩阵, 证明

$$\text{Cond}(\boldsymbol{AB})\leqslant\text{Cond}(\boldsymbol{A})\cdot\text{Cond}(\boldsymbol{B}).$$

分析 由矩阵范数的性质和条件数的定义便可证明.

证明

$$\begin{aligned}\text{Cond}(\boldsymbol{AB})&=\|(\boldsymbol{AB})^{-1}\|\|\boldsymbol{AB}\|\leqslant\|\boldsymbol{B}^{-1}\|\|\boldsymbol{A}^{-1}\|\|\boldsymbol{A}\|\|\boldsymbol{B}\|\\&=\|\boldsymbol{A}^{-1}\|\|\boldsymbol{A}\|\|\boldsymbol{B}^{-1}\|\|\boldsymbol{B}\|=\text{Cond}(\boldsymbol{A})\cdot\text{Cond}(\boldsymbol{B}).\end{aligned}$$

例2.5.3 线性方程组

$$\begin{bmatrix}1&-1\\1&1\end{bmatrix}\begin{bmatrix}x_1\\x_2\end{bmatrix}=\begin{bmatrix}0\\2\end{bmatrix}$$

的系数矩阵带误差, 成为如下方程组:

$$\begin{bmatrix}1&-1\\1&1.0005\end{bmatrix}\begin{bmatrix}\widetilde{x}_1\\\widetilde{x}_2\end{bmatrix}=\begin{bmatrix}0\\2\end{bmatrix},$$

试计算$\text{Cond}(\boldsymbol{A})_\infty$, 并说明方程组的性态.

解 因为

$$\boldsymbol{A}=\begin{bmatrix}1&-1\\1&1\end{bmatrix},\quad\delta\boldsymbol{A}=\begin{bmatrix}0&0\\0&0.0005\end{bmatrix},\quad\boldsymbol{A}^{-1}=\frac{1}{2}\begin{bmatrix}1&1\\-1&1\end{bmatrix},$$

所以

$$\text{Cond}(\boldsymbol{A})_\infty=\|\boldsymbol{A}^{-1}\|_\infty\|\boldsymbol{A}\|_\infty=1\times2=2.$$

因此, 方程组是良性的.

例2.5.4 设

$$\begin{bmatrix}3&1.001\\6&1.997\end{bmatrix}\begin{bmatrix}x_1\\x_2\end{bmatrix}=\begin{bmatrix}1.999\\4.003\end{bmatrix},$$

试计算$\text{Cond}(\boldsymbol{A})_\infty$, 并说明方程组的性态.

解

$$\boldsymbol{A}=\begin{bmatrix}3&1.001\\6&1.997\end{bmatrix},\quad\boldsymbol{A}^{-1}=\frac{1}{-0.015}\begin{bmatrix}1.997&-1.001\\-6&3\end{bmatrix},$$

$$\|\boldsymbol{A}\|_\infty=7.992,\quad\|\boldsymbol{A}^{-1}\|_\infty=600,$$

所以$\text{Cond}(\boldsymbol{A})_\infty = 4798.2$. 因此, 方程组为“病态”方程组.

由上面的讨论, 要判别一个矩阵是否“病态”, 需要计算条件数

$$\text{Cond}(\boldsymbol{A}) = \|\boldsymbol{A}^{-1}\|\|\boldsymbol{A}\|.$$

而计算$\boldsymbol{A}^{-1}$是比较费劲的, 最好在计算中能发现“病态”情况,

(1) 如果在$\boldsymbol{A}$的三角约化(尤其是用主元消去法解$\boldsymbol{Ax} = \boldsymbol{b}$)时出现小主元, 对大多数矩阵来说, $\boldsymbol{A}$是“病态”矩阵;

(2) 系数矩阵的行列式值相对很小, 或系数矩阵某些行近似线性相关, 这时, $\boldsymbol{A}$可能“病态”.

(3) 系数矩阵$\boldsymbol{A}$的元素间数量级相差很大, 并且无一定规则, $\boldsymbol{A}$可能“病态”.

用选主元的消去法不能解决“病态”问题.

对于“病态”方程组, 可采用高精度的算术运算(采用双倍字长进行运算), 或者采用预处理方法, 即将求解$\boldsymbol{Ax} = \boldsymbol{b}$转化为一个等价方程组

$$\begin{cases} \boldsymbol{PAQy} = \boldsymbol{Pb}, \\ \boldsymbol{y} = \boldsymbol{Q}^{-1}\boldsymbol{x}, \end{cases}$$

选择非奇异矩阵$\boldsymbol{P}, \boldsymbol{Q}$, 使得

$$\text{Cond}(\boldsymbol{PAQ}) < \text{Cond}(\boldsymbol{A}),$$

一般选择$\boldsymbol{P}, \boldsymbol{Q}$为对角矩阵或者三角阵.

当矩阵$\boldsymbol{A}$的元素大小不均时, 对$\boldsymbol{A}$的行(或列)引进适当的比例因子(使矩阵$\boldsymbol{A}$的所有行或列按∞范数大体上有相同的长度, 使$\boldsymbol{A}$的系数均衡), 对$\boldsymbol{A}$的条件数是有影响的, 但这种方法不能保证$\boldsymbol{A}$的条件数一定得到改善.

2.5.2 精度分析

求得方程组$\boldsymbol{Ax} = \boldsymbol{b}$的一个近似解以后, 希望判断其精度, 检验精度的一个简单办法是将近似解再回代到原方程组去求出余量

$$\boldsymbol{r} = \boldsymbol{b} - \boldsymbol{A}\widetilde{\boldsymbol{x}}.$$

如果$\boldsymbol{r}$很小, 就认为解是相当精确的.

定理2.5.3(后验误差估计) 设$\widetilde{\boldsymbol{x}}$是方程组$\boldsymbol{Ax} = \boldsymbol{b}$的一个近似解, 其精确解记为$\boldsymbol{x}$, $\boldsymbol{r}$为$\widetilde{\boldsymbol{x}}$ 的余量, 则有

$$\frac{\|\boldsymbol{x} - \widetilde{\boldsymbol{x}}\|}{\|\boldsymbol{x}\|} \leqslant \text{Cond}(\boldsymbol{A})\frac{\|\boldsymbol{r}\|}{\|\boldsymbol{b}\|}. \tag{2.5.5}$$

证明 由$\boldsymbol{x} - \widetilde{\boldsymbol{x}} = \boldsymbol{A}^{-1}\boldsymbol{r}$得

$$\|\boldsymbol{x} - \widetilde{\boldsymbol{x}}\| \leqslant \|\boldsymbol{A}^{-1}\|\|\boldsymbol{r}\|, \tag{2.5.6}$$

又有

$$\|\boldsymbol{b}\| = \|\boldsymbol{A}\boldsymbol{x}\| \leqslant \|\boldsymbol{A}\|\|\boldsymbol{x}\| \Rightarrow \frac{1}{\|\boldsymbol{x}\|} \leqslant \frac{\|\boldsymbol{A}\|}{\|\boldsymbol{b}\|}, \tag{2.5.7}$$

由式(2.5.6)及式(2.5.7)即得式(2.5.5). □

式(2.5.5)说明, 近似值$\tilde{\boldsymbol{x}}$的精度(误差界)不仅依赖于剩余$\boldsymbol{r}$的“大小”, 而且依赖于$\boldsymbol{A}$的条件数. 当$\boldsymbol{A}$是“病态”时, 即使有很小的剩余$\boldsymbol{r}$, 也不能保证$\tilde{\boldsymbol{x}}$是高精度的近似值.

2.6 数值实验

在第1章中, 曾介绍过矩阵的左除“\”和右除“/”, 那么在求解线性方程组$\boldsymbol{A}\boldsymbol{x} = \boldsymbol{b}$中, 一般选择左除“\”即可. 若$\boldsymbol{A}$是方阵, 则左除运算是用高斯消去法求得的; 若$\boldsymbol{A}$不是方阵, 则一般用最小二乘法进行求解.

例如, 利用左除“\”运算求解例2.2.3中的方程组

$$\begin{cases} 2x_1 + 2x_2 + 2x_3 = 1, \\ 3x_1 + 2x_2 + 4x_3 = \dfrac{1}{2}, \\ x_1 + 3x_2 + 9x_3 = \dfrac{5}{2}. \end{cases}$$

在MATLAB命令窗口中输入如下命令:

```
>> A = [2 2 2;3 2 4;1 3 9];
>> b = [1;1/2;5/2];
>> x = A\b
x =
   -0.5000
    1.0000
    0.0000
```

下面介绍几种解线性方程组常用方法的MATLAB程序.

2.6.1 Gauss消去法

Gauss消去法由定理2.2.1给出, 用MATLAB实现如下(Gaussxiaoqu.m):

```
function [x,Aug] = Gaussxiaoqu(A,b)
% Gauss消去法 求解方程组Ax=b
% Aug=[A|b] 表示增广矩阵
n = length(b);
x = zeros(n,1);
```

```
Aug = [A b];
% 消元
for k = 1:n-1
    if Aug(k,k) == 0
        '"矩阵奇异, 无解"'
        break
    end
    for i = k+1:n
        m = Aug(i,k)/Aug(k,k);
        Aug(i,k:n+1) = Aug(i,k:n+1) - m*Aug(k,k:n+1);
    end
end
% 回代
x(n) = Aug(n,n+1)/Aug(n,n);
for i = n-1:-1:1
    x(i) = (Aug(i,n+1)-Aug(i,i+1:n)*x(i+1:n))/Aug(i,i);
end
```

用Gauss消去法求解例2.2.3中的方程组, 只需在MATLAB命令窗口中输入:

```
>> [x,Aug] = Gaussxiaoqu(A,b)
x =
   -0.5000
    1.0000
         0
Aug =
     2     2     2     1
     0    -1     1    -1
     0     0    10     0
```

2.6.2 选主元Gauss消去法

Gauss消去法有一个弊端, 如果主对角元素非常小, 数值计算就会不稳定, 因此, 可以考虑选主元的Gauss消去法, 主要是选列主元. 它的实现过程如下:

```
function [x,Aug] = liexiaoqu(A,b)
% 选主元Gauss消去法 求解方程组Ax=b
% Aug=[A|b] 表示增广矩阵
n = length(b);
x = zeros(n,1);
```

```
C = zeros(1,n+1);
Aug = [A b];
% 找列中最大元素
for k = 1:n-1
    [a,j] = max(abs(Aug(k:n,k)));
    % a表示第k列中最大元素，j表示最大元素所在的行数
    % 交换第k行和第j行
    C = Aug(k,:);
    Aug(k,:) = Aug(j+k-1,:);
    Aug(j+k-1,:) = C;
    % 消元
    if Aug(k,k) == 0
        '"矩阵奇异，无解"'
        break
    end
    for i = k+1:n
        m = Aug(i,k)/Aug(k,k);
        Aug(i,k:n+1) = Aug(i,k:n+1) - m*Aug(k,k:n+1);
    end
end
% 回代
x(n) = Aug(n,n+1)/Aug(n,n);
for i = n-1:-1:1
    x(i) = (Aug(i,n+1)-Aug(i,i+1:n)*x(i+1:n))/Aug(i,i);
end
```

例2.6.1 试对例2.2.6中的方程组利用选主元Gauss消去法求解.

解 在MATLAB命令窗口中输入如下命令:

```
>> A = [-0.002 2 2;1 0.78125 0;3.996 5.5625 4];
>> b = [0.4;1.3816;7.4178];
>> [x,Aug] = liexiaoqu(A,b)
x =
    1.9273
   -0.6985
    0.9004
Aug =
```

```
    3.9960    5.5625    4.0000    7.4178
         0    2.0028    2.0020    0.4037
         0         0   -0.3905   -0.3516
```

2.6.3 直接三角分解法

在本节中, 主要介绍一下LU分解的MATLAB实现程序, 参见下面的luyx.m函数.

```
function [L,U,y,x] = luyx(A,b)
% LU 分解法 解线性方程组Ax=b
n = length(b); x = zeros(n,1); y = zeros(n,1);
L = zeros(n,n); U = zeros(n,n);
for i = 1:n
L(i,i) = 1;
end
for k = 1:n
    for j = k:n
        U(k,j) = A(k,j) - sum(L(k,1:k-1).*U(1:k-1,j)');
    end
    for i = k+1:n
        L(i,k) = (A(i,k) - sum(L(i,1:k-1).*U(1:k-1,k)'))/U(k,k);
    end
end
%解Ly=b
y(1) = b(1);
for i = 2:n
    y(i) = b(i) - L(i,1:i-1)*y(1:i-1);
end
%解Ux=y
x(n) = y(n)/U(n,n);
for i = n-1:-1:1
    x(i) = (y(i)-U(i,i+1:n)*x(i+1:n))/U(i,i);
end
```

例如, 要完成例2.3.1中的方程组求解, 可以在MATLAB命令窗口中输入如下命令:

```
>> A=[2 5 -6;4 13 -19;-6 -3 -6];
>> b=[10;19;-30];
>> [L,U,y,x]=luyx(A,b)
L =
```

```
      1     0     0
      2     1     0
     -3     4     1
U =
      2     5    -6
      0     3    -7
      0     0     4
y =
     10
     -1
      4
x =
      3
      2
      1
```

另外, MATLAB中也自带了一个可以完成三角分解的函数, 使用命令[L, U] = lu(A). 与前面不同的是, 该分解的过程是选列主元的LU分解. 例如, 对上面的矩阵$\boldsymbol{A}$进行列主元LU分解如下:

```
>> A=[2 5 -6;4 13 -19;-6 -3 -6];
>> [L,U]=lu(A)
L =
   -0.3333    0.3636    1.0000
   -0.6667    1.0000         0
    1.0000         0         0
U =
   -6.0000   -3.0000   -6.0000
         0   11.0000  -23.0000
         0         0    0.3636
```

上面的矩阵$\boldsymbol{L}$形式上不是单位下三角阵, 主要是因为分解中选主元引起的, 只需将$\boldsymbol{L}$中的第1行与第3行交换就可以得到单位下三角阵. 另外, 可以在函数lu中增加一个输出参数[L, U, P] = lu(A), 其中$\boldsymbol{P}$为一个置换矩阵, 满足$\boldsymbol{PA} = \boldsymbol{LU}$.

若矩阵$\boldsymbol{A}$是对称正定的, 则可以进行Cholesky分解, $\boldsymbol{A} = \boldsymbol{LL}^{\mathrm{T}}$, 其中$\boldsymbol{L}$是对角元素为正的下三角阵. 在MATLAB中, 使用命令L = chol(A)来实现.

应用实例——GPS全球定位系统

自从人类诞生以来, 就一直为出行问题困扰. 到20世纪末, 这个问题终于有了一个简单的解决办法, 那就是GPS全球定位系统. GPS系统的使用带来了导航、测量、地图制作行业一系列的革命, 并广泛应用于各行各业之中, 这些例子大家在电视、报纸和杂志上已经看到很多了.

GPS系统的原理是卫星不断地向地球发射信号, 报告当前的位置及时钟差. 建立如下方程:

$$[(x_i-x)^2+(y_i-y)^2+(z_i-z)^2]^{\frac{1}{2}}=c(t_i-t)\quad i=1,2,\cdots,m,$$

其中各个参数意义如下:

t_i为第i颗卫星的信号到达接收机所经历的时间, 由卫星星历提供;

(x_i,y_i,z_i)为第i颗卫星在时刻t_i的空间直角坐标, 可由卫星导航电文求得;

c为GPS信号的传播速度(即光速);

待测点空间直角坐标x, y, z和时间t为未知参数. 因此, GPS至少需要4颗卫星来定位.

现地球上一个GPS接收机, 同时接收到卫星$1\sim 6$的发送信号.

	位置(x_i,y_i,z_i)	时钟差t_i
卫星1	(1, 4, 9)	10030.02076857
卫星2	(7, 6, 7)	10023.34948666
卫星3	(1, 7, 3)	10020.01384571
卫星4	(5, 7, 4)	10016.67820476
卫星5	(1, 3, 1)	10013.34256381
卫星6	(3, 2, 3)	10010.00692286

光速$c=0.299792458\text{km}/\mu\text{s}$, 将上述非线性方程组消去二次项得

$$\begin{cases}12x+4y-4z+1.19917t=12059.7,\\ 6y-12z+1.79875t=17993.5,\\ 8x+6y-10z+2.39834t=24031.4,\\ -2y-16z+2.99792t=29957.2,\\ 4x-4y-12z+3.59751t=35971.1.\end{cases}$$

这是一个四元线性方程组, 可知, 该线性方程组的系数矩阵$\boldsymbol{A}$的秩为4. 由线性代数的知识可知, 当方程组的秩与未知数的个数一致时, 方程有唯一解. 下面选择直接法求解, 可以选择前面4个方程组, 利用MATLAB求解. $\boldsymbol{A}$分解如下:

$$\boldsymbol{A}=\begin{bmatrix}1.0000&0&0&0\\0&1.0000&0&0\\0.6667&0.5556&1.0000&0\\0&-0.3333&30.0000&1.0000\end{bmatrix}\begin{bmatrix}12.0000&4.0000&-4.0000&1.1992\\0&6.0000&-12.0000&1.7988\\0&0&0.6667&0.5996\\0&0&0&-14.3901\end{bmatrix}$$

$$=\boldsymbol{LU},$$

解方程组

$$\begin{cases}\boldsymbol{Ly}=\boldsymbol{b},\\ \boldsymbol{Ux}=\boldsymbol{y}\end{cases}$$

得

$$x = 5.0000,\quad y = 2.9999,\quad z = 1.0000,\quad t = 10000,$$

其精确解为

$$x^* = 5.0000,\quad y^* = 3.0000,\quad z^* = 1.0000,\quad t^* = 10000.$$

直接法是在假设计算过程没有舍入误差的情形下，经过有限步求得精确解，但由于舍入误差不可避免，因此，只能求得近似解. 直接法适合于阶数不太高的线性方程组，当系数矩阵对称正定或为三对角方程组时，可以选择平方根法和追赶法.

习　题　2

(一)

1. 用Gauss消去法解下列线性方程组:

(1) $\begin{cases} 2x_1 + 3x_2 + 4x_3 = 6, \\ 3x_1 + 5x_2 + 2x_3 = 5, \\ 2x_1 + x_2 + 15x_3 = 12; \end{cases}$　(2) $\begin{cases} 3x_1 + x_2 - x_3 = 4, \\ x_1 + x_3 = 2, \\ 4x_1 - x_2 + x_3 = 3. \end{cases}$

2. 设矩阵$\boldsymbol{A} = (a_{ij})_{n\times n}$，而$a_{11} \neq 0$，记一步Gauss顺序消去法后得

$$\boldsymbol{A}^{(2)} = \boldsymbol{L}_1\boldsymbol{A} = \begin{bmatrix} a_{11} & \boldsymbol{a}_1^{\mathrm{T}} \\ 0 & \boldsymbol{A}_2 \end{bmatrix},$$

记$\boldsymbol{A}_2 = (a_{ij}^{(2)})_{(n-1)\times(n-1)}$.

(1) 如果$\boldsymbol{A}$为对称正定矩阵，则$\boldsymbol{A}_2$也为对称正定矩阵；

(2) $\boldsymbol{A}$为按行严格对角占优矩阵$\left(|a_{ii}| > \sum\limits_{j=1, j\neq i}^{n} |a_{ij}|, i = 1, 2, \cdots, n\right)$，则$\boldsymbol{A}_2$也为按行严格对角占优矩阵.

3. 用列主元Gauss消去法解线性方程组

$$\begin{bmatrix} 2 & 2 & 1 \\ 4 & 5 & 3 \\ -5 & -2 & 3 \end{bmatrix}\begin{bmatrix} x_1 \\ x_2 \\ x_3 \end{bmatrix} = \begin{bmatrix} 2 \\ 5 \\ 3 \end{bmatrix}.$$

4. 设方程组系$\boldsymbol{Ax} = \boldsymbol{b}, \boldsymbol{Ay} = \boldsymbol{c}$，其中

$$\boldsymbol{A} = \begin{bmatrix} 4 & 0 & -1 \\ 2 & 1 & -2 \\ 0 & 3 & 2 \end{bmatrix},\quad \boldsymbol{b} = \begin{bmatrix} 0 \\ 1 \\ 4 \end{bmatrix},\quad \boldsymbol{c} = \begin{bmatrix} 0 \\ 0 \\ -4 \end{bmatrix}.$$

将矩阵$\boldsymbol{A}$作LU分解，其中$\boldsymbol{L}$为单位下三角阵，$\boldsymbol{U}$为上三角阵，并解上述方程组系.

5. 用平方根法求解$\boldsymbol{Ax}=\boldsymbol{b}$, 其中

$$\boldsymbol{A}=\begin{bmatrix}1&1&1&\cdots&1\\1&2&2&\cdots&2\\1&2&3&\cdots&3\\\vdots&\vdots&\vdots&&\vdots\\1&2&3&\cdots&n\end{bmatrix},\quad \boldsymbol{b}=\begin{bmatrix}n\\n-1\\n-2\\\vdots\\1\end{bmatrix}.$$

6. 用改进的平方根法解方程组

$$\begin{bmatrix}3&3&5\\3&5&9\\5&9&17\end{bmatrix}\begin{bmatrix}x_1\\x_2\\x_3\end{bmatrix}=\begin{bmatrix}10\\16\\30\end{bmatrix}.$$

7. 用追赶法解三对角方程组

$$\begin{bmatrix}2&1&&\\1&2&-3&\\&3&-7&4\\&&2&5\end{bmatrix}\begin{bmatrix}x_1\\x_2\\x_3\\x_4\end{bmatrix}=\begin{bmatrix}3\\-3\\-10\\2\end{bmatrix}.$$

8. 设

$$\boldsymbol{x}=\begin{bmatrix}1\\-2\end{bmatrix},\quad \boldsymbol{A}=\begin{bmatrix}0.6&0.5\\0.1&0.3\end{bmatrix},$$

计算$\|\boldsymbol{x}\|_v(v=1,2,\infty)$; 计算$\boldsymbol{A}$ 的行范数、列范数、F 范数及谱范数(谱半径); 计算$\|\boldsymbol{Ax}\|_\infty$.

9. 设

$$\boldsymbol{A}=\begin{bmatrix}100&99\\99&98\end{bmatrix},$$

计算$\boldsymbol{A}$的条件数$\mathrm{Cond}(\boldsymbol{A})_v(v=2,\infty)$.

10. 设$\boldsymbol{A},\boldsymbol{B}$为$n$阶非奇异矩阵, $\|\cdot\|$为任一种算子范数, 证明

(1) $\|\boldsymbol{A}^{-1}\|\geqslant\dfrac{1}{\|\boldsymbol{A}\|}$;

(2) $\|\boldsymbol{A}^{-1}-\boldsymbol{B}^{-1}\|\leqslant\|\boldsymbol{A}^{-1}\|\cdot\|\boldsymbol{B}^{-1}\|\cdot\|\boldsymbol{A}-\boldsymbol{B}\|$.

(二)

1. 举例说明: 非奇异矩阵不一定存在LU分解, 但非奇异矩阵可作适当的行对调, 可保证存在LU分解.

2. 用列主元Gauss消去法解方程组

$$\begin{bmatrix}2&-1&4&-3&1\\-1&1&2&1&3\\4&2&3&3&-1\\-3&1&3&2&4\\1&3&1&4&4\end{bmatrix}\begin{bmatrix}x_1\\x_2\\x_3\\x_4\\x_5\end{bmatrix}=\begin{bmatrix}11\\14\\4\\16\\18\end{bmatrix}.$$

3. 分别用列主元Gauss消去法和直接三角分解法解线性方程组

$$\begin{bmatrix} 2.11 & 3.20 & 4.01 & -1 \\ -4.81 & 5 & 0.24 & 1.01 \\ -3.54 & -0.23 & 4.05 & 7 \\ 6 & 8.23 & -4 & 2.24 \end{bmatrix} \begin{bmatrix} x_1 \\ x_2 \\ x_3 \\ x_4 \end{bmatrix} = \begin{bmatrix} 4 \\ 8 \\ -2.01 \\ 3.22 \end{bmatrix}.$$

4. 用列主元Gauss-Jordan法求

$$\boldsymbol{A} = \begin{bmatrix} 1 & 1/2 & 1/3 & 1/4 \\ 1/2 & 1 & 2/3 & 1/2 \\ 1/3 & 2/3 & 1 & 3/4 \\ 1/4 & 1/2 & 3/4 & 1 \end{bmatrix}$$

的逆矩阵$\boldsymbol{A}^{-1}$.

5. 设$\boldsymbol{A} \in \mathbb{R}^{n\times n}$为对称正定矩阵, 定义$\|\boldsymbol{x}\|_A = (\boldsymbol{A}\boldsymbol{x}, \boldsymbol{x})^{\frac{1}{2}}$, 证明$\|\boldsymbol{x}\|_A$为$\mathbb{R}^n$上向量的一种范数.

6. 设$\boldsymbol{A}\boldsymbol{x} = \boldsymbol{b}$, 其中

$$\boldsymbol{A} = \begin{bmatrix} 10 & 7 & 8 & 7 \\ 7 & 5 & 6 & 5 \\ 8 & 6 & 10 & 9 \\ 7 & 5 & 9 & 10 \end{bmatrix}, \quad \boldsymbol{b} = \begin{bmatrix} 32 \\ 23 \\ 33 \\ 31 \end{bmatrix},$$

其精确解为$\boldsymbol{x}^* = (1,1,1,1)^{\mathrm{T}}$. 如$\boldsymbol{b}$经过扰动后, 变为$\widetilde{\boldsymbol{b}} = (32.01, 22.99, 33.01, 30.99)^{\mathrm{T}}$, 求扰动后的解$\widetilde{\boldsymbol{x}}$; 取1范数, 求解相对误差$\dfrac{\|\boldsymbol{x}-\widetilde{\boldsymbol{x}}\|}{\|\boldsymbol{x}\|}$的值; 如果不解方程, 又如何估计解的相对误差?

第 3 章　解线性方程组的迭代法

3.1 引　　言

对于线性方程组

$$\boldsymbol{Ax}=\boldsymbol{b},$$

其中

$$\boldsymbol{A}=\begin{bmatrix} a_{11} & a_{12} & \cdots & a_{1n} \\ a_{21} & a_{22} & \cdots & a_{2n} \\ \vdots & \vdots & & \vdots \\ a_{n1} & a_{n2} & \cdots & a_{nn} \end{bmatrix},\quad \boldsymbol{x}=\begin{bmatrix} x_1 \\ x_2 \\ \vdots \\ x_n \end{bmatrix},\quad \boldsymbol{b}=\begin{bmatrix} b_1 \\ b_2 \\ \vdots \\ b_n \end{bmatrix},$$

如果系数矩阵$\boldsymbol{A}$非奇异且阶数不太高, 当满足一定条件时, 用直接解法十分有效. 但在工程实际问题中, 经常遇到大型稀疏矩阵(sparse matrices)的方程组, 即$\boldsymbol{A}$的阶数很高, 但许多元素都为零. 这时, 为了减少运算量, 同时为了节省存储空间, 使用迭代方法(iterative method)可能效果更佳.

记$\boldsymbol{x}^*\in\mathbb{R}^n$为线性方程组$\boldsymbol{Ax}=\boldsymbol{b}$的解. 迭代法的基本思想如下: 将$\boldsymbol{Ax}=\boldsymbol{b}$改写为等价的$\boldsymbol{x}=\boldsymbol{Bx}+\boldsymbol{f}$形式, 由此建立迭代格式$\boldsymbol{x}^{(k+1)}=\boldsymbol{Bx}^{(k)}+\boldsymbol{f}$, 从任意初始向量$\boldsymbol{x}^{(0)}$出发, 经过迭代计算得到向量序列$\{\boldsymbol{x}^{(k)}\}_{k=0}^{\infty}$, 希望此序列向$\boldsymbol{x}^*$逐步接近. 这就需要研究如下问题:

(1) 如何建立迭代格式, 即$\boldsymbol{x}^{(k+1)}=\boldsymbol{Bx}^{(k)}+\boldsymbol{f}$;

(2) 向量序列的收敛性, 即$\lim\limits_{k\to\infty}\|\boldsymbol{x}^{(k)}-\boldsymbol{x}^*\|\equiv 0$;

(3) 误差估计.

本章主要介绍Jacobi迭代法, Gauss-Seidel迭代法, SOR (successive over relaxation) 迭代法及其收敛性.

3.2 基本迭代法

3.2.1 Jacobi迭代法

首先考虑三元线性方程组.

例3.2.1

$$\begin{cases} 10x_1 - x_2 - 2x_3 = 7.2, \\ -x_1 + 10x_2 - 2x_3 = 8.3, \\ -x_1 - x_2 + 5x_3 = 4.2. \end{cases}$$

解　将其改写为等价的线性方程组

$$\begin{cases} x_1 = \frac{1}{10}(\qquad x_2 + 2x_3 + 7.2), \\ x_2 = \frac{1}{10}(x_1 + \qquad 2x_3 + 8.3), \\ x_3 = \frac{1}{5}(x_1 + x_2 + \qquad 4.2). \end{cases}$$

构造Jacobi迭代格式

$$\begin{cases} x_1^{(k+1)} = \frac{1}{10}(\qquad x_2^{(k)} + 2x_3^{(k)} + 7.2), \\ x_2^{(k+1)} = \frac{1}{10}(x_1^{(k)} + \qquad 2x_3^{(k)} + 8.3), \\ x_3^{(k+1)} = \frac{1}{5}(x_1^{(k)} + x_2^{(k)} + \qquad 4.2). \end{cases}$$

此方程组的精确解为$\boldsymbol{x}^* = (1.1, 1.2, 1.3)^{\mathrm{T}}$. 如果取初始向量$\boldsymbol{x}^{(0)} = (0, 0, 0)^{\mathrm{T}}$, 则迭代结果如表3.1所示.

表3.1　Jacobi迭代的数值结果

k	$x_1^{(k)}$	$x_2^{(k)}$	$x_3^{(k)}$
0	0	0	0
1	0.72000	0.83000	0.84000
2	0.97100	1.07000	1.15000
⋮	⋮	⋮	⋮
8	1.09981	1.19981	1.29978
9	1.09994	1.19994	1.29992

从表3.1中可以看出, 迭代结果越来越逼近$\boldsymbol{x}^*$, 如果取

$$\boldsymbol{x}^* \approx \boldsymbol{x}^{(9)} = (1.09994, 1.19994, 1.29992)^{\mathrm{T}},$$

则

$$\| \boldsymbol{x}^* - \boldsymbol{x}^{(9)} \|_\infty = 0.00008.$$

1. Jacobi迭代方法

一般地, 对于n阶线性方程组

$$\begin{cases} a_{11}x_1 + a_{12}x_2 + a_{13}x_3 + \cdots + a_{1n}x_n = b_1, \\ a_{21}x_1 + a_{22}x_2 + a_{23}x_3 + \cdots + a_{2n}x_n = b_2, \\ \qquad\qquad\qquad \cdots\cdots \\ a_{n1}x_1 + a_{n2}x_2 + a_{n3}x_3 + \cdots + a_{nn}x_n = b_n, \end{cases}$$

当$a_{ii} \neq 0(i=1,2,\cdots,n)$时, 将其改写成

$$\begin{cases} x_1 = \dfrac{1}{a_{11}}(\qquad -a_{12}x_2 - a_{13}x_3 - a_{14}x_4 - \cdots - a_{1n}x_n + b_1), \\ x_2 = \dfrac{1}{a_{22}}(-a_{21}x_1 \qquad - a_{23}x_3 - a_{24}x_4 - \cdots - a_{2n}x_n + b_2), \\ \qquad\qquad \cdots\cdots \\ x_n = \dfrac{1}{a_{nn}}(-a_{n1}x_1 - a_{n2}x_2 - a_{n3}x_3 - \cdots - a_{n,n-1}x_{n-1} + b_n). \end{cases}$$

构造Jacobi迭代格式

$$\begin{cases} x_1^{(k+1)} = \dfrac{1}{a_{11}}(\qquad -a_{12}x_2^{(k)} - a_{13}x_3^{(k)} - a_{14}x_4^{(k)} - \cdots - a_{1n}x_n^{(k)} + b_1), \\ x_2^{(k+1)} = \dfrac{1}{a_{22}}(-a_{21}x_1^{(k)} \qquad - a_{23}x_3^{(k)} - a_{24}x_4^{(k)} - \cdots - a_{2n}x_n^{(k)} + b_2), \\ \qquad\qquad \cdots\cdots \\ x_n^{(k+1)} = \dfrac{1}{a_{nn}}(-a_{n1}x_1^{(k)} - a_{n2}x_2^{(k)} - a_{n3}x_3^{(k)} - \cdots - a_{n,n-1}x_{n-1}^{(k)} + b_n), \end{cases} \tag{3.2.1}$$

简记为

$$x_i^{(k+1)} = \frac{1}{a_{ii}}\Big(-\sum_{j=1}^{i-1} a_{ij}x_j^{(k)} - \sum_{j=i+1}^{n} a_{ij}x_j^{(k)} + b_i\Big),$$
$$i = 1,2,\cdots,n,\ k = 0,1,2.\cdots.$$

2. 矩阵形式

为方便起见, 将式(3.2.1)用矩阵形式表示. 记

$$\boldsymbol{A} = \begin{bmatrix} a_{11} & & & \\ & a_{22} & & \\ & & \ddots & \\ & & & a_{nn} \end{bmatrix} - \begin{bmatrix} 0 & & & & \\ -a_{21} & 0 & & & \\ \vdots & \vdots & \ddots & & \\ -a_{n-1,1} & -a_{n-1,2} & \cdots & 0 & \\ -a_{n1} & -a_{n2} & \cdots & -a_{n,n-1} & 0 \end{bmatrix}$$

$$
-\begin{bmatrix} 0 & -a_{12} & \cdots & -a_{1,n-1} & -a_{1n} \\ & 0 & \cdots & -a_{2,n-1} & -a_{2n} \\ & & \ddots & \vdots & \vdots \\ & & & 0 & -a_{n-1,n} \\ & & & & 0 \end{bmatrix} = \boldsymbol{D}-\boldsymbol{L}-\boldsymbol{U},
$$

迭代过程写成矩阵形式为

$$
\boldsymbol{D}\boldsymbol{x}^{(k+1)} = (\boldsymbol{L}+\boldsymbol{U})\boldsymbol{x}^{(k)} + \boldsymbol{b} \Leftrightarrow \boldsymbol{x}^{(k+1)} = \boldsymbol{D}^{-1}(\boldsymbol{L}+\boldsymbol{U})\boldsymbol{x}^{(k)} + \boldsymbol{D}^{-1}\boldsymbol{b},
$$

所以解$\boldsymbol{A}\boldsymbol{x}=\boldsymbol{b}$的Jacobi迭代过程为

$$
\begin{cases} \text{任取初始向量}\boldsymbol{x}^{(0)}, \\ \boldsymbol{x}^{(k+1)} = \boldsymbol{J}\boldsymbol{x}^{(k)} + \boldsymbol{f}, \\ \boldsymbol{J} = \boldsymbol{D}^{-1}(\boldsymbol{L}+\boldsymbol{U}),\ \boldsymbol{f} = \boldsymbol{D}^{-1}\boldsymbol{b}, \end{cases}
$$

称$\boldsymbol{J} = \boldsymbol{D}^{-1}(\boldsymbol{L}+\boldsymbol{U})$为**Jacobi迭代矩阵**, $\boldsymbol{f} = \boldsymbol{D}^{-1}\boldsymbol{b}$为**Jacobi迭代向量**.

注3.2.1　(1) 迭代过程中, $\boldsymbol{A}$的元素不改变, 故可以事先调整好$\boldsymbol{A}$的次序, 使得$a_{ii} \neq 0$;

(2) 每次迭代主要计算一次矩阵与向量的乘积$\boldsymbol{J}\boldsymbol{x}^{(k)}$;

(3) 需要储存两组向量$\boldsymbol{x}^{(k)}$, $\boldsymbol{x}^{(k+1)}$;

(4) 用$\|\boldsymbol{x}^{(k+1)}-\boldsymbol{x}^{(k)}\|_\infty < \varepsilon$ 来控制迭代终止, 此时, $\boldsymbol{x}^* \approx \boldsymbol{x}^{(k+1)}$.

从式(3.2.1)可以看出, 用Jacobi迭代时, $\boldsymbol{x}^{(k)}$的分量必须保留到$\boldsymbol{x}^{(k+1)}$ 的分量全部计算出来后才不再需要. 事实上, 当计算$x_i^{(k+1)}$时, $x_j^{(k+1)}(j=1,2,\cdots,i-1)$都已经计算出来了. 如果用新的分量$x_j^{(k+1)}$代替$x_j^{(k)}(j=1,2,\cdots,i-1)$, 则得到另一种迭代公式.

3.2.2　Gauss-Seidel迭代法

1. Gauss-Seidel迭代方法

例3.2.2　方程如例3.2.1, 试用Gauss-Seidel迭代求其解.

解　将其改写成等价的线性方程组, 然后构造迭代格式

$$
\begin{cases} x_1^{(k+1)} = \dfrac{1}{10}(\qquad x_2^{(k)} + 2x_3^{(k)} + 7.2), \\ x_2^{(k+1)} = \dfrac{1}{10}(x_1^{(k+1)} + \qquad 2x_3^{(k)} + 8.3), \\ x_3^{(k+1)} = \dfrac{1}{5}(x_1^{(k+1)} + x_2^{(k+1)} + \qquad 4.2), \end{cases}
$$

则此迭代格式称为Gauss-Seidel迭代格式. 取初值向量$\boldsymbol{x}^{(0)} = (0,0,0)^{\mathrm{T}}$, Jacobi迭代、Gauss-seidel迭代记录如表3.2所示. 可以看出, Gauss-Seidel迭代效果更好.

表3.2 计算结果

k	Jacobi迭代数值结果			Gauss-Seidel迭代数值结果		
	$x_1^{(k)}$	$x_2^{(k)}$	$x_3^{(k)}$	$x_1^{(k)}$	$x_2^{(k)}$	$x_3^{(k)}$
0	0	0	0	0	0	0
1	0.72000	0.83000	0.84000	0.72000	0.90200	1.16440
2	0.97100	1.07000	1.15000	1.04308	1.16719	1.28205
⋮	⋮	⋮	⋮	⋮	⋮	⋮
5				1.09989	1.19993	1.29996
6				1.09999	1.19999	1.30000
⋮	⋮	⋮	⋮	⋮	⋮	⋮
8	1.09981	1.19981	1.29978			
9	1.09994	1.19994	1.29992			

一般地, 对于n阶线性方程组

$$\begin{cases} a_{11}x_1 + a_{12}x_2 + \cdots + a_{1n}x_n = b_1, \\ a_{21}x_1 + a_{22}x_2 + \cdots + a_{2n}x_n = b_2, \\ \cdots\cdots \\ a_{n1}x_1 + a_{n2}x_2 + \cdots + a_{nn}x_n = b_n, \end{cases}$$

当$a_{ii} \neq 0(i = 1, 2, \cdots, n)$时, 将其改写成等价形式后, 构造Gauss-Seidel迭代格式如下:

$$\begin{cases} x_1^{(k+1)} = \dfrac{1}{a_{11}}(\qquad -a_{12}x_2^{(k)} - a_{13}x_3^{(k)} - a_{14}x_4^{(k)} - \cdots - a_{1n}x_n^{(k)} + b_1), \\ x_2^{(k+1)} = \dfrac{1}{a_{22}}(-a_{21}x_1^{(k+1)} \qquad - a_{23}x_3^{(k)} - a_{24}x_4^{(k)} - \cdots - a_{2n}x_n^{(k)} + b_2), \\ \cdots\cdots \\ x_n^{(k+1)} = \dfrac{1}{a_{nn}}(-a_{n1}x_1^{(k+1)} - a_{n2}x_2^{(k+1)} - a_{n3}x_3^{(k+1)} - \cdots - a_{n,n-1}x_{n-1}^{(k+1)} + b_n), \end{cases}$$

简记为

$$x_i^{(k+1)} = \frac{1}{a_{ii}}\left(-\sum_{j=1}^{i-1} a_{ij}x_j^{(k+1)} - \sum_{j=i+1}^{n} a_{ij}x_j^{(k)} + b_i\right), \tag{3.2.2}$$
$$i = 1, 2, \cdots, n;\ k = 0, 1, 2, \cdots.$$

2. 矩阵形式

将迭代过程写成矩阵形式为

$$\begin{aligned} &\boldsymbol{D}\boldsymbol{x}^{(k+1)} = (\boldsymbol{L}\boldsymbol{x}^{(k+1)} + \boldsymbol{U}\boldsymbol{x}^{(k)}) + \boldsymbol{b} \\ \Leftrightarrow\ &(\boldsymbol{D} - \boldsymbol{L})\boldsymbol{x}^{(k+1)} = \boldsymbol{U}\boldsymbol{x}^{(k)} + \boldsymbol{b} \\ \Leftrightarrow\ &\boldsymbol{x}^{(k+1)} = (\boldsymbol{D} - \boldsymbol{L})^{-1}\boldsymbol{U}\boldsymbol{x}^{(k)} + (\boldsymbol{D} - \boldsymbol{L})^{-1}\boldsymbol{b}, \end{aligned}$$

得到Gauss-Seidel迭代过程为

$$\begin{cases}\text{任取初始向量}\boldsymbol{x}^{(0)},\\ \boldsymbol{x}^{(k+1)}=\boldsymbol{G}\boldsymbol{x}^{(k)}+\boldsymbol{f},\\ \boldsymbol{G}=(\boldsymbol{D}-\boldsymbol{L})^{-1}\boldsymbol{U},\ \boldsymbol{f}=(\boldsymbol{D}-\boldsymbol{L})^{-1}\boldsymbol{b}.\end{cases}$$

称$\boldsymbol{G}=(\boldsymbol{D}-\boldsymbol{L})^{-1}\boldsymbol{U}$为**Gauss-Seidel迭代矩阵**, $\boldsymbol{f}=(\boldsymbol{D}-\boldsymbol{L})^{-1}\boldsymbol{b}$为**Gauss-Seidel迭代向量**.

注3.2.2　(1) 每次迭代主要计算一次矩阵与向量的乘积$\boldsymbol{G}\boldsymbol{x}^{(k)}$;

(2) 只需储存一组向量$\boldsymbol{x}^{(k)}$即可;

(3) 用$\|\boldsymbol{b}-\boldsymbol{A}\boldsymbol{x}^{(k+1)}\|_\infty<\varepsilon$ 来控制迭代终止;

(4) 当$\boldsymbol{A}$满足一定条件时, Gauss-Seidel迭代法比Jacobi迭代法收敛得更快;

(5) 两种方法都存在收敛性问题,有例子表明, 当Gauss-Seidel迭代法收敛时, Jacobi迭代法可能不收敛; 当Jacobi迭代法收敛时, Gauss-Seidel迭代法也可能不收敛.

如果将式(3.2.2)改写成

$$x_i^{(k+1)}=x_i^{(k)}+\Delta x_i,$$

其中

$$\Delta x_i=\frac{1}{a_{ii}}\left(-\sum_{j=1}^{i-1}a_{ij}x_j^{(k+1)}-\sum_{j=i}^{n}a_{ij}x_j^{(k)}+b_i\right),$$

则Gauss-Seidel迭代是Jacobi迭代的修正形式.

3.2.3　SOR迭代法

1. SOR迭代法

下面换个角度来看Gauss-Seidel迭代方法. 对$\boldsymbol{A}\boldsymbol{x}=\boldsymbol{b}$, 用Gauss-Seidel迭代计算第$k$次近似$\boldsymbol{x}^{(k)}$及第$k+1$次近似$\widetilde{\boldsymbol{x}}^{(k+1)}$, 则

$$\widetilde{x}_i^{(k+1)}=\frac{1}{a_{ii}}\left(-\sum_{j=1}^{i-1}a_{ij}x_j^{(k+1)}-\sum_{j=i+1}^{n}a_{ij}x_j^{(k)}+b_i\right).$$

再用$x_i^{(k)}$和$\widetilde{x}_i^{(k+1)}$加权平均

$$\begin{aligned}x_i^{(k+1)}&=(1-\omega)x_i^{(k)}+\omega\widetilde{x}_i^{(k+1)}\\&=x_i^{(k)}+\omega(\widetilde{x}_i^{(k+1)}-x_i^{(k)})\\&=x_i^{(k)}+\frac{\omega}{a_{ii}}\left(-\sum_{j=1}^{i-1}a_{ij}x_j^{(k+1)}-\sum_{j=i}^{n}a_{ij}x_j^{(k)}+b_i\right)\end{aligned}$$

作为第$k+1$次迭代结果, 构造一种带有松弛因子ω的逐次迭代法.

SOR迭代过程为

$$\begin{cases} 任取初始向量\boldsymbol{x}^{(0)}, \\ x_i^{(k+1)} = x_i^{(k)} + \dfrac{\omega}{a_{ii}}\left(-\sum_{j=1}^{i-1} a_{ij}x_j^{(k+1)} - \sum_{j=i}^{n} a_{ij}x_j^{(k)} + b_i\right), \\ \omega(0<\omega<2)为松弛因子. \end{cases} \tag{3.2.3}$$

当$0<\omega<1$时, 称**低松弛法**(under-relaxation method);
当$\omega=1$时, 称**Gauss-Seidel 法**;
当$\omega>1$时, 称**超松弛法**(successive over-relaxation method).
自然希望通过选取合适的ω来加速收敛, 这就是松弛法.

例3.2.3 用SOR迭代格式解线性方程组

$$\begin{cases} -4x_1+x_2+x_3+x_4=1, \\ x_1-4x_2+x_3+x_4=1, \\ x_1+x_2-4x_3+x_4=1, \\ x_1+x_2+x_3-4x_4=1. \end{cases}$$

解 它的准确解是$\boldsymbol{x}^*=(-1,-1,-1,-1)^{\mathrm{T}}$. 构造SOR迭代格式, 迭代公式为

$$\begin{cases} x_1^{(k+1)} = x_1^{(k)} - \dfrac{\omega}{4}(1+4x_1^{(k)}-x_2^{(k)}-x_3^{(k)}-x_4^{(k)}), \\ x_2^{(k+1)} = x_2^{(k)} - \dfrac{\omega}{4}(1-x_1^{(k+1)}+4x_2^{(k)}-x_3^{(k)}-x_4^{(k)}), \\ x_3^{(k+1)} = x_3^{(k)} - \dfrac{\omega}{4}(1-x_1^{(k+1)}-x_2^{(k+1)}+4x_3^{(k)}-x_4^{(k)}), \\ x_4^{(k+1)} = x_4^{(k)} - \dfrac{\omega}{4}(1-x_1^{(k+1)}-x_2^{(k+1)}-x_3^{(k+1)}+4x_4^{(k)}). \end{cases}$$

取$\boldsymbol{x}^{(0)}=(0,0,0,0)^{\mathrm{T}}$, 当$\omega=1.3$时, 则有下面的迭代结果:

$$\boldsymbol{x}^{(11)} = (-0.9999646, -1.00000310, -0.99999953, -0.99999912)^{\mathrm{T}}.$$

与$\boldsymbol{x}^*=(-1,-1,-1,-1)^{\mathrm{T}}$比较, 此时达到的精度为

$$\|\boldsymbol{\varepsilon}^{(11)}\|_2 = \|\boldsymbol{x}^{(11)}-\boldsymbol{x}^*\|_2 \leqslant 0.46\times 10^{-5}.$$

若要有相同的精度, 则取$\omega=1.0$时, 要求$k=22$次迭代; 取$\omega=1.7$时, 要求$k=33$次迭代. 可见, 当松弛因子ω选得恰当时, 会使SOR迭代的收敛速度大大加快.

2. 矩阵形式

将式(3.2.3)改写成如下等价形式:

$$a_{ii}x_i^{(k+1)} = (1-\omega)a_{ii}x_i^{(k)} + \omega\left(-\sum_{j=1}^{i-1} a_{ij}x_j^{(k+1)} - \sum_{j=i+1}^{n} a_{ij}x_j^{(k)} + b_i\right),$$

写成矩阵形式为

$$
\begin{aligned}
&\boldsymbol{D}\boldsymbol{x}^{(k+1)} = (1-\omega)\boldsymbol{D}\boldsymbol{x}^{(k)} + \omega(\boldsymbol{L}\boldsymbol{x}^{(k+1)} + \boldsymbol{U}\boldsymbol{x}^{(k)} + \boldsymbol{b}) \\
\Leftrightarrow\ & (\boldsymbol{D}-\omega\boldsymbol{L})\boldsymbol{x}^{(k+1)} = [(1-\omega)\boldsymbol{D} + \omega\boldsymbol{U}]\boldsymbol{x}^{(k)} + \omega\boldsymbol{b} \\
\Leftrightarrow\ & \boldsymbol{x}^{(k+1)} = (\boldsymbol{D}-\omega\boldsymbol{L})^{-1}[(1-\omega)\boldsymbol{D} + \omega\boldsymbol{U}]\boldsymbol{x}^{(k)} + \omega(\boldsymbol{D}-\omega\boldsymbol{L})^{-1}\boldsymbol{b}.
\end{aligned}
$$

SOR迭代过程为

$$
\begin{cases}
\text{任取初始向量}\boldsymbol{x}^{(0)}, \\
\boldsymbol{x}^{(k+1)} = \boldsymbol{L}_\omega\boldsymbol{x}^{(k)} + \boldsymbol{f}, \\
\boldsymbol{L}_\omega = (\boldsymbol{D}-\omega\boldsymbol{L})^{-1}[(1-\omega)\boldsymbol{D} + \omega\boldsymbol{U}],\ \boldsymbol{f} = \omega(\boldsymbol{D}-\omega\boldsymbol{L})^{-1}\boldsymbol{b},
\end{cases}
$$

称$\boldsymbol{L}_\omega = (\boldsymbol{D}-\omega\boldsymbol{L})^{-1}[(1-\omega)\boldsymbol{D} + \omega\boldsymbol{U}]$为**松弛迭代矩阵**, 称$\boldsymbol{f} = \omega(\boldsymbol{D}-\omega\boldsymbol{L})^{-1}\boldsymbol{b}$为**松弛迭代向量**.

注3.2.3 (1) 每次迭代主要计算一次矩阵与向量的乘积$\boldsymbol{L}_\omega\boldsymbol{x}^{(k)}$;

(2) 只需储存一组向量$\boldsymbol{x}^{(k)}$即可;

(3) 用$\|\boldsymbol{b}-\boldsymbol{A}\boldsymbol{x}^{(k+1)}\|_\infty < \varepsilon$ 来控制迭代终止;

(4) SOR方法特别适用于求解系数矩阵为大型稀疏矩阵的方程组.

3.3 迭代法的收敛性

3.3.1 一阶定常迭代法的基本定理

对于前面介绍的Jacobi迭代、Gauss-Seidel迭代和SOR迭代格式可统一写成

$$
\boldsymbol{x}^{(k+1)} = \boldsymbol{B}\boldsymbol{x}^{(k)} + \boldsymbol{f}, \tag{3.3.1}
$$

其中$\boldsymbol{B}$为定常矩阵, 称这样的迭代为**一阶定常迭代法**. 特别地,

(1) 若$\boldsymbol{B} = \boldsymbol{J} = \boldsymbol{D}^{-1}(\boldsymbol{L}+\boldsymbol{U})$, 即为Jacobi迭代法;

(2) 若$\boldsymbol{B} = \boldsymbol{G} = (\boldsymbol{D}-\boldsymbol{L})^{-1}\boldsymbol{U}$, 即为Gauss-Seidel迭代法;

(3) 若$\boldsymbol{B} = \boldsymbol{L}_\omega = (\boldsymbol{D}-\omega\boldsymbol{L})^{-1}[(1-\omega)\boldsymbol{D} + \omega\boldsymbol{U}]$, 即为SOR迭代法.

当$\boldsymbol{B}$满足一定条件时, 迭代向量序列$\boldsymbol{x}^{(k)} \to \boldsymbol{x}^*(k\to\infty)$. 此时, 由式(3.3.1), 必有

$$
\boldsymbol{x}^* = \boldsymbol{B}\boldsymbol{x}^* + \boldsymbol{f},
$$

从而有$\boldsymbol{A}\boldsymbol{x}^* = \boldsymbol{B}$. 这说明迭代法收敛, 一定收敛于原方程的解. 为此, 引入矩阵序列极限的概念.

定义3.3.1 设$\boldsymbol{A}_k = (a_{ij}^{(k)}) \in \mathbb{R}^{n\times n}$ $(k=1,2,\cdots)$ 为矩阵序列, $\boldsymbol{A} = (a_{ij}) \in \mathbb{R}^{n\times n}$ 为常数矩阵, 如果对所有的$1 \leqslant i,j \leqslant n$, $\lim\limits_{k\to\infty} a_{ij}^{(k)} = a_{ij}$成立, 则称$\{\boldsymbol{A}_k\}$收敛于$\boldsymbol{A}$, 记为

$$
\lim_{k\to\infty} \boldsymbol{A}_k = \boldsymbol{A}.
$$

例如, 设

$$\boldsymbol{A}=\begin{bmatrix}\lambda & 1\\ 0 & \lambda\end{bmatrix},\quad |\lambda|<1,$$

则矩阵序列

$$\boldsymbol{A}_k=\boldsymbol{A}^k=\begin{bmatrix}\lambda^k & k\lambda^{k-1}\\ 0 & \lambda^k\end{bmatrix}\to\begin{bmatrix}0 & 0\\ 0 & 0\end{bmatrix}=\boldsymbol{A},\quad k\to\infty.$$

判断矩阵序列收敛有下列两个定理:

定理3.3.1 $\lim\limits_{k\to\infty}\boldsymbol{A}_k=\boldsymbol{A}\Leftrightarrow$对于任意算子范数有$\|\boldsymbol{A}_k-\boldsymbol{A}\|\to 0\ (k\to\infty)$.

定理3.3.2 $\lim\limits_{k\to\infty}\boldsymbol{A}_k=\boldsymbol{A}\Leftrightarrow\forall\boldsymbol{x}\in\mathbb{R}^n,\ \lim\limits_{k\to\infty}\boldsymbol{A}_k\boldsymbol{x}=\boldsymbol{A}\boldsymbol{x}$.

证明见相关参考书.

3.3.2 迭代收敛性的判断

设有线性方程组$\boldsymbol{A}\boldsymbol{x}=\boldsymbol{B}$, 将其改写为与之等价的方程组$\boldsymbol{x}=\boldsymbol{B}\boldsymbol{x}+\boldsymbol{f}$, 记$\boldsymbol{x}^*$为上述方程的解, $\boldsymbol{x}^{(k)}$为由式(3.3.1)计算的第k次迭代结果, $\boldsymbol{\varepsilon}^{(k)}=\boldsymbol{x}^{(k)}-\boldsymbol{x}^*$ 为第k步误差向量, 于是有

$$\begin{aligned}\boldsymbol{\varepsilon}^{(k)}&=\boldsymbol{x}^{(k)}-\boldsymbol{x}^*=(\boldsymbol{B}\boldsymbol{x}^{(k-1)}+\boldsymbol{f})-(\boldsymbol{B}\boldsymbol{x}^*+\boldsymbol{f})\\&=\boldsymbol{B}(\boldsymbol{x}^{(k-1)}-\boldsymbol{x}^*)=\boldsymbol{B}\boldsymbol{\varepsilon}^{(k-1)}=\boldsymbol{B}^2\boldsymbol{\varepsilon}^{(k-2)}=\cdots=\boldsymbol{B}^k\boldsymbol{\varepsilon}^{(0)}.\end{aligned}$$

当$k\to+\infty$时, 由定理3.3.1和定理3.3.2知

$$\boldsymbol{x}^{(k)}\to\boldsymbol{x}^*\Leftrightarrow\boldsymbol{\varepsilon}^{(k)}\to 0\Leftrightarrow\boldsymbol{B}^k\boldsymbol{\varepsilon}^{(0)}\to 0\Leftrightarrow\boldsymbol{B}^k\to\boldsymbol{0},$$

从而有下列定理:

定理3.3.3 设有线性方程组$\boldsymbol{A}\boldsymbol{x}=\boldsymbol{B}$, 将其改写为与之等价的方程组$\boldsymbol{x}=\boldsymbol{B}\boldsymbol{x}+\boldsymbol{f}$, 则从任意初始向量$\boldsymbol{x}^{(0)}$出发, 迭代式(3.3.1)序列$\{\boldsymbol{x}^{(k)}\}$收敛于$\boldsymbol{x}^*(\boldsymbol{x}^*=\boldsymbol{B}\boldsymbol{x}^*+\boldsymbol{f})$ 的充分必要条件是$\boldsymbol{B}^k\to\boldsymbol{0}(k\to\infty)$.

定理3.3.3是直观的, 但验证$\boldsymbol{B}^k\to\boldsymbol{0}(k\to\infty)$是困难的, 特别当$n$比较大时, 建立如下定理:

定理3.3.4 设定常矩阵$\boldsymbol{B}=(b_{ij})\in\mathbb{R}^{n\times n}$, 则$\boldsymbol{B}^k\to\boldsymbol{0}(k\to\infty)$的充要条件是$|\lambda_i(\boldsymbol{B})|<1(k=1,2,\cdots,n)$或$\rho(\boldsymbol{B})<1$.

证明 先证$\boldsymbol{B}$为可对角化矩阵的情况, 即存在非奇异矩阵$\boldsymbol{P}$, 使得

$$\boldsymbol{P}^{-1}\boldsymbol{B}\boldsymbol{P}=\begin{bmatrix}\lambda_1 & & & \\ & \lambda_2 & & \\ & & \ddots & \\ & & & \lambda_n\end{bmatrix}\equiv\boldsymbol{D},$$

其中λ_i为$\boldsymbol{B}$的特征值. 因此,

$$\begin{aligned}
&\boldsymbol{B}=\boldsymbol{PDP}^{-1},\\
&\boldsymbol{B}^2=\boldsymbol{PDP}^{-1}\boldsymbol{PDP}^{-1}=\boldsymbol{PD}^2\boldsymbol{P}^{-1},\\
&\boldsymbol{B}^3=\boldsymbol{PDP}^{-1}\boldsymbol{PDP}^{-1}\boldsymbol{PDP}^{-1}=\boldsymbol{PD}^3\boldsymbol{P}^{-1},\\
&\quad\cdots\cdots\\
&\boldsymbol{B}^k=\boldsymbol{PD}^k\boldsymbol{P}^{-1},
\end{aligned}$$

其中

$$\boldsymbol{D}^k=\begin{bmatrix}\lambda_1^k&&&\\&\lambda_2^k&&\\&&\ddots&\\&&&\lambda_n^k\end{bmatrix}.$$

于是当$k\to\infty$时,

$$\boldsymbol{B}^k\to\boldsymbol{0}\Leftrightarrow\boldsymbol{D}^k\to\boldsymbol{0}\Leftrightarrow\lambda_i^k\to 0\Leftrightarrow|\lambda_i|<1(i=1,2,\cdots,n)\Leftrightarrow\rho(\boldsymbol{B})<1.$$

对于$\boldsymbol{B}$为一般矩阵的情况, 作Jordan分解, 即存在非奇异矩阵$\boldsymbol{P}$, 使得

$$\boldsymbol{P}^{-1}\boldsymbol{BP}=\begin{bmatrix}\boldsymbol{J}_1&&\\&\ddots&\\&&\boldsymbol{J}_r\end{bmatrix},$$

其中

$$\boldsymbol{J}_i=\begin{bmatrix}\lambda_i&1&&\\&\ddots&\ddots&\\&&\ddots&1\\&&&\lambda_i\end{bmatrix}_{n_i\times n_i}\equiv\lambda_i\boldsymbol{I}_{n_i}+\boldsymbol{N}_{n_i},$$

λ_i为$\boldsymbol{B}$的特征值,$\boldsymbol{I}_{n_i}$为n_i阶单位阵,$\sum\limits_{i=1}^{r}n_i=n$,

$$\boldsymbol{N}_{n_i}=\begin{bmatrix}0&1&&&\\&0&1&&\\&&\ddots&\ddots&\\&&&0&1\\&&&&0\end{bmatrix}.$$

当$k \to \infty$时,

$$\boldsymbol{B}^k \to \mathbf{0} \Leftrightarrow \begin{bmatrix} \boldsymbol{J}_1^k & & & \\ & \boldsymbol{J}_2^k & & \\ & & \ddots & \\ & & & \boldsymbol{J}_i^k \end{bmatrix} \to \mathbf{0},$$

而

$$\boldsymbol{J}_i^k = (\lambda_i \boldsymbol{I}_{n_i} + \boldsymbol{N}_{n_i})^k = \sum_{j=0}^{p} \binom{k}{j} \lambda_i^{k-j} \boldsymbol{N}_{n_i}^j,$$

其中p为$k(k < n_i - 1)$或$n_i - 1(k \geqslant n_i - 1)$, 不管$k$取多大,$\boldsymbol{J}^k$中最多只有$n_i - 1$项,

$$\boldsymbol{J}_i^k \to \mathbf{0} \Leftrightarrow \tbinom{k}{j} \lambda_i^{k-j} \to 0 \Leftrightarrow |\lambda_i| < 1.$$

□

定理3.3.5 设有线性方程组$\boldsymbol{Ax} = \boldsymbol{B}$, 将其改写为与之等价的方程组$\boldsymbol{x} = \boldsymbol{Bx} + \boldsymbol{f}$, 建立一阶定常迭代

$$\boldsymbol{x}^{(k+1)} = \boldsymbol{Bx}^{(k)} + \boldsymbol{f},$$

若存在一种矩阵范数, 使得$\|\boldsymbol{B}\| = q < 1$, 则

(1) 对于任意初始向量$\boldsymbol{x}^{(0)}$, 经过迭代得到的向量序列收敛, 即

$$\boldsymbol{x}^{(k)} \to \boldsymbol{x}^*, \quad k \to \infty,$$

并且$\boldsymbol{x}^*$满足

$$\boldsymbol{x}^* = \boldsymbol{Bx}^* + \boldsymbol{f};$$

(2) 有下列误差估计:

$$\|\boldsymbol{x}^* - \boldsymbol{x}^{(k)}\| \leqslant \frac{q}{1-q} \|\boldsymbol{x}^{(k)} - \boldsymbol{x}^{(k-1)}\|,$$

$$\|\boldsymbol{x}^* - \boldsymbol{x}^{(k)}\| \leqslant \frac{q^k}{1-q} \|\boldsymbol{x}^{(1)} - \boldsymbol{x}^{(0)}\|.$$

证明 (1) 因为$\rho(\boldsymbol{B}) \leqslant \|\boldsymbol{B}\| < 1$, 则由收敛定理3.3.4即得. 由于$\boldsymbol{x}^{(k+1)} = \boldsymbol{Bx}^{(k)} + \boldsymbol{f}$, 两边取极限$\boldsymbol{x}^* = \boldsymbol{Bx}^* + \boldsymbol{f}$.

(2) 由于

$$\boldsymbol{x}^{(k+1)} = \boldsymbol{Bx}^{(k)} + \boldsymbol{f}, \quad \boldsymbol{x}^* = \boldsymbol{Bx}^* + \boldsymbol{f},$$

显然, 有递推公式

$$\boldsymbol{x}^* - \boldsymbol{x}^{(k+1)} = \boldsymbol{B}(\boldsymbol{x}^* - \boldsymbol{x}^{(k)})$$

与

$$x^{(k+1)}-x^{(k)}=B(x^{(k)}-x^{(k-1)}).$$

两边取范数, 于是有不等式

$$\|x^*-x^{(k+1)}\|\leqslant\|B\|\cdot\|x^*-x^{(k)}\|=q\|x^*-x^{(k)}\| \tag{3.3.2}$$

与

$$\|x^{(k+1)}-x^{(k)}\|=\|B\|\cdot\|x^{(k)}-x^{(k-1)}\|\leqslant q\|x^{(k)}-x^{(k-1)}\|. \tag{3.3.3}$$

利用式(3.3.2), 考察

$$\begin{aligned}\|x^{(k+1)}-x^{(k)}\|&=\|(x^{(k)}-x^*)-(x^{(k+1)}-x^*)\|\geqslant\|x^{(k)}-x^*\|-\|x^{(k+1)}-x^*\|\\&\geqslant\|x^{(k)}-x^*\|-q\|x^{(k)}-x^*\|=(1-q)\|x^{(k)}-x^*\|,\end{aligned}$$

故

$$\|x^{(k)}-x^*\|\leqslant\frac{1}{1-q}\|x^{(k+1)}-x^{(k)}\|\leqslant\frac{q}{1-q}\|x^{(k)}-x^{(k-1)}\|,$$

此式称为**后验估计**. 此外, 反复利用式(3.3.6)得

$$\begin{aligned}\|x^{(k)}-x^*\|&\leqslant\frac{1}{1-q}\|x^{(k+1)}-x^{(k)}\|\leqslant\frac{q}{1-q}\|x^{(k)}-x^{(k-1)}\|\\&\leqslant\frac{q^2}{1-q}\|x^{(k-1)}-x^{(k-2)}\|\leqslant\cdots\leqslant\frac{q^k}{1-q}\|x^{(1)}-x^{(0)}\|,\end{aligned}$$

此式称为**先验估计**. □

例3.3.1　设线性方程组

$$\begin{cases}8x_1-x_2+x_3=8,\\2x_1+10x_2-x_3=11,\\x_1+x_2-5x_3=-3,\end{cases}$$

其系数矩阵为

$$A=\begin{bmatrix}8&&\\&10&\\&&-5\end{bmatrix}-\begin{bmatrix}0&&\\-2&0&\\-1&-1&0\end{bmatrix}-\begin{bmatrix}0&1&-1\\&0&1\\&&0\end{bmatrix}=D-L-U,$$

试讨论两种迭代法对该方程组的收敛性.

解　(1) Jacobi迭代矩阵为

$$J=D^{-1}(L+U)=\begin{bmatrix}0&\frac{1}{8}&-\frac{1}{8}\\-\frac{1}{5}&0&\frac{1}{10}\\\frac{1}{5}&\frac{1}{5}&0\end{bmatrix},$$

则

$$\|\boldsymbol{J}\|_\infty = \max\left\{\frac{2}{8}, \frac{3}{10}, \frac{2}{5}\right\} = \frac{2}{5} < 1,$$

故由定理3.3.5可知Jacobi迭代收敛.

(2) Gauss-Seidel迭代矩阵为

$$\boldsymbol{G} = (\boldsymbol{D}-\boldsymbol{L})^{-1}\boldsymbol{U} = \begin{bmatrix} 0 & \frac{1}{8} & -\frac{1}{8} \\ 0 & -\frac{1}{40} & \frac{1}{8} \\ 0 & \frac{1}{50} & -\frac{1}{25} \end{bmatrix},$$

则

$$\|\boldsymbol{G}\|_\infty = \max\left\{\frac{1}{4}, \frac{3}{20}, \frac{3}{50}\right\} = \frac{1}{4} < 1,$$

故由定理3.3.5可知, Gauss-Seidel迭代收敛.

而SOR迭代矩阵为

$$\begin{aligned}\boldsymbol{L}_\omega &= (\boldsymbol{D}-\omega\boldsymbol{L}_\omega)^{-1}[(1-\omega)\boldsymbol{D}+\omega\boldsymbol{U}] \\ &= \left(\begin{bmatrix} 8 & & \\ & 10 & \\ & & -5 \end{bmatrix} - \omega\begin{bmatrix} 0 & & \\ -2 & 0 & \\ -1 & -1 & 0 \end{bmatrix}\right)^{-1} \cdot \\ &\quad \left\{(1-\omega)\begin{bmatrix} 8 & & \\ & 10 & \\ & & -5 \end{bmatrix} + \omega\begin{bmatrix} 0 & 1 & -1 \\ & 0 & 1 \\ & & 0 \end{bmatrix}\right\},\end{aligned}$$

由于ω不确定, 用定理3.3.4和定理3.3.5判定其迭代收敛性太麻烦.

例3.3.2 讨论下列线性方程组:

$$(1)\ \begin{cases} x_1 - 2x_2 + 2x_3 = b_1, \\ -x_1 + x_2 - x_3 = b_2, \\ -2x_1 - 2x_2 + x_3 = b_3; \end{cases} \qquad (2)\ \begin{cases} 2x_1 - x_2 + x_3 = b_1, \\ x_1 + x_2 + x_3 = b_2, \\ x_1 + x_2 - 2x_3 = b_3 \end{cases}$$

的Jacobi迭代, Gauss-Seidel迭代的敛散性.

解 (1) Jacobi迭代矩阵的特征方程

$$\begin{aligned}|\boldsymbol{J}_1 - \lambda\boldsymbol{I}| = 0 &\Leftrightarrow |\boldsymbol{D}^{-1}(\boldsymbol{L}+\boldsymbol{U}) - \lambda\boldsymbol{I}| = 0 \\ &\Leftrightarrow |\boldsymbol{D}^{-1}(\boldsymbol{L}+\boldsymbol{U}-\lambda\boldsymbol{D})| = 0 \\ &\Leftrightarrow |\boldsymbol{D}^{-1}| \cdot |(\boldsymbol{L}+\boldsymbol{U}) - \lambda\boldsymbol{D}| = 0 \\ &\Leftrightarrow |\boldsymbol{L}+\boldsymbol{U}-\lambda\boldsymbol{D}| = 0,\end{aligned}$$

故方程组(1)的Jacobi迭代收敛性可考虑

$$\begin{vmatrix} \lambda & -2 & 2 \\ -1 & \lambda & -1 \\ -2 & -2 & \lambda \end{vmatrix} = 0$$

的特征根, 解得$\lambda_1 = \lambda_2 = \lambda_3 = 0$, 则$\rho(\boldsymbol{J}_1) = 0 < 1$. 由定理3.3.4可知, 用Jocabi迭代解方程组(1)收敛.

同理, Gauss-Seidel迭代矩阵$\boldsymbol{G}$的特征方程

$$\begin{aligned} |\boldsymbol{G}_1 - \lambda \boldsymbol{I}| = 0 &\Leftrightarrow |(\boldsymbol{D}-\boldsymbol{L})^{-1}\boldsymbol{U} - \lambda \boldsymbol{I}| = 0 \\ &\Leftrightarrow |(\boldsymbol{D}-\boldsymbol{L})^{-1}| \cdot |\boldsymbol{U} - \lambda(\boldsymbol{D}-\boldsymbol{L})| = 0 \\ &\Leftrightarrow |\boldsymbol{U} - \lambda(\boldsymbol{D}-\boldsymbol{L})| = 0, \end{aligned}$$

故方程组(1)的Gauss-Seidel迭代收敛性可考虑

$$\begin{vmatrix} \lambda & -2 & 2 \\ -\lambda & \lambda & -1 \\ -2\lambda & -2\lambda & \lambda \end{vmatrix} = 0$$

的特征根, 解得$\lambda_1 = 0,\ \lambda_2 = -2 + \sqrt{8},\ \lambda_3 = -2 - \sqrt{8}$, 则$\rho(\boldsymbol{G}_1) = 2 + \sqrt{8} > 1$. 由定理3.3.4知, 用Gauss-Seidel迭代解方程组(1)发散.

(2) Jocobi迭代矩阵$\boldsymbol{J}_2$的特征方程

$$\begin{vmatrix} 2\lambda & -1 & 1 \\ 1 & \lambda & 1 \\ 1 & 1 & -2\lambda \end{vmatrix} = 0,$$

解得$\lambda_1 = 0,\ \lambda_2 = \dfrac{\sqrt{5}}{2}\mathrm{i},\ \lambda_3 = -\dfrac{\sqrt{5}}{2}\mathrm{i}$, 则$\rho(\boldsymbol{J}_2) = \dfrac{\sqrt{5}}{2} > 1$. 由定理3.3.4知, 用Jacobi迭代解方程组(2)发散.

Gauss-Seidel迭代矩阵$\boldsymbol{G}_2$的特征方程

$$\begin{vmatrix} 2\lambda & -1 & 1 \\ \lambda & \lambda & 1 \\ \lambda & \lambda & -2\lambda \end{vmatrix} = 0,$$

解得$\lambda_1 = 0,\ \lambda_2 = \lambda_3 = -\dfrac{1}{2}$, 则$\rho(\boldsymbol{G}_2) = \dfrac{1}{2} < 1$. 由定理3.3.4知, 用Gauss-Seidel迭代解方程组(2)收敛.

例3.3.2也说明Jacobi迭代与Gauss-Seidel迭代的敛散性没有关系.

注3.3.1 (1) $\|\boldsymbol{B}\| = q < 1$或$\rho(\boldsymbol{B}) < 1$越小, 则迭代收敛越快;

(2) 由后验估计$\|\boldsymbol{x}^{(k)}-\boldsymbol{x}^*\| \leqslant \dfrac{q}{1-q}\|\boldsymbol{x}^{(k)}-\boldsymbol{x}^{(k-1)}\|$, 当$q\approx 1$时, 迭代收敛较缓慢;

(3) 由先验估计$\|\boldsymbol{x}^*-\boldsymbol{x}^{(k)}\| \leqslant \dfrac{q^k}{1-q}\|\boldsymbol{x}^{(1)}-\boldsymbol{x}^{(0)}\| \leqslant \varepsilon$推出$k \geqslant \ln\left(\dfrac{\varepsilon(1-q)}{\|\boldsymbol{x}^{(1)}-\boldsymbol{x}^{(0)}\|}\right)\Big/ \ln q$, 可知其要达到一定精度需迭代多少次数;

(4) 当迭代矩阵阶数较高涉及求逆时, 上式收敛性判定的计算量较大.

*3.3.3 特殊线性方程组迭代收敛性的进一步讨论

定义3.3.2 对于矩阵$\boldsymbol{A}=(a_{ij})\in\mathbb{R}^{n\times n}$.

(1) 如果$|a_{ii}| > \sum\limits_{\substack{j\neq i\\ j=1}}^{n}|a_{ij}|(i=1,2,\cdots,n)$, 则称$\boldsymbol{A}$**为按行严格对角占优矩阵**(strictly diagonal dominant matrix);

(2) 如果$|a_{ij}| \geqslant \sum\limits_{\substack{j\neq i\\ j=1}}^{n}|a_{ij}|(i=1,2,\cdots,n)$, 并且至少有一个不等式是严格成立的, 则称$\boldsymbol{A}$**为按行弱对角占优矩阵**.

例如,

$$\boldsymbol{A}=\begin{bmatrix} 8 & -1 & 1\\ 2 & 10 & -1\\ 1 & 1 & -5 \end{bmatrix}$$

是按行严格对角占优矩阵.

记初等置换阵

$$\boldsymbol{I}_{ij}=\begin{bmatrix} 1 & & & & & & \\ & \ddots & & & & & \\ & & 0 & & 1 & & \\ & & & \ddots & & & \\ & & 1 & & 0 & & \\ & & & & & \ddots & \\ & & & & & & 1 \end{bmatrix},$$

其有以下性质:

(1) $\boldsymbol{I}_{ij}\boldsymbol{A}$相当于交换$\boldsymbol{A}$的第$i,j$行元素;

(2) $\boldsymbol{A}\boldsymbol{I}_{ij}$相当于交换$\boldsymbol{A}$的第$i,j$列元素;

(3) $\boldsymbol{I}_{ij}^{-1}=\boldsymbol{I}_{ij}^{\mathrm{T}}=\boldsymbol{I}_{ij}$.

置换阵$\boldsymbol{P}$由若干个初等置换阵$\boldsymbol{I}_{ij}$相乘构成.

定义3.3.3　对于矩阵$\boldsymbol{A}=(a_{ij})\in\mathbb{R}^{n\times n}$, 如果存在$n$阶置换阵$\boldsymbol{P}$, 使得

$$\boldsymbol{P}^{\mathrm{T}}\boldsymbol{A}\boldsymbol{P}=\begin{bmatrix}\boldsymbol{A}_{11} & \boldsymbol{A}_{12}\\ \boldsymbol{0} & \boldsymbol{A}_{22}\end{bmatrix},\tag{3.3.4}$$

其中$\boldsymbol{A}_{11}$为k阶方阵, $\boldsymbol{A}_{22}$为$n-k$阶方阵,$\boldsymbol{A}_{12}$为$k\times(n-k)$阶矩阵,则称$\boldsymbol{A}$为**可约矩阵**(reducible matrix); 否则, 称$\boldsymbol{A}$为**不可约矩阵**.

$\boldsymbol{A}$为可约矩阵实质上是对$\boldsymbol{A}$施行若干次行列重排, 可化为式(3.3.4).

例3.3.3　判断矩阵

$$\boldsymbol{A}=\begin{bmatrix}3 & 1 & 1 & 2\\ 0 & -2 & 0 & 4\\ 3 & -1 & 2 & -1\\ 0 & 3 & 0 & 5\end{bmatrix}$$

是否为可约矩阵.

解　因为

$$\boldsymbol{A}=\begin{bmatrix}3 & 1 & 1 & 2\\ 0 & -2 & 0 & 4\\ 3 & -1 & 2 & -1\\ 0 & 3 & 0 & 5\end{bmatrix}\xrightarrow[\text{行交换}]{r_2,r_3}\begin{bmatrix}3 & 1 & 2 & 3\\ 3 & -1 & 2 & -1\\ 0 & -2 & 0 & 4\\ 0 & 3 & 0 & 5\end{bmatrix}\xrightarrow[\text{列交换}]{c_2,c_3}\begin{bmatrix}3 & 2 & 1 & 3\\ 3 & 2 & -1 & -1\\ 0 & 0 & -2 & 4\\ 0 & 0 & 3 & 5\end{bmatrix},$$

故$\boldsymbol{A}$为可约矩阵. 显然,

$$\boldsymbol{B}=\begin{bmatrix}4 & -1 & & \\ -1 & 4 & -1 & \\ & -1 & 4 & -1\\ & & -1 & 4\end{bmatrix}$$

为不可约矩阵.

$\boldsymbol{A}$为可约矩阵的意义为

$$\begin{aligned}\boldsymbol{A}\boldsymbol{x}=\boldsymbol{b}&\Leftrightarrow\boldsymbol{P}^{\mathrm{T}}\boldsymbol{A}\boldsymbol{x}=\boldsymbol{P}^{\mathrm{T}}\boldsymbol{b}\\ &\Leftrightarrow\boldsymbol{P}^{\mathrm{T}}\boldsymbol{A}\boldsymbol{P}(\boldsymbol{P}^{\mathrm{T}}\boldsymbol{x})=\boldsymbol{P}^{\mathrm{T}}\boldsymbol{b}\\ &\Leftrightarrow\begin{bmatrix}\boldsymbol{A}_{11} & \boldsymbol{A}_{12}\\ \boldsymbol{0} & \boldsymbol{A}_{22}\end{bmatrix}[\boldsymbol{P}^{\mathrm{T}}\boldsymbol{x}]=\boldsymbol{P}^{\mathrm{T}}\boldsymbol{b}\\ &\Leftrightarrow\begin{bmatrix}\boldsymbol{A}_{11} & \boldsymbol{A}_{12}\\ \boldsymbol{0} & \boldsymbol{A}_{22}\end{bmatrix}\begin{bmatrix}\boldsymbol{y}_1\\ \boldsymbol{y}_2\end{bmatrix}=\begin{bmatrix}\boldsymbol{d}_1\\ \boldsymbol{d}_2\end{bmatrix},\end{aligned}$$

即$\boldsymbol{A}$为可约矩阵意味着线性方程组$\boldsymbol{A}\boldsymbol{x}=\boldsymbol{b}$可分解为如下阶数较低的两个方程组:

$$\begin{cases}\boldsymbol{A}_{11}\boldsymbol{y}_1+\boldsymbol{A}_{12}\boldsymbol{y}_2=\boldsymbol{d}_1,\\ \boldsymbol{A}_{22}\boldsymbol{y}_2=\boldsymbol{d}_2.\end{cases}$$

定理3.3.6(充分条件) 对于线性方程组$\boldsymbol{Ax}=\boldsymbol{b}$,若$\boldsymbol{A}$为按行严格对角占优矩阵,并且所有的$a_{ii}\neq 0$,则

(1) $\det(\boldsymbol{A})\neq 0$;

(2) Jacobi迭代法和Gauss-Seidel迭代法均收敛.

证明 (1) 假设$\boldsymbol{A}$为奇异矩阵, 即$\det(\boldsymbol{A})=0$,则齐次方程组$\boldsymbol{Ax}=\boldsymbol{0}$必有非零解,记为$\boldsymbol{x}=(x_1,x_2,\cdots,x_n)^{\mathrm{T}}\neq\boldsymbol{0}$, 其中$|x_k|=\max\limits_{1\leqslant i\leqslant n}|x_i|\neq 0$.

考察第k个方程

$$a_{kk}x_k=-\sum_{\substack{j=1\\j\neq k}}^{n}a_{kj}x_j,$$

两边取绝对值得

$$|a_{kk}||x_k|=|-\sum_{\substack{j=1\\j\neq k}}^{n}a_{kj}x_j|\leqslant\sum_{\substack{j=1\\j\neq k}}^{n}|a_{kj}||x_j|\leqslant|x_k|\sum_{\substack{j=1\\j\neq k}}^{n}|a_{kj}|,$$

故$|a_{kk}|\leqslant\sum\limits_{\substack{j=1\\j\neq k}}^{n}|a_{kj}|$, 与$\boldsymbol{A}$为按行严格对角占优矩阵矛盾.

(2) 对Jacobi迭代和Gauss-Seidel迭代分别证明, 任何一个$|\lambda|\geqslant 1$都不可能是对应迭代矩阵的特征根, 即$|\lambda\boldsymbol{I}-\boldsymbol{B}|\neq 0$.

(i) Jacobi迭代$\boldsymbol{J}=\boldsymbol{D}^{-1}(\boldsymbol{L}+\boldsymbol{U})$, 则$\boldsymbol{J}$的特征方程为

$$\begin{aligned}|\lambda\boldsymbol{I}-\boldsymbol{J}|&=|\lambda\boldsymbol{I}-\boldsymbol{D}^{-1}(\boldsymbol{L}+\boldsymbol{U})|=|\boldsymbol{D}^{-1}(\lambda\boldsymbol{D}-\boldsymbol{L}-\boldsymbol{U})|\\&=|\boldsymbol{D}^{-1}||(\lambda\boldsymbol{D}-\boldsymbol{L}-\boldsymbol{U})|=0,\end{aligned}\tag{3.3.5}$$

记$\boldsymbol{C}_J\equiv\lambda\boldsymbol{D}-\boldsymbol{L}-\boldsymbol{U}$, 讨论$\boldsymbol{C}_J$ 的行列式

$$|\boldsymbol{C}_J|=\begin{vmatrix}\lambda a_{11}&a_{12}&\cdots&a_{1n}\\a_{21}&\lambda a_{22}&\cdots&a_{2n}\\\vdots&\vdots&&\vdots\\a_{n1}&a_{n2}&\cdots&\lambda a_{nn}\end{vmatrix}.$$

假设$|\lambda|\geqslant 1$,则$\boldsymbol{C}_J$中的对角线元素

$$\begin{aligned}|C_{ii}|=|\lambda a_{ii}|&\geqslant|\lambda|\left(\sum_{j=1}^{i-1}|a_{ij}|+\sum_{j=i+1}^{n}|a_{ij}|\right)\\&\geqslant\sum_{j=1}^{i-1}|a_{ij}|+\sum_{j=i+1}^{n}|a_{ij}|=\sum_{\substack{j=1\\j\neq i}}^{n}|C_{ij}|,\quad i=1,2,\cdots,n.\end{aligned}$$

这表明$\boldsymbol{C}_J=\lambda\boldsymbol{D}-\boldsymbol{L}-\boldsymbol{U}$为严格对角占优矩阵. 由结论(1)知, $\boldsymbol{C}_J$为非奇异矩阵,即$|\lambda\boldsymbol{D}-\boldsymbol{L}-\boldsymbol{U}|\neq 0$, 与式(3.3.5)矛盾, 即有Jacobi迭代收敛.

(ii) Gauss-Seidel迭代矩阵$\boldsymbol{G} = (\boldsymbol{D}-\boldsymbol{L})^{-1}\boldsymbol{U}$, 则$\boldsymbol{G}$的特征方程为

$$\begin{aligned}|\lambda \boldsymbol{I}-\boldsymbol{G}| &= |\lambda \boldsymbol{I}-(\boldsymbol{D}-\boldsymbol{L})^{-1}\boldsymbol{U}| = |(\boldsymbol{D}-\boldsymbol{L})^{-1}(\lambda(\boldsymbol{D}-\boldsymbol{L})-\boldsymbol{U})| \\ &= |(\boldsymbol{D}-\boldsymbol{L})^{-1}||(\lambda(\boldsymbol{D}-\boldsymbol{L})-\boldsymbol{U}| = 0.\end{aligned}$$

由于$a_{ii} \neq 0(i=1,2,\cdots,n)$, 于是可知

$$|\lambda(\boldsymbol{D}-\boldsymbol{L})-\boldsymbol{U}| = 0. \tag{3.3.6}$$

记$\boldsymbol{C}_{\text{G-S}} = \lambda(\boldsymbol{D}-\boldsymbol{L})-\boldsymbol{U}$, 讨论$\boldsymbol{C}_{\text{G-S}}$的行列式

$$|\boldsymbol{C}_{\text{G-S}}| = \begin{vmatrix} \lambda a_{11} & a_{12} & \cdots & a_{1n} \\ \lambda a_{21} & \lambda a_{22} & \cdots & a_{2n} \\ \vdots & \vdots & & \vdots \\ \lambda a_{n1} & \lambda a_{n2} & \cdots & \lambda a_{nn} \end{vmatrix}.$$

假设$|\lambda| \geqslant 1$,则$\boldsymbol{C}_{\text{G-S}}$中的对角线元素

$$|\boldsymbol{C}_{ii}| = |\lambda a_{ii}| \geqslant |\lambda| \left(\sum_{j=1}^{i-1}|a_{ij}| + \sum_{j=i+1}^{n}|a_{ij}|\right) \geqslant \sum_{j=1}^{i-1}|\lambda a_{ij}| + \sum_{j=i+1}^{n}|a_{ij}| = \sum_{\substack{j=1 \\ j\neq i}}^{n}|C_{ij}|.$$

这表明$\boldsymbol{C}_{\text{G-S}} = \lambda(\boldsymbol{D}-\boldsymbol{L})-\boldsymbol{U}$为严格对角占优矩阵. 由结论(1)知, 其为非奇异矩阵, 即$|\lambda(\boldsymbol{D}-\boldsymbol{L})-\boldsymbol{U}| \neq 0$, 与式(3.3.6)矛盾, 所以Gauss-Seidel迭代收敛. □

例3.3.3　给出方程组

$$\begin{cases} x_1 + 2x_2 = -1, \\ 3x_1 + x_2 = 2, \end{cases}$$

构造迭代收敛的格式.

解　(1) 若构造Jacobi迭代, 则

$$\boldsymbol{J} = \boldsymbol{D}^{-1}(\boldsymbol{L}+\boldsymbol{U}) = \begin{bmatrix} 0 & -2 \\ -3 & 0 \end{bmatrix},$$

其特征值为$\lambda_1 = \sqrt{6}$, $\lambda_2 = -\sqrt{6}$, 则$\rho(\boldsymbol{J}) = \sqrt{6} > 1$, 故用Jacobi迭代, 此方程组发散.

(2) 若构造Gauss-Seidel迭代, 则

$$\boldsymbol{G} = (\boldsymbol{D}-\boldsymbol{L})^{-1}\boldsymbol{U} = \begin{bmatrix} 0 & -2 \\ 0 & 6 \end{bmatrix},$$

其特征值$\lambda_1 = 6$, $\lambda_2 = 0$, 则$\rho(\boldsymbol{G}) = 6 > 0$, 故用Gauss-Seidel迭代, 此方程组发散.

(3) 若交换方程次序, 则

$$\begin{cases} 3x_1 + x_2 = 2, \\ x_1 + 2x_2 = -1. \end{cases}$$

此时, 系数矩阵$\boldsymbol{A}$按行严格对角占优. 由定理3.3.6知, Jacobi迭代、Gauss-Seidel迭代都收敛. 因此, 可构造Jacobi迭代格式

$$\begin{cases} x_1^{(k+1)} = \qquad\qquad -\dfrac{1}{3}x_2^{(k)} + \dfrac{2}{3}, \\ x_2^{(k+1)} = -\dfrac{1}{2}x_1^{(k)} \qquad\qquad - \dfrac{1}{2}, \end{cases}$$

或构造Gauss-Seidel迭代格式

$$\begin{cases} x_1^{(k+1)} = \qquad\qquad -\dfrac{1}{3}x_2^{(k)} + \dfrac{2}{3}, \\ x_2^{(k+1)} = \dfrac{1}{2}x_1^{(k+1)} \qquad\qquad - \dfrac{1}{2}. \end{cases}$$

例3.3.7说明, 对方程变形后, 可用迭代法改变收敛性态.

*下面不加证明地给出几个有用的判定迭代收敛的定理.

定理3.3.7 对于线性方程组$\boldsymbol{Ax} = \boldsymbol{b}$, 若$\boldsymbol{A}$为按行弱对角占优矩阵且为不可约矩阵, 则

(1) $\det(\boldsymbol{A}) \neq 0$;

(2) Jacobi迭代法和Gauss-Seidel迭代法均收敛.

将定理3.3.7中行的条件替换成列的条件, 也有相同的结论.

定理3.3.8 对于线性方程组$\boldsymbol{Ax} = \boldsymbol{b}$, 若$\boldsymbol{A} \in \mathbb{R}^{n\times n}$为对称正定矩阵, 则Gauss-Seidel迭代法收敛.

定理3.3.9 对于线性方程组$\boldsymbol{Ax} = \boldsymbol{b}$, 若$\boldsymbol{A} \in \mathbb{R}^{n\times n}$为实对称正定矩阵, 并且$0 < \omega < 2$, 则SOR迭代法收敛.

最后指出, 使用SOR方法, 关键是ω的选择. 如果ω选得恰当, 则可大大提高收敛速度, 因此, 在实际应用中采用试算的方法, 即选择多个$\omega \in (0, 2)$, 从同一初始值向量$\boldsymbol{x}^{(0)}$开始迭代, 比较剩余向量

$$\boldsymbol{r}^{(k)} = \boldsymbol{b} - \boldsymbol{Ax}^{(k)}$$

的范数, 放弃使$\|\boldsymbol{r}^{(k)}\|$较大的松弛因子. 编程时, SOR迭代应考虑自动选择ω的功能.

3.4 数 值 实 验

3.4.1 Jacobi迭代法

Jacobi迭代格式(3.2.2)等价于

$$x_i^{(k+1)} = \frac{b_i - a_{i1}x_1^{(k)} - \cdots - a_{i,i-1}x_{i-1}^{(k)} - a_{i,i+1}x_{i+1}^{(k)} - \cdots - a_{in}x_n^{(k)}}{a_{ii}}$$
$$= \frac{b_i - \sum_{j=1}^{n} a_{ij}x_j^{(k)} - a_{ii}x_i^{(k)}}{a_{ii}}.$$

由上式得到如下用来实现Jacobi迭代的函数文件(jacobi.m):

```
function [x,k] = jacobi(A,b,x0,tol,N)
% Jacobi迭代 解线性方程组Ax=b
% x0是n维的迭代初始向量, tol是误差精度, N是最大迭代次数
n = length(b);
for k = 1:N
    for i = 1:n
        x(i) = (b(i)-A(i,[1:i-1,i+1:n])*x0([1:i-1,i+1:n]))/A(i,i);
    end
    error = abs(norm(x'-x0));    %  norm(x)是指2-范数
    x0 = x';
    if(error < tol)
        break
    end
end
if(k==N)
    %  如果达到最大迭代次数, 就认为迭代法对该方程组不收敛
    fprintf(' "attained the maximun iterate number" \n');
end
x = x';
```

例3.4.1 用Jacobi迭代方法求解下列方程组:

$$\begin{cases} 4x_1 - x_2 + x_3 = 7, \\ 4x_1 - 8x_2 + x_3 = -21, \\ -2x_1 + x_2 + 5x_3 = 15, \end{cases}$$

迭代初值取为$\boldsymbol{x}^{(0)} = (1,2,2)^{\mathrm{T}}$, 误差小于$10^{-9}$.

解 精确解为$\boldsymbol{x}^* = (2,4,3)^{\mathrm{T}}$. 在MATLAB命令窗口中输入如下命令:

```
>> format long
>> A = [4 -1 1;4 -8 1;-2 1 5];
>> b = [7 -21 15];
>> [x,k]=jacobi(A,b,[1;2;2],1e-9,100)
x =
   1.999999999895716
   3.999999999791432
   2.999999999895716
k =
   21
```

可以看出, Jacobi迭代21步后, 得到一个误差小于10^{-9}的近似值.

3.4.2 Gauss-Seidel迭代法

由Gauss-Seidel迭代格式(3.2.2), 得到如下的实现程序(gseidel.m):

```
function [x,k] = gseidel(A,b,x0,tol,N)
% Gauss-Seidel迭代 解线性方程组Ax=b
% x0是n维的迭代初始向量, tol是误差精度, N是最大迭代次数
n = length(b);
for k = 1:N
    for i = 1:n
        if i == 1
            x(1) = (b(1)-A(1,2:n)*x0(2:n))/A(1,1);
        elseif i == n
            x(n) = (b(n)-A(n,1:n-1)*x(1:n-1)')/A(n,n);
        else
            x(i) = (b(i)-A(i,1:i-1)*x(1:i-1)'...
                    -A(i,i+1:n)*x0(i+1:n))/A(i,i);
        end
    end
    error = abs(norm(x'-x0));
    x0 = x';
    if(error < tol)
        break
    end
end
```

```
if(k==N)
    fprintf(' "attained the maximun iterate number" \n');
end
x = x';
```

例3.4.2　对例3.4.1中的方程组, 利用Gauss-Seidel迭代求解.

解　在命令窗口中输入如下命令:

```
>> [x,k]=gseidel(A,b,[1;2;2],1e-9,100)
x =
   1.999999999960362
   3.999999999970896
   2.999999999989965
k =
    12
```

显然, 对Jacobi迭代和Gauss-Seidel迭代都收敛的线性方程组, 后者比前者的收敛速度更快.

3.3节中指出, 有时迭代法会失效, 并且还告诉读者, 在Jacobi迭代和Gauss-Seidel迭代都收敛的情况下, 后者的收敛速度比前者要快, 但是两者的收敛性并没有任何关系. 可以看下面的例子.

例3.4.3　对下面的方程组:

$$\begin{cases} x_1 + 2x_2 - 2x_3 = 9, \\ x_1 + x_2 + x_3 = 7, \\ 2x_1 + 2x_2 + x_3 = 6 \end{cases}$$

分别用Gauss-Seidel迭代和Jacobi迭代来求解.

解　在MATLAB命令窗口中输入如下命令:

```
>> A = [1 2 -2;1 1 1;2 2 1];
>> b = [9;7;6];
>> [x,k]=jacobi(A,b,[0;0;0],1e-9,10000)
x =
   -27
    26
     8
k =
     4
>> [x,k]=gseidel(A,b,[0;0;0],1e-9,10000);
 "attained the maximun iterate number"
```

可见, 在此方程组中, Jacobi迭代是收敛的, 而Gauss-Seidel迭代是发散的.

读者还可以参考例3.3.2, 自己构造方程组来比较Jacobi迭代和Gauss-Seidel迭代的收敛性问题.

3.4.3 SOR迭代法

在很多情况下, 由于Jacobi迭代和Gauss-Seidel迭代的收敛速度比较慢, 所以考虑用改进的Gauss-Seidel迭代方法, 即SOR迭代. 由其迭代格式(3.2.3)得到如下的实现程序(sor.m):

```
function [x,k] = sor(A,b,x0,tol,N,omega)
% SOR迭代 解线性方程组Ax=b
% x0是n维的迭代初始向量, tol是误差精度, N是最大迭代次数
% omega 表示松弛因子, 其最佳值在[1,2]内, 不易计算得到, 通常由经验给出
n = length(b);
for k = 1:N
    for i = 1:n
        if i == 1
            x(1) = x0(1) + omega*(b(1)-A(1,:)*x0)/A(1,1);
        else
            x(i) = x0(i) + omega*(b(i)-A(i,1:i-1)*x(1:i-1)'...
                   -A(i,i:n)*x0(i:n))/A(i,i);
        end
    end
    error = abs(norm(x'-x0));
    x0 = x';
    if(error < tol)
        break
    end
end
if(k==N)
    fprintf(' "attained the maximun iterate number" \n');
end
x = x';
```

例3.4.4 对例3.4.1中的方程组, 利用SOR迭代法求解.

解 在MATLAB命令窗口中输入如下命令:

```
>> [x,k]=sor(A,b,[1;2;2],1e-9,100,1.015)

x =
```

```
      2.000000000015169
      3.999999999974614
      3.000000000015727
k =
      11
```

经试验，当ω取值在$[1.01, 1.017]$内时，得到比较好的结果. 从例3.4.4中可以看出，SOR迭代法比前两种迭代法都要好.

应用实例——CT反投影重建系统

CT机的数学原理是根据奥地利数学家拉登(Radon)在1917年所证明的图像重建理论，即任何物体都可以从它的投影的无限集合来重建其图像的. CT机的目的是从多角度的方向上探测X线经过人体后的衰减量，并靠计算机的帮助，用数学的方法重建出身体某一层面的成像图.

由于人体器官或组织是由多种物质成分和不同的密度构成的，所以各点对X线的吸收系数是不同的. 将沿着X线束通过的物体分割成许多厚度相等、均匀、足够小的单元体(称之为体素)，为简单起见，考虑二维问题. 如果沿着X线通过路径上的小块吸收系数之和$s_i, r_i (i = 1, 2, 3)$ 可测得，如表3.3所示.

为了建立CT图像，必须先求出每个体素的吸收系数$\mu_1, \mu_2, \mu_3, \cdots, \mu_n$. 为此，需要建立$n$个独立方程，如测得如表3.4所示的体素的吸收系数信息.

表3.3 吸收信息

μ_1	μ_4	μ_7	$\rightarrow s_1$
μ_2	μ_5	μ_8	$\rightarrow s_2$
μ_3	μ_6	μ_9	$\rightarrow s_3$
$\downarrow$	$\downarrow$	$\downarrow$	
r_1	r_2	r_3	

表3.4 吸收系数

x_1	x_4	x_7	$\rightarrow 3$
x_2	x_5	x_8	$\rightarrow 1$
x_3	x_6	x_9	$\rightarrow 3$
$\downarrow$	$\downarrow$	$\downarrow$	
3	2	2	

其数学描述如下:

$$x_1 + x_2 + x_3 = 3, \quad x_4 + x_5 + x_6 = 2, \quad x_7 + x_8 + x_9 = 2,$$

$$x_1 + x_4 + x_7 = 3, \quad x_2 + x_5 + x_8 = 1, \quad x_3 + x_6 + x_9 = 3,$$

$$x_3 + x_5 + x_7 = 2, \quad x_2 + x_4 = 2, \quad x_6 + x_8 = 1,$$

$$x_1 + x_5 + x_9 = 2, \quad x_4 + x_8 = 1, \quad x_2 + x_6 = 2.$$

选择9个$a_{ii} \neq 0 (i = 1, 2, \cdots, 9)$的线性方程，构成下列线性方程组:

$$\begin{bmatrix} 1 & 1 & 1 & 0 & 0 & 0 & 0 & 0 & 0 \\ 0 & 1 & 0 & 0 & 0 & 1 & 0 & 0 & 0 \\ 0 & 0 & 1 & 0 & 0 & 1 & 0 & 0 & 1 \\ 0 & 0 & 0 & 1 & 1 & 1 & 0 & 0 & 0 \\ 0 & 0 & 1 & 0 & 1 & 0 & 1 & 0 & 0 \\ 0 & 0 & 0 & 0 & 0 & 1 & 0 & 1 & 0 \\ 1 & 0 & 0 & 1 & 0 & 0 & 1 & 0 & 0 \\ 0 & 1 & 0 & 0 & 1 & 0 & 0 & 1 & 0 \\ 0 & 0 & 0 & 0 & 0 & 0 & 1 & 1 & 1 \end{bmatrix} \begin{bmatrix} x_1 \\ x_2 \\ x_3 \\ x_4 \\ x_5 \\ x_6 \\ x_7 \\ x_8 \\ x_9 \end{bmatrix} = \begin{bmatrix} 3 \\ 2 \\ 3 \\ 2 \\ 2 \\ 1 \\ 3 \\ 1 \\ 2 \end{bmatrix}.$$

迭代法是求解大型线性方程组的有效方法，具有存储量小、程序结构简单等特点. Jacobi迭代和Gauss-Seidel迭代是两种最基本的迭代方法，但收敛性与收敛速度是选择迭代法的重要依据.

由于此问题为大型稀疏矩阵方程组求解，故选择SOR迭代法. 取松弛因子$\omega = 0.5$，初始向量$\boldsymbol{x}^{(0)} = (0,0,0,0,0,0,0,0,0)^{\mathrm{T}}$，构造SOR迭代格式如下:

$$\begin{cases} \text{任取初始向量}\boldsymbol{x}^{(0)}, \\ \boldsymbol{x}^{(k+1)} = \boldsymbol{L}_\omega \boldsymbol{x}^{(k)} + \boldsymbol{f}, \\ \boldsymbol{L}_\omega = (\boldsymbol{D} - \omega \boldsymbol{L})^{-1}[(1-\omega)\boldsymbol{D} + \omega \boldsymbol{U}], \quad \boldsymbol{f} = \omega(\boldsymbol{D} - \omega\boldsymbol{L})^{-1}\boldsymbol{b}. \end{cases}$$

由MATLAB计算，经过$k = 125$次迭代得

$$\begin{aligned} \boldsymbol{x}^{(125)} = \; & (1.00000000011011, 1.00000000027862, 1.00000000065528, \\ & 1.00000000046848, -0.00000000002325, 0.99999999946998, \\ & 0.99999999932645, 0.00000000011178, 1.00000000021284)^{\mathrm{T}}, \end{aligned}$$

故取$\boldsymbol{x}^{(*)} = (1,1,1,1,0,1,1,0,1)^{\mathrm{T}}$.

习 题 3

(一)

1. 分别用Jacobi迭代法和Gauss-Seidel迭代法解下列方程组.

$$\begin{cases} 5x_1 + 2x_2 + x_3 = -12, \\ -x_1 + 4x_2 + 2x_3 = 20, \\ 2x_1 - 3x_2 + 10x_3 = 3, \end{cases}$$

要求当$\|\boldsymbol{x}^{(k+1)} - \boldsymbol{x}^{(k)}\|_\infty < 10^{-3}$时终止计算.

2. 用SOR方法解第1题中的线性方程组(分别取松弛因子$\omega = 1.03, \omega = 1.1$)，要求当$\|\boldsymbol{x}^{(k+1)} - \boldsymbol{x}^{(k)}\|_\infty < 10^{-3}$时迭代终止，试根据不同的$\omega$值确定迭代次数.

3. 设

$$\boldsymbol{A} = \begin{bmatrix} 10 & a & 0 \\ b & 10 & b \\ 0 & a & 5 \end{bmatrix},$$

(1) 构造线性方程组$\boldsymbol{Ax}=\boldsymbol{b}$的Jacobi迭代矩阵、Gauss-Seidel迭代矩阵;

(2) 用a,b 表示Jacobi迭代、Gauss-Seidel迭代收敛的充要条件.

4. 讨论用Jacobi迭代法和Gauss-Seidel迭代法解下列方程组的收敛性:

(1) $\begin{cases}10x_1-x_2=9,\\-x_1+10x_2-2x_3=-5,\\-2x_2+5x_3=12;\end{cases}$ (2) $\begin{cases}x_1+2x_2-x_3=1,\\x_1+x_2+x_3=-1,\\2x_1+2x_2+x_3=0.\end{cases}$

5. 给定线性方程组

$$\begin{bmatrix}a&c&0\\c&b&a\\0&a&c\end{bmatrix}\begin{bmatrix}x_1\\x_2\\x_3\end{bmatrix}=\begin{bmatrix}1\\1\\1\end{bmatrix},$$

其中a,b,c均为已知常数, 并且$abc\neq 0$.

(1) 写出Jacobi迭代格式;

(2) 分析该迭代格式收敛的条件.

6. 对线性方程组

$$\begin{bmatrix}2&-\alpha&0\\-1&1&1\\0&1&-2\end{bmatrix}\begin{bmatrix}x_1\\x_2\\x_3\end{bmatrix}=\begin{bmatrix}2\\5\\-2\end{bmatrix}.$$

(1) 写出Gauss-Seidel迭代格式;

(2) 当α在什么范围内取值时, 迭代收敛?

(3) 当α为何值时, Gauss-Seidel迭代收敛最快?

7. 构造线性方程组

$$\begin{cases}x_1+2x_2=b_1,\\3x_1+x_2=b_2\end{cases}$$

一个收敛的迭代格式.

(二)

1. 设有方程组$\boldsymbol{Ax}=\boldsymbol{b}$, 其中$\boldsymbol{A}$为对称正定矩阵, 迭代公式

$$\boldsymbol{x}^{(k+1)}=\boldsymbol{x}^{(k)}+\omega(\boldsymbol{b}-\boldsymbol{A}\boldsymbol{x}^{(k)}),\quad k=0,1,2,\cdots,$$

试证明当$0<\omega<\dfrac{2}{\beta}$时, 上述迭代法收敛, 其中$0<\alpha\leqslant\lambda(\boldsymbol{A})\leqslant\beta$.

2. 给定线性方程组

$$\begin{bmatrix}3&1\\1&3\end{bmatrix}\begin{bmatrix}x_1\\x_2\end{bmatrix}=\begin{bmatrix}5\\1.6\end{bmatrix},$$

构造如下迭代格式:

$$\begin{cases}x_1^{(k+1)}=(1-\omega)x_1^{(k)}+\omega(5-x_2^{(k)})/3,\\x_2^{(k+1)}=(1-\omega)x_2^{(k)}+\omega(1.6-x_1^{(k)})/3,\quad k=0,1,2,\cdots,\end{cases}$$

其中ω为常数, 试分析ω在什么范围内取值时, 此迭代格式对任意初始向量$\begin{bmatrix} x_1^{(0)} \\ x_2^{(0)} \end{bmatrix} \in \mathbb{R}^2$均收敛.

3. 用迭代法解方程组

$$\begin{bmatrix} 8 & -3 & 0 & 0 & 0 & 0 & 0 \\ -5 & 8 & -3 & 0 & 0 & 0 & 0 \\ 0 & -5 & 8 & -3 & 0 & 0 & 0 \\ 0 & 0 & -5 & 8 & -3 & 0 & 0 \\ 0 & 0 & 0 & -5 & 8 & -3 & 0 \\ 0 & 0 & 0 & 0 & -5 & 8 & -3 \\ 0 & 0 & 0 & 0 & 0 & -5 & 8 \end{bmatrix} \begin{bmatrix} x_1 \\ x_2 \\ x_3 \\ x_4 \\ x_5 \\ x_6 \\ x_7 \end{bmatrix} = \begin{bmatrix} 2 \\ 3 \\ 4 \\ 5 \\ 6 \\ 7 \\ 8 \end{bmatrix}.$$

4. 用SOR方法(分别取$\omega = 1.0, \omega = 1.1$)解方程组

$$\begin{bmatrix} 4 & -1 & 0 & -1 & 0 & 0 \\ -1 & 4 & -1 & 0 & -1 & 0 \\ 0 & -1 & 4 & 0 & 0 & -1 \\ -1 & 0 & 0 & 4 & -1 & 0 \\ 0 & -1 & 0 & -1 & 4 & -1 \\ 0 & 0 & -1 & 0 & -1 & 4 \end{bmatrix} \begin{bmatrix} x_1 \\ x_2 \\ x_3 \\ x_4 \\ x_5 \\ x_6 \end{bmatrix} = \begin{bmatrix} 2 \\ 3 \\ 2 \\ 2 \\ 1 \\ 2 \end{bmatrix},$$

要求输出迭代次数, 计算近似解(当$\|\boldsymbol{x}^{(k+1)} - \boldsymbol{x}^{(k)}\|_\infty < 10^{-5}$时, 迭代终止).

第 4 章　非线性方程(组)的数值解法

4.1 引　　言

许多实际问题常常归结为求一元非线性方程

$$f(x)=0 \tag{4.1.1}$$

的根的问题. 对于x^*, 若$f(x^*)=0$, 则称x^*为$f(x)=0$的**根**或函数$f(x)$的**零点**; 若$f(x^*)=0$, 但$f'(x^*)\neq 0$, 则称x^*为$f(x)=0$的**单根**; 若$f(x^*)=f'(x^*)=f''(x^*)=\cdots=f^{(k)}(x^*)=0$, 但$f^{(k+1)}(x^*)\neq 0$, 则称$x^*$为$f(x)=0$的$k+1$**重根**.

非线性方程的根能用解析式表示的很少, 大多数是通过数值方法求其近似值. 求解非线性方程的近似根, 一般需要解决以下几个问题:

(1) 构造一种迭代格式

$$x_{k+1}=g(x_k).$$

(2) 讨论其收敛性.

定义4.1.1　如果迭代$x_{k+1}=g(x_k)$产生的序列$\{x_k\}_{k=0}^{\infty}$与常数x^*满足$\lim\limits_{k\to\infty}x_k=\lim\limits_{k\to\infty}g(x_{k-1})=x^*$, 即

$$\lim_{k\to\infty}|x_k-x^*|=0,$$

则称该迭代收敛; 否则, 称其发散.

(3) 分析收敛速度.

定义4.1.2　设迭代$x_{k+1}=g(x_k)$序列$\{x_k\}_{k=0}^{\infty}$收敛到$f(x)=0$的根x^*, 记$e_k=x_k-x^*$, 表示第k步迭代误差. 若$\lim\limits_{k\to\infty}\dfrac{|e_{k+1}|}{|e_k|^p}=C>0$, 则称该迭代法为$p$**阶收敛**, 其中$C$称为**渐近误差常数**.

特别地,

$p=1\Leftrightarrow$称为**线性收敛**;

$p>1\Leftrightarrow$称为**超线性收敛**;

$p=2\Leftrightarrow$称为**二次收敛(平方收敛)**.

本章主要介绍求解非线性方程常用的数值方法: 二分法、简单迭代方法、迭代的加速、Newton迭代法及其改进方法, 同时介绍非线性方程组的Newton法.

4.2 非线性方程的二分法

1. 二分法(bisection method)的基本原理

若$f(x)$在$[a,b]$上连续, 并且$f(a)\cdot f(b)<0$, 则$f(x)=0$在(a,b)内至少有一个根x^*, 如图4.1所示.

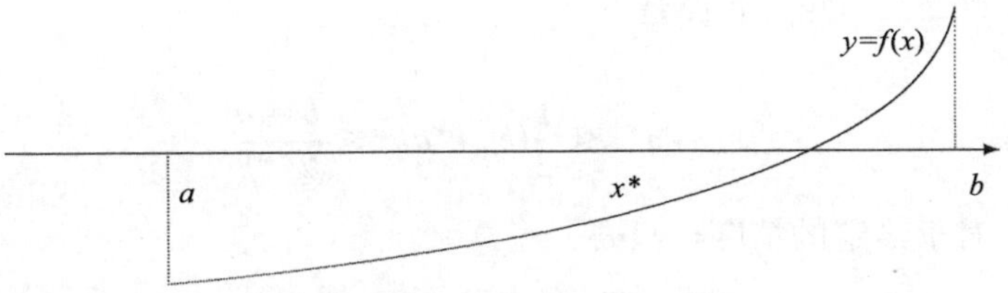

图4.1 零点定理

用二分法求方程实根的基本思想如下: 假设x^*为$f(x)=0$的唯一实根, 可将$[a,b]$区间逐步分半,考虑含有x^*的区间, 通过判断两端函数乘积的符号, 逐步缩小区间到允许误差的范围内, 然后取区间中点作为根的近似值.

2. 方法与步骤

记$a_0=a,\ b_0=b$(图4.2).

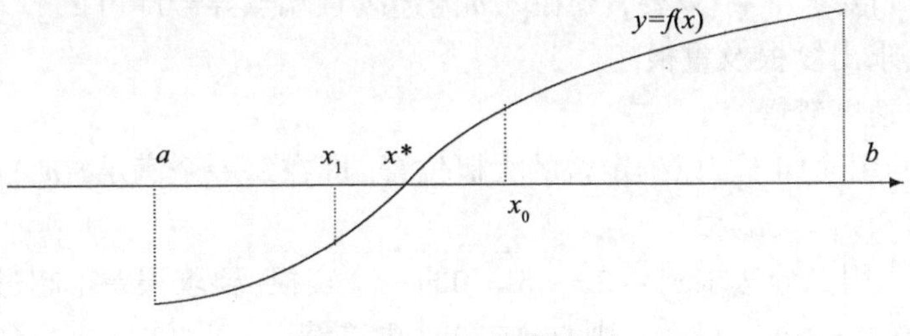

图4.2 二分法几何意义

第1步 $x_0=\dfrac{a_0+b_0}{2}, f(x_0)$, 若$f(a_0)\cdot f(x_0)<0$, 则取$[a_1,b_1]=[a_0,x_0]$; 否则, 取$[a_1,b_1]=[x_0,b_0]$, 使得$f(a_1)\cdot f(b_1)<0$, 此时有误差

$$|x_0-x^*|\leqslant\frac{b-a}{2}.$$

第2步 $x_1=\dfrac{a_1+b_1}{2}, f(x_1)$, 若$f(a_1)\cdot f(x_1)<0$, 则取, $[a_2,b_2]=[a_1,x_1]$; 否则, 取$[a_2,b_2]=[x_1,b_1]$, 使得$f(a_2)\cdot f(b_2)<0$, 此时有误差

$$|x_1-x^*|\leqslant\frac{b_1-a_1}{2}\leqslant\frac{b-a}{2^2}.$$

……

第k步　重复上述过程, 产生一个序列区间套

$$[a_0, b_0] \supset [a_1, b_1] \supset \cdots \supset [a_k, b_k] \supset \cdots,$$

并且满足

$$f(a_k) \cdot f(b_k) < 0, \quad x^* \in [a_k, b_k].$$

取$x^* \approx x_k = \dfrac{a_k + b_k}{2}$, 此时有误差

$$|x_k - x^*| \leqslant \frac{1}{2}(b_k - a_k) \leqslant \frac{b-a}{2^{k+1}}.$$

实际计算时, 对于给定的精度ε, 只要

$$\frac{b-a}{2^{k+1}} < \varepsilon,$$

可估计二分法所需的步数为

$$k > \frac{\ln(b-a) - \ln\varepsilon}{\ln 2} - 1.$$

二分法的特点如下:

(1) 计算简单、编程容易;

(2) 对$f(x)$要求不高(只要$f(x)$在$[a, b]$内连续且端点异号即可);

(3) 无法求出复根及重根;

(4) 收敛速度较慢.

二分法的用途如下: 以确定根的大概位置, 即在每一个满足$f(a_k)f(b_k) < 0$的区间内, 必定有$f(x) = 0$的根.

例4.2.1　用二分法求$x^3 - 2x - 5 = 0$的一个实根, 要求误差不超过0.005.

解　记$f(x) = x^3 - 2x - 5$, 则$f(x)$在$[2, 3]$内连续. 由于$f(2) = -1, f(3) = 16$, 故考虑$f(x) = 0$在区间$[2, 3]$内的根.

由$|x_k - x^*| \leqslant \dfrac{1}{2}(b_k - a_k) \leqslant \dfrac{1}{2^{k+1}} < 0.005$, 确定二分法需要计算7次达到要求, 计算过程如表4.1所示. 取$x^* \approx 2.09765625$为根的近似值.

表4.1　二分法迭代数值结果

k	0	1	2	3	4	5	6	7
a_k	2.0000	2.0000	2.0000	2.0000	2.0625	2.09375	2.09375	2.09375
b_k	3.0000	2.5000	2.2500	2.1250	2.1250	2.1250	2.109375	2.1015625
x_k	2.5000	2.2500	2.1250	2.0625	2.09375	2.19375	2.1015625	2.09765625

4.3 简单迭代法

4.3.1 简单迭代方法

将给定方程$f(x)=0$等价变换为$x=g(x)$, 构造迭代格式

$$x_{k+1}=g(x_k), \tag{4.3.1}$$

从任意初值x_0出发, 根据迭代格式计算

$$x_1=g(x_0),\quad x_2=g(x_1),\quad \cdots,\quad x_{k+1}=g(x_k),\quad \cdots,$$

希望序列$\{x_k\}_{k=0}^{\infty}$逐步向$f(x)=0$的根x^*逼近, 此时称x_0为**初始近似**, $g(x)$为**迭代函数**.

定义4.3.1 如果由(4.3.1)迭代产生的序列$\{x_k\}_{k=0}^{\infty}$收敛于x^*, 并且$g(x)$连续, 则由

$$\lim_{k\to\infty} x_{k+1}=\lim_{k\to\infty} g(x_k)$$

可知$x^*=g(x^*)$, 称x^*为$g(x)$的**不动点**(fixed-point), 即$f(x)=0$的根, 称(4.3.1)为**简单迭代法**(fixed point iteration).

从理论上来讲, $g(x)$的选择没有固定的形式, 但迭代函数的选择是否恰当, 对迭代过程的收敛性影响很大.

例4.3.1 对于方程$f(x)=x^3+4x^2-10=0$, 考虑在$[1,2]$区间内, $f(1)=-5$, $f(2)=14$, 且$f'(x)=3x^2+8x>0$, 故此方程有唯一根, 将其变换成不同的等价形式

(1) $x=g_1(x)=x-x^3-4x^2+10$;

(2) $x=g_2(x)=\left(\dfrac{10}{x}-4x\right)^{\frac{1}{2}}$;

(3) $x=g_3(x)=\dfrac{1}{2}(10-x^3)^{\frac{1}{2}}$;

(4) $x=g_4(x)=\left(\dfrac{10}{4+x}\right)^{\frac{1}{2}}$;

(5) $x=g_5(x)=x-\dfrac{x^3+4x^2-10}{3x^2+8x}$.

取$x_0=1.5$, 得到表4.2.

从迭代数据来看, $g_1(x), g_2(x)$迭代发散或不能进行计算, $g_3(x)$收敛太慢, $g_4(x)$收敛, $g_5(x)$收敛最快. 这说明迭代序列收敛与否及其收敛速度与$g(x)$的选择有关.

这样需要讨论如下问题:

(1) 如何选取合适的迭代函数$g(x)$;

(2) $g(x)$在什么条件下迭代产生的序列收敛;

(3) 如何加快序列$\{x_k\}_{k=0}^{\infty}$的收敛速度.

表4.2 迭代过程数值结果

k	a	b	c	d	e
0	1.5	1.5	1.5	1.5	1.5
1	−0.875	0.8165	1.28695377	1.34839973	1.37333333
2	6.732	2.9969	1.40254080	1.36737637	1.36526201
3	−469.7	$\sqrt{-8.65}$	1.34545838	1.3649570	1.36523001
4	1.03×10^{-8}		1.37517025	1.36526475	
⋮			⋮	⋮	
8			1.36591673	1.36523002	
9			1.36487822	1.36523001	
⋮			⋮		
23			1.36522998		
25			1.36523001		

4.3.2 收敛定理

定理4.3.1(压缩不动点定理) 对于方程$f(x)=0$, 将其等价变换成$x=g(x)$, 其中$g(x)$在 $[a,b]$内连续,

(1) 当$x\in[a,b]$时,

$$g(x)\in[a,b];\tag{4.3.2}$$

(2) 对任意$x',x''\in[a,b]$, 存在一个常数$L(0\leqslant L<1)$, 使得

$$|g(x')-g(x'')|\leqslant L|x'-x''|\tag{4.3.3}$$

成立, 则

① $x=g(x)$在$[a,b]$内有唯一的解x^*;

② 对任意$x_0\in[a,b]$, (4.3.1)的迭代序列$\{x_k\}\subset[a,b]$, 并且$\lim\limits_{k\to\infty}x_k=x^*$;

③ 有如下误差估计式:

$$|x^*-x_k|\leqslant\frac{L}{1-L}|x_k-x_{k-1}|,$$
$$|x^*-x_k|\leqslant\frac{L^k}{1-L}|x_1-x_0|,\quad k=1,2,\cdots,$$

分别称为**误差的事后估计**和**事先估计**;

④ 若$g'(x^*)$存在, 则

$$\lim_{k\to\infty}\frac{x^*-x_{k+1}}{x^*-x_k}=g'(x^*).$$

证明 (1) 证明根的存在性、唯一性.

(i) 先证$g(x)$在$[a,b]$上存在不动点. 令

$$h(x)=g(x)-x\in C[a,b],$$

由于$a \leqslant g(x) \leqslant b$, 则$h(a) = g(a) - a \geqslant 0, h(b) = g(b) - b \leqslant 0$. 由闭区间上连续函数的性质, 存在$x^* \in [a, b]$, 使得$h(x^*) = 0$, 从而$g(x^*) = x^*$, 即方程$x = g(x)$有根.

(ii) 再证不动点的唯一性. 用反证法, 若不然, 设还有$\widetilde{x} = g(\widetilde{x})$, 则由(4.3.3)推出

$$|x^* - \widetilde{x}| = |g(x^*) - g(\widetilde{x})| \leqslant L|x^* - \widetilde{x}|.$$

由于$L < 1$, 故$|x^* - \widetilde{x}| = 0$, 即$x^* = \widetilde{x}$.

(2) 证$\{x_k\}_{k=0}^{\infty}$的收敛性, 即当$k \to \infty$时, x_k收敛到x^*. 由迭代格式(4.3.1), (4.3.3),

$$\begin{aligned} |x^* - x_k| &= |g(x^*) - g(x_{k-1})| \leqslant L|x^* - x_{k-1}| \\ &\leqslant L^2|x^* - x_{k-2}| \leqslant \cdots \leqslant L^k|x^* - x_0| \to 0, \quad k \to 0. \end{aligned}$$

(3) 误差估计.

(i) 由于$|x^* - x_{k+1}| = |g(x^*) - g(x_k)| \leqslant L|x^* - x_k|$, 于是得

$$|x^* - x_k| \leqslant |x^* - x_{k+1}| + |x_{k+1} - x_k| \leqslant L|x^* - x_k| + |x_{k+1} - x_k|,$$

从而

$$|x^* - x_k| \leqslant \frac{1}{1-L}|x_{k+1} - x_k| = \frac{1}{1-L}|g(x_k) - g(x_{k-1})| \leqslant \frac{L}{1-L}|x_k - x_{k-1}|,$$

即可用$x_k - x_{k-1}$来控制迭代是否停止.

(ii) 由误差的事后估计式重复递推得

$$|x^* - x_k| \leqslant \frac{L}{1-L}|x_k - x_{k-1}| \leqslant \frac{L^2}{1-L}|x_{k-1} - x_{k-2}| \leqslant \cdots \leqslant \frac{L^k}{1-L}|x_1 - x_0|.$$

根据要求

$$|x^* - x_k| \leqslant \frac{L^k}{1-L}|x_1 - x_0| < \varepsilon \Rightarrow k > \frac{\ln \varepsilon - \ln \frac{|x_1 - x_0|}{1-L}}{\ln L},$$

计算迭代次数k,L越小, 收敛越快.

(4) 收敛速度.

$$\lim_{k \to \infty} \frac{x^* - x_{k+1}}{x^* - x_k} = \lim_{k \to \infty} \frac{g(x^*) - g(x_k)}{x^* - x_k} = \lim_{k \to \infty} g'(\xi) = g'(x^*). \qquad \square$$

定理4.3.1的优点是结论较强, 缺点是条件(4.3.3)难以验证.

推论4.3.1 定理4.3.1中的条件(4.3.3)可用更强、更容易验证的条件$|g'(x)| \leqslant L < 1$代替.

证明 $|g(x') - g(x'')| = |g'(\xi)||x' - x''| \leqslant L|x' - x''|$. $\square$

注4.3.1 定理4.3.1中条件(4.3.3)非必要条件, 在实际问题中, 由于定理4.3.1的条件太高, 故可将$[a, b]$缩小.

定理4.3.2(局部收敛定理)　若x^*为$g(x)$的不动点, 并且$g(x)$在x^*的某δ邻域$U_\delta = \{x \mid |x-x^*| \leqslant \delta\}$内满足

$$|g(x)-g(x^*)| \leqslant L|x-x^*| , \tag{4.3.4}$$

其中$L<1$, 则

(1) 由任意$x_0 \in U_\delta$, 式(4.3.1)迭代得到的序列$\{x_k\}_{k=0}^{\infty}$收敛于x^*;

(2) 有误差估计

$$|x^*-x_k| \leqslant L^k|x^*-x_0|, \quad k=0,1,\cdots,$$

称这种收敛为**局部收敛**.

证明从略.

推论4.3.2　定理4.3.2中的条件(4.3.4)可用更容易判断的条件$|g'(x^*)|<1$代替.

定理4.3.3　如果$|g'(x)| \geqslant 1$,则对于任意初始值$x_0 \in [a,b]$,只要$x_0 \neq x^*$,迭代公式(4.3.1)必发散.

证明　$|x_1-x^*| = |g(x_0)-g(x^*)| = |g'(\xi_0)||x_0-x^*| \geqslant |x_0-x^*| > 0$,

依此类推

$$|x_n-x^*| \geqslant |x_{n-1}-x^*| \geqslant \cdots \geqslant |x_1-x^*| \geqslant |x_0-x^*|,$$

从而序列$\{x_k\}_{k=0}^{\infty}$不可能收敛. □

例4.3.2　考虑下列迭代公式在相应区间上的敛散性:

(1) $x_{k+1}=\sqrt{2x_k+3}(k=0,1,2,\cdots),\quad x\in[2,4]$;

(2) $x_{k+1}=\dfrac{1}{2}(x_k^2-3)(k=0,1,2,\cdots),\quad x\in[2,3.5]$;

(3) $x_{k+1}=\sqrt{2+\dfrac{5}{x_k}}(k=0,1,2,\cdots),\quad x\in[2,3]$.

解　(1) $g_1(x)=\sqrt{2x+3},\quad g_1'(x)=\dfrac{1}{\sqrt{2x+3}}$.

当$x\in[2,4]$时, 由于$g_1'(x)=\dfrac{1}{\sqrt{2x+3}}>0$,故$g(x)$单调增加, 从而可知

$$g_1(x)\in[g_1(2),g_1(4)]=[\sqrt{7},\sqrt{11}]\subset[2,4].$$

满足式(4.3.2), 由于$g_1'(x)=\dfrac{1}{\sqrt{2x+3}}$在$[2,4]$内单调下降, 所以

$$|g_1'(x)| \leqslant g_1'(2)=\frac{1}{\sqrt{7}}<1.$$

由推论4.3.1可知, 迭代公式(1)收敛.

(2) $g_2(x)=\dfrac{1}{2}(x^2-3),\quad g_2'(x)=x$.

当$x\in[2,3.5]$ 时, 由于$|g_2'(x)|\geqslant 2$, 由定理4.3.3可知,迭代公式(2)发散.

(3) $g_3(x)=\sqrt{2+\dfrac{5}{x}},\quad g_3'(x)=-\dfrac{5}{2x^2}(2x^2+5x)^{-\frac{1}{2}}$.

当 $x\in[2,3]$ 时, 由于 $g_3'(x)<0$, 故 $g_3(x)=\sqrt{2+\dfrac{5}{x}}$ 单调下降, 但 $g_3(2)=\sqrt{\dfrac{9}{2}}$ <3, $g_3(3)=\sqrt{\frac{11}{3}}<2$, 显然, $g_3(x)$ 不满足定理4.3.1中的压缩性条件(4.3.2). 但如果考虑$x\in[2,2.5]$, 则$g_3(2)=\sqrt{\dfrac{9}{2}}<2.5, g_3(2.5)=2, g_3'(x)<0$ 单调下降, 从而$|g_3'(x)|$ $\leqslant|g_3'(2)|<0.294628<1$,满足推论4.3.1, 迭代公式(3)收敛.

定理4.3.4(高阶收敛定理) 如果$g(x)$在$U_\delta=\{x||x-x^*|<\delta\}$内有直至$m$阶连续导数, 并且满足$g'(x^*)=g''(x^*)=\cdots=g^{(m-1)}(x^*)=0$,而$g^{(m)}(x^*)\neq 0$,则迭代式(4.3.1)局部收敛, 并且收敛阶为$m$.

证明 因为$g'(x^*)=0$, 由推论4.3.2知, 迭代公式(4.3.1)是局部收敛的. 利用Taylor公式

$$\begin{aligned}x_{k+1}=g(x_k)&=g(x^*)+g'(x^*)(x_k-x^*)+\tfrac{g''(x^*)}{2!}(x_k-x^*)^2+\cdots\\&\quad+\frac{g^{(m-1)}(x^*)}{(m-1)!}(x_k-x^*)^{m-1}+\frac{g^{(m)}(\xi_k)}{m!}(x_k-x^*)^m\\&=x^*+\frac{g^{(m)}(\xi_k)}{m!}(x_k-x^*)^m,\end{aligned}$$

其中ξ_k介于x_k与x^*之间, 故

$$\frac{x_{k+1}-x^*}{(x_k-x^*)^m}=\frac{g^{(m)}(\xi_k)}{m!}\to\frac{g^{(m)}(x^*)}{m!}\neq 0,\quad k\to\infty$$

即$x_{k+1}=g(x_k)$为m阶收敛. □

4.3.3 迭代的几何意义

方程$f(x)=0$的根是$x=g(x)$的不动点, 也是

$$\begin{cases}y=x,\\y=g(x)\end{cases}$$

的交点(x^*,x^*). $x_{k+1}=g(x_k)$迭代相当于

(1) 过(x_k,x_k)作x轴的垂线, 与$x=g(x)$相交于$(x_k,g(x_k))$;

(2) 过(x_k,x_{k+1})作y轴的垂线, 与$y=x$相交于(x_{k+1},x_{k+1}).

图4.3中的x_k单调趋于x^*, 图4.4中的x_k在x^*两侧交替出现而趋于x^*, 图4.5和图4.6表示迭代序列$\{x_k\}$发散的情形.

从以上图中可以看出, 收敛速度取决于曲线$y=g(x)$在x^*邻域内的导数$g'(x)$, $|g'(x)|$越小, 迭代序列$\{x_k\}$收敛越快, 如果在x^*的某邻域内, $|g'(x)|$ 恒小于1, 并且迭代序列$\{x_k\}$封闭于此邻域, 则此序列收敛.

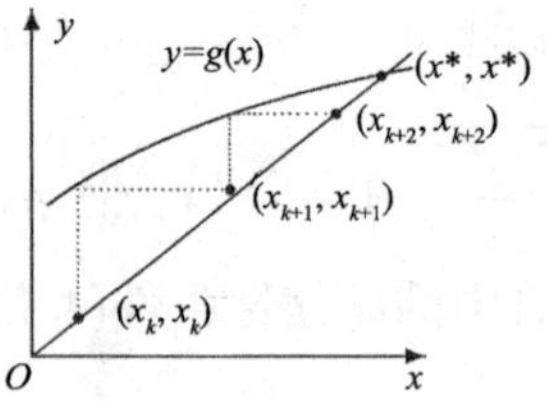

图4.3 $0 < g'(x) < 1$

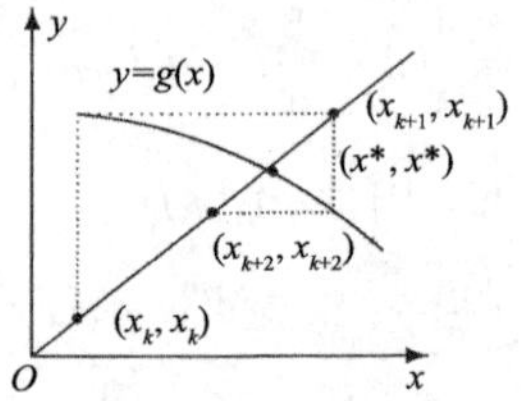

图4.4 $-1 < g'(x) < 0$

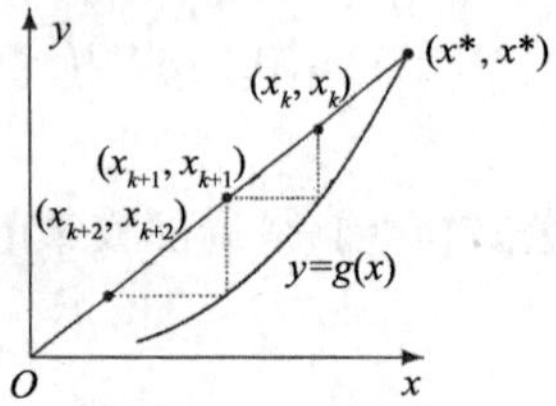

图4.5 $g'(x) > 1$

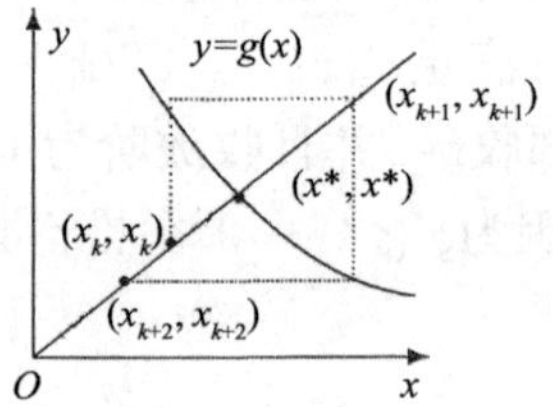

图4.6 $g'(x) < -1$

简单迭代方法的优点如下:

(1) 算法的逻辑结构简单;

(2) 对于任意x_0, 即使在计算过程中有误差, 也不影响计算结果的趋向.

简单迭代的缺点是: $p = 1$, 收敛速度较慢.

4.4 迭代加速方法

简单迭代的思想如下: $\forall x_0$, 由迭代格式$x_{k+1} = g(x_k)$计算$x_1, \cdots, x_k \cdots \to x^* k \to \infty$, 但绝大多数情况下是线性收敛的.

假设$g'(x)$在所考察的范围内变化不大, 即$g'(x) \approx L(|L| < 1)$,则

$$x^* - x_{k+1} = g(x^*) - g(x_k) = g'(\xi)(x^* - x_k) \approx L(x^* - x_k),$$

从而

$$x^* \approx \frac{1}{1-L} x_{k+1} - \frac{L}{1-L} x_k,$$

即将x_{k+1}, x_k加权平均, 可期望$\hat{x}_{k+1} = \dfrac{1}{1-L} x_{k+1} - \dfrac{L}{1-L} x_k$比$x_{k+1}$更好地近似$x^*$.

加速方法如下:

(1) 预估: $x_{k+1} = g(x_k)$;

(2) 改进:

$$\hat{x}_{k+1} = \frac{1}{1-L} x_{k+1} - \frac{L}{1-L} x_k = x_{k+1} + \frac{L}{1-L}(x_{k+1} - x_k), \tag{4.4.1}$$

则迭代(4.4.1)**加速收敛** (accelerating convergence). 效果如何? 下面看具体的例子.

例4.4.1 方程$x = \mathrm{e}^{-x}$,取初值$x_0 = 0.5$, 迭代函数$g(x) = \mathrm{e}^{-x}$, 则$g'(0.5) \approx L = -0.6$.

解 用迭代加速方法.

(1) 预估: $x_{k+1} = \mathrm{e}^{-x_k}$;

(2) 改进: $\hat{x}_{k+1} = x_{k+1} - \dfrac{0.6}{1.6}(x_{k+1} - x_k)$.

迭代加速过程的数值结果如表4.3所示.

表4.3 迭代加速过程数值结果

k	0	1	2	3	$\cdots$	18
简单迭代	0.5	0.60653	0.54523	0.57970	$\cdots$	0.56714
加速迭代	0.5	0.56658	0.56713	0.56714	$\cdots$	

从表4.3中可以看出, 简单迭代18次的结果相当于加速迭代3次的结果, 但这样的加速条件$g'(x) \approx L$很“苛刻”, 可进一步改进.

4.4.1 Aitken加速

假设迭代序列$\{x_k\}_{k=0}^{\infty}$线性收敛于x^*,则

$$x_1 = g(x_0), \quad x_2 = g(x_1),$$
$$x_1 - x^* \approx L(x_0 - x^*), \quad x_2 - x^* \approx L(x_1 - x^*),$$

两式相除, 消除L得

$$\frac{x_1 - x^*}{x_2 - x^*} \approx \frac{x_0 - x^*}{x_1 - x^*} \Rightarrow x^* \approx x_0 - \frac{(x_1 - x_0)^2}{x_2 - 2x_1 + x_0}.$$

一般地, 有算法

$$\begin{cases} x_{k+1} = g(x_k), \\ x_{k+2} = g(x_{k+1}), \\ \hat{x}_k = x_k - \dfrac{(x_{k+1} - x_k)^2}{x_{k+2} - 2x_{k+1} + x_k}, \end{cases} \tag{4.4.2}$$

则称$\{\hat{x}_k\}_{k=0}^{\infty}$为**Aitken加速序列**, 其迭代过程可由图4.7来说明.

定理4.4.1(收敛定理) 若$\{x_k\}_{k=0}^{\infty}$线性收敛于x^*, 则 Aitken 加速序列$\{\hat{x}_k\}_{k=0}^{\infty}$比$\{x_k\}_{k=0}^{\infty}$ 更快地收敛于x^*, Aitken 加速有超线性收敛(superlinear convergence), 即

$$\lim_{k\to\infty} \frac{x^* - \hat{x}_k}{x^* - x_k} = 0.$$

证明从略.

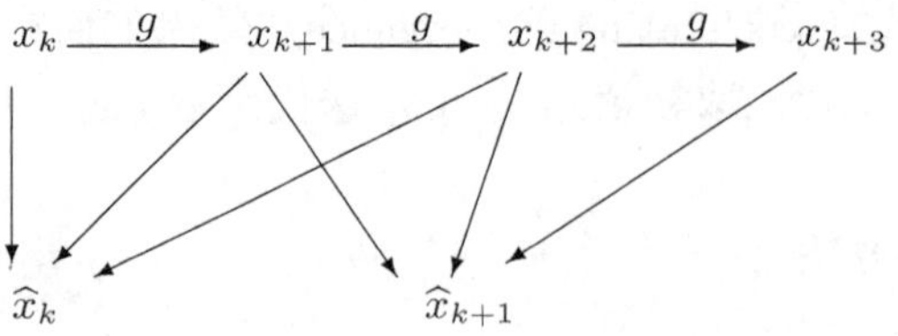

图4.7　Aitken加速迭代

例4.4.2　设迭代函数$g_4(x)=\sqrt{\dfrac{10}{4+x}}$,取$x_0=0.5$.

(1) 简单迭代格式计算$x_{k+1}=\sqrt{\dfrac{10}{4+x_k}}$,可得$x_8\approx 1.36523002$ (见例4.3.1);

(2) Aitken加速迭代格式计算$x_{k+1}=\sqrt{\dfrac{10}{4+x_k}}, x_{k+2}=\sqrt{\dfrac{10}{4+x_{k+1}}}$,

$$\hat{x}_k=x_k-\frac{(x_{k+1}-x_k)^2}{x_{k+2}-2x_{k+1}+x_k},$$

可得

$$\hat{x}_0=1.365265223,\quad \hat{x}_1=1.365230580,\quad \hat{x}_2=1.365230023\approx x_8,$$

$\{\hat{x}_k\}$比$\{x_k\}$收敛得快.

Aitken迭代加速的特点及修正后的$\hat{x}_k$不参加迭代过程!

4.4.2　Steffensen加速

仿效Aitken迭代加速格式, 构造算法

$$\begin{cases} y_k=g(x_k), \\ z_k=g(y_k), \\ x_{k+1}=x_k-\dfrac{(y_k-x_k)^2}{z_k-2y_k+x_k}, \end{cases} \tag{4.4.3}$$

则称$\{x_k\}_{k=0}^{\infty}$为**Steffensen加速序列**.

其迭代过程可由图4.8来说明.

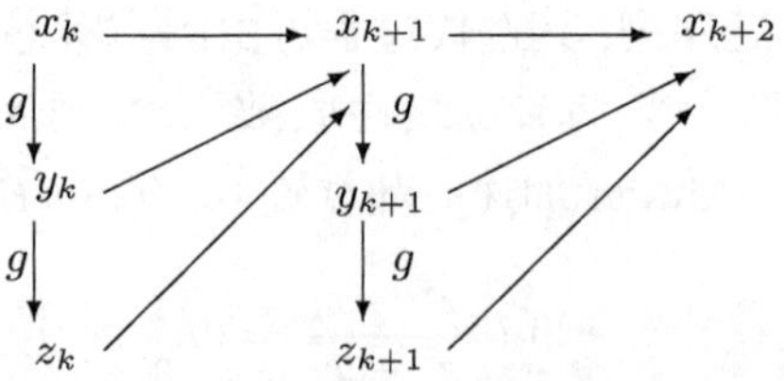

图4.8　Steffensen加速迭代

Steffensen迭代加速与Aitken迭代加速不同, 其特点是加速x_{k+1}参加迭代过程!

定理4.4.2(收敛定理) 若x^*为$g(x)$的不动点, $g(x)$在U_δ内有一阶连续导数, $g'(x) \neq 0, 1$, $g''(x^*)$存在, 则对于任意$x_0 \in U_\delta$, Steffensen加速序列$\{x_k\}_{k=0}^{\infty}$收敛于x^*, 并且收敛阶至少为2.

证明从略.

例4.4.3 设方程$x - \cos x = 0$,取$x_0 = 0$, 已知$x^* = 0.739085133$.

解 构造Steffensen迭代格式

$$\begin{cases} y_k = \cos x_k, \\ z_k = \cos y_k, \\ x_{k+1} = x_k - \dfrac{(y_k - x_k)^2}{z_k - 2y_k + x_k}. \end{cases}$$

计算结果如表4.4所示.

表4.4 Steffensen加速过程的数值结果

k	x_k	y_k	z_k
0	0	1	0.540302
1	0.685073357	0.774372633	0.714859871
2	0.738660155	0.739371336	0.738892313
3	0.739085163	0.739085115	0.739085145
4	0.739085132		

Aiten加速与Steffensen加速的异同如下:

(1) 经过两次简单g迭代, 一次加速迭代;

(2) 出发点x_k不同;

(3) Steffensen迭代收敛阶至少为2, 而Aiten迭代收敛阶也可为2.

4.5 Newton迭代法

4.5.1 Newton迭代原理

Newton迭代原理是将非线性方程逐步线性化, 从而将非线性方程的求根转化为线性方程的求根问题.

1. *Newton迭代方法*

设x_0为方程$f(x) = 0$的初始近似根, 其中$f(x)$二次连续可导, 将$f(x)$在x_0作一阶Taylor 展开得

$$f(x) = f(x_0) + f'(x_0)(x - x_0) + \frac{f''(\xi)}{2!}(x - x_0)^2,$$

其中ξ在x_0和x之间. 取前两项近似代替$f(x)$, 则有

$$f(x) \approx P_1(x) = f(x_0) + f'(x_0)(x - x_0),$$

再用直线

$$P_1(x) = f(x_0) + f'(x_0)(x - x_0) = 0$$

的根代替曲线$f(x) = 0$的根, 即

$$x^* \approx x_0 - \frac{f(x_0)}{f'(x_0)},$$

得到第一次Newton迭代近似$x_1 = x_0 - \dfrac{f(x_0)}{f'(x_0)}$, 重复上述过程.

一般算法如下:

$$\begin{cases} \forall \text{初始值} x_0, \\ x_{k+1} = x_k - \dfrac{f(x_k)}{f'(x_k)}, \quad k = 0, 1, 2, \cdots, \end{cases} \tag{4.5.1}$$

则称其为**Newton迭代公式**(也称**Newton迭代格式**). 相应地,

$$g(x) = x - \frac{f(x)}{f'(x)}$$

称为**Newton迭代函数**, 由此产生的$\{x_k\}_{k=0}^{\infty}$称为**Newton序列**, 用(4.5.1)解$f(x) = 0$的根称为**Newton方法**, 也称**Newton-Raphson method**.

例4.5.1 设方程$f(x) = x(x+1)^2 - 1 = 0$, 写出Newton迭代格式.

解 $f(x) = x(x+1)^2 - 1 = 0, \quad f'(x) = (x+1)(3x+1)$,
迭代函数

$$g(x) = x - \frac{f(x)}{f'(x)} = x - \frac{x(x+1)^2 - 1}{(x+1)(3x+1)},$$

迭代格式

$$x_{k+1} = x_k - \frac{x_k(x_k+1)^2 - 1}{(x_k+1)(3x_k+1)}.$$

2. 几何意义

从几何上来看, 方程$f(x) = 0$的根x^*即为曲线$y = f(x)$与x轴的交点的横坐标, 设x_k 为x^* 的第k 次近似解, 过曲线$y = f(x)$上相应的点$P(x_k, f(x_k))$作切线PT, 其方程为

$$y - f(x_k) = f'(x_k)(x - x_k).$$

如图4.9所示, 用切线PT与x轴的交点的横坐标

$$x_{k+1} = x_k - \frac{f(x_k)}{f'(x_k)}$$

作为x^*新的近似值, 重复上述过程, 得到Newton序列$\{x_k\}$. 因此, Newton迭代方法也称**切线方法**.

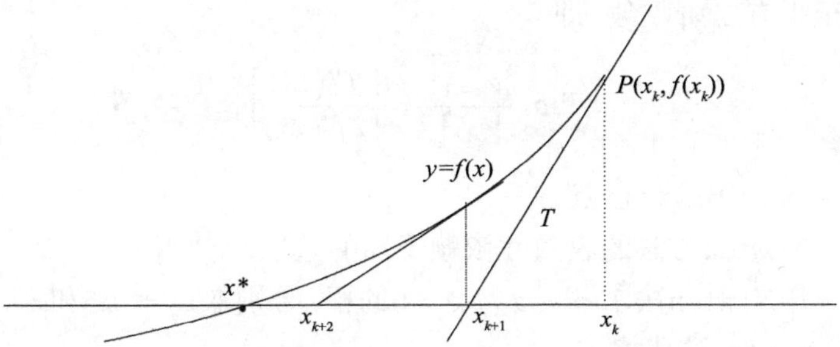

图4.9 Newton迭代

4.5.2 Newton迭代收敛定理

定理4.5.1(局部收敛定理) 设$f(x)=0$有单根x^*,并且$f(x)$在包含x^*的邻域内具有二阶连续导数, 则Newton迭代(4.5.1)产生的序列$\{x_k\}_{k=0}^{\infty}$局部收敛于x^*, 并且至少具有二阶收敛速度.

证明 (1) 先证收敛性. 由于

$$g(x)=x-\frac{f(x)}{f'(x)},\quad g'(x)=1-\frac{f'^2(x)-f(x)f''(x)}{f'^2(x)}=\frac{f(x)f''(x)}{f'^2(x)},$$

又因为x^*为$f(x)=0$的单根, 所以

$$\begin{cases} f(x^*)=0, \\ f'(x^*)\neq 0, \end{cases}$$

从而推出$g'(x^*)=0=L<1$, 故由推论4.3.2, Newton迭代是局部收敛的.

(2) 再证收敛阶数. 设$f(x)$在x^*的第k次近似为x_k,将$f(x)$在x_k处作Taylor展开得

$$f(x)=f(x_k)+f'(x_k)(x-x_k)+\frac{f''(\xi)}{2!}(x-x_k)^2.$$

令$x=x^*$, 则

$$0=f(x^*)=f(x_k)+f'(x_k)(x^*-x_k)+\frac{f''(\xi_k)}{2!}(x^*-x_k)^2,$$

解关于x^*的表达式

$$x^*=\underbrace{x_k-\frac{f(x_k)}{f'(x_k)}}_{x_{k+1}}-\frac{f''(\xi_k)}{2!f'(x_k)}(x^*-x_k)^2.$$

只要$f'(x^*)\neq 0$,

$$\frac{x^*-x_{k+1}}{(x^*-x_k)^2}=-\frac{f''(\xi_k)}{2f'(x_k)}\to-\frac{f''(x^*)}{2f'(x^*)}=C, k\to\infty.$$

Newton迭代至少有二阶收敛, 即

$$\lim_{k\to\infty}\frac{|e_{k+1}|}{|e_k|^2}=\left|\frac{f''(x^*)}{2f'(x^*)}\right|,$$

其中$e_k=x^*-x_k$为第k次近似误差.

注4.5.1 Newton方法的收敛性依赖于x_0的选取.

例4.5.2 用Newton法求$x^3-x-1=0$的根, 分别取$x_0=1.5$和$x_0=0.6$.

解 构造Newton迭代格式

$$x_{k+1}=x_k-\frac{x_k^3-x_k-1}{3x_k^2-1},$$

其数值结果如表4.5所示.

表4.5 Newton法迭代过程数值结果

	k	0	1	2	3
I	x_k	1.5	1.34783	1.32520	1.32472
II	x_k	0.6	17.9		

从例4.5.2可以看出, Newton迭代是局部的, 即当$x_0\in B_\delta(x^*)$时, 迭代(I)收敛; 而x_0 离x^*较远时, 迭代(II)修正$x_1=17.9$比$x_0=0.6$效果更差, 这在应用时, 对初值选取的要求相当高, x_0必须充分靠近x^*, 才能保证其局部收敛.

例4.5.3 试导出计算$\dfrac{1}{\sqrt{a}}(a>0)$的Newton迭代格式, 使公式中既无开方, 也无除法出现.

解 可以将$\dfrac{1}{\sqrt{a}}$看成方程$f(x)=a-\dfrac{1}{x^2}=0$ 的正根. 构造Newton迭代格式

$$x_{k+1}=x_k-\frac{a-\dfrac{1}{x_k^2}}{\dfrac{2}{x_k^3}}=\left(\frac{3}{2}-\frac{a}{2}x_k^2\right)x_k.$$

例4.5.4 试就函数

$$f(x)=\begin{cases}\sqrt{x}, & x\geqslant 0,\\ -\sqrt{-x}, & x<0\end{cases}$$

讨论$f(x)=0$的Newton序列的收敛性.

解 由于$f(x)$在$x=0$不可导, 故可考虑其为简单迭代的特殊情形.

(1) 当$x>0$时,

$$f(x)=\sqrt{x},\quad f'(x)=\frac{1}{2\sqrt{x}},\quad g(x)=x-\frac{\sqrt{x}}{\dfrac{1}{2\sqrt{x}}}=-x.$$

(2) 当$x<0$时,

$$f(x)=-\sqrt{-x},\quad f'(x)=\frac{1}{2\sqrt{-x}},\quad g(x)=x-\frac{-\sqrt{-x}}{\dfrac{1}{2\sqrt{-x}}}=-x.$$

在$x_0=0$的空心邻域内, $g'(x)=-1$. 由定理4.3.3知, 迭代格式$x_{k+1}=g(x_k)=-x_k$ 发散.

为了保证Newton迭代序列的非局部收敛, 下面给出一个特殊函数Newton法的非局部收敛问题判定定理.

定理4.5.2(收敛的充分条件) 设$f(x)\in C^2[a,b]$, 满足下列条件:

(1) $f(a)f(b)<0$;

(2) $f'(x)$在$[a,b]$上不取到零;

(3) $f''(x)$在$[a,b]$上不变号.

如果选取$x_0\in[a,b]$, 使得$f(x_0)f''(x_0)>0$,则Newton迭代产生的序列$\{x_k\}_{k=0}^{\infty}$必单调二阶收敛到$f(x)=0$在$[a,b]$内的唯一根x^*.

定理 4.5.2 的证明从略, 仅给出其几何解释如下: 定理 4.5.2 中的条件 (1) 保证方程 $f(x)=0$ 在 $[a,b]$ 区间内至少有一个根 x^*; 条件 (2) 表明函数 $f(x)$ 是单调的, 因此, 方程 $f(x)=0$ 的根是唯一的; 条件 (3) 表明函数 $f(x)$ 的图形在 $[a,b]$ 上的凹凸方向不改变. 因此, 选择 x_0 满足 $f(x_0)f''(x_0)>0$, 可以得证迭代 $x_{k+1}=g(x_k)$ 产生的序列 $\{x_k\}$ 都落在 $[a,b]$ 区间内, 从而由牛顿迭代的几何意义可以断定 $\{x_k\}$ 收敛.

图4.10~图4.13分别显示满足定理4.5.2的条件的不同性态函数方程 $f(x)=0$ 初值 x_0 的取值点.

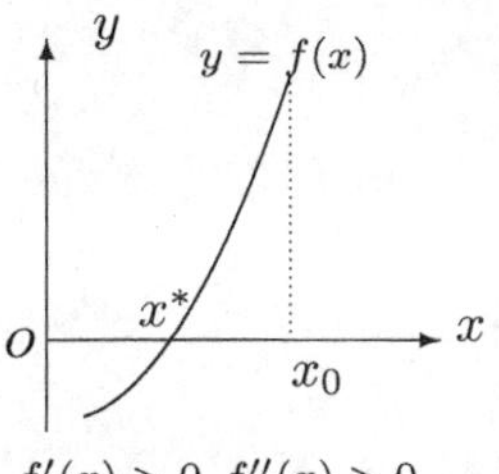

图4.10

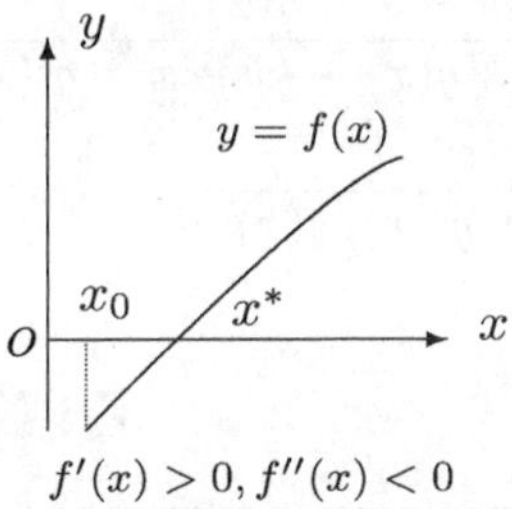

图4.11

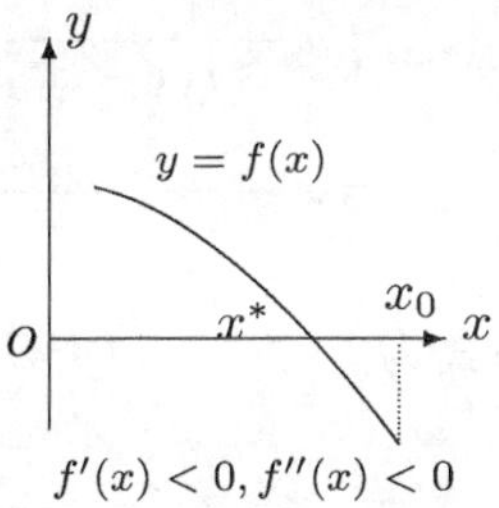

图4.12

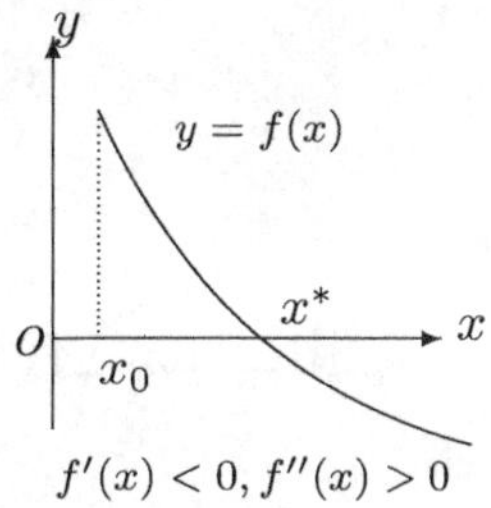

图4.13

例4.5.5 用Newton迭代法求解方程$x-\cos x=0$的根.

解 记$f(x)=x-\cos x$, 考虑在区间$[0,1]$上, $f(0)=-1<0, f(1)=1-\cos 1>0$,故方程$f(x)=0$在$[0,1]$上有根.

又$f'(x)=1+\sin x>0, f''(x)=\cos x>0$, 故$f(x)$满足定理4.5.2的三个条件. 选取$x_0=1, f(1)f''(1)>0$, 由定理4.5.2知, Newton迭代$x_{k+1}=x_k-\dfrac{x_k-\cos x_k}{1+\sin x_k}$收敛于$f(x)=0$的根$x^*$. 其数值结果如表4.6所示.

表4.6　Newton迭代过程数值结果

k	x_k	$f(x_k)$	$f''(x_k)$
0	1	0.459697694	1.841470984
1	0.750363867	0.018923073	1.681904952
2	0.739112891	0.000046454	1.0673632541
3	0.739085133	0	

Newton迭代方法优点是迭代形式简单, 在单根附近具有较快的收敛速度.

缺点如下:

(1) 用于单根近似计算, 才能保证迭代二阶收敛;

(2) 局部收敛性,即要求$x_0 \in U_\delta(x^*)$, 这在应用中对初值选择较困难;

(3) 要求计算$f'(x_k) \neq 0$, 迭代才能进行下去.

4.5.3　改进与推广

1. 重根(multiple root)

问题1　对Newton迭代公式(4.5.1)单根要求的改进.

若$f(x^*) = 0$且$f'(x^*) = 0$, Newton迭代是否能计算下去? 如果能计算, 是否还收敛?

假设x^*是$f(x) = 0$的$r(r > 1)$重根, 则$f(x) = (x - x^*)^r.q(x)$且$q(x^*) \neq 0$. 因为Newton法实际上是一种特殊的不动点迭代, 此时, Newton迭代函数为

$$
\begin{aligned}
g(x) &= x - \frac{f(x)}{f'(x)} \\
&= x - \frac{(x-x^*)^r q(x)}{r(x-x^*)^{r-1}q(x) + (x-x^*)^r q'(x)} \\
&= x - \frac{x - x^*}{r + (x-x^*)q'(x)/q(x)},
\end{aligned}
$$

重根Newton迭代格式为

$$
x_{k+1} = x_k - \frac{x_k - x^*}{r + (x_k - x^*)q'(x_k)/q(x_k)}, \tag{4.5.2}
$$

此时, 收敛速度为

$$
\frac{g(x) - x^*}{x - x^*} = \frac{\left[x - \dfrac{f(x)}{f'(x)}\right] - x^*}{x - x^*} = 1 - \frac{1}{r + (x-x^*)q'(x)/q(x)} \to 1 - \frac{1}{r} < 1, \quad x \to x^*.
$$

由此可知, 重根有局部线性收敛性, 重数r越高, 收敛越慢. 由于根x^*是未知的, 这样的迭代格式(4.5.2)的计算是困难的.那么如何加速重根的收敛?

改进方法1 如果重数r已知, 则构造迭代函数

$$g(x) = x - r\frac{f(x)}{f'(x)} = x - (x - x^*)\frac{rq(x)}{(x - x^*)q'(x) + rq(x)},$$

相应的Newton迭代格式为

$$x_{k+1} = x_k - r\frac{f(x_k)}{f'(x_k)}, \tag{4.5.3}$$

此时, 在一定条件下,

$$g'(x) = 1 - \frac{rq(x)}{(x - x^*)q'(x) + rq(x)} - (x - x^*)\frac{\mathrm{d}}{\mathrm{d}x}\left[\frac{rq(x)}{(x - x^*)q'(x) + rq(x)}\right],$$

由此推出$g'(x^*) = 0$. 由定理4.3.4知, 此改进的迭代格式至少平方收敛.

改进方法2 将求$f(x) = 0$的重根转化为求另一函数的单根. 令$h(x) = \dfrac{f(x)}{f'(x)}$, 则 $f(x) = 0$的重根等于$h(x) = 0$的单根. 构造Newton迭代格式

$$x_{k+1} = x_k - \frac{h(x_k)}{h'(x_k)} = x_k - \frac{f(x_k)f'(x_k)}{[f'(x_k)]^2 - f(x_k)f''(x_k)}, \tag{4.5.4}$$

此改进的迭代具有平方收敛, 但需计算$f''(x)$.

例4.5.6 对于方程$f(x) = x^4 - 6x^2 + 9 = 0$,构造三个不同迭代格式, 求其根$x^* = \sqrt{3}$的近似值.

解 由于$x^* = \sqrt{3}$为其二重根, 故取

(1) 迭代函数$g(x) = x - \dfrac{f(x)}{f'(x)}$, 此时由式(4.5.1), 构造Newton迭代格式

$$x_{k+1} = x_k - \frac{x_k^4 - 6x_k^2 + 9}{4x_k^3 - 12x_k} = x_k - \frac{x_k^2 - 3}{4x_k}.$$

(2) 迭代函数$g(x) = x - 2\dfrac{f(x)}{f'(x)}$, 此时由式(4.5.3), 构造Newton迭代格式

$$x_{k+1} = x_k - 2\frac{x_k^4 - 6x_k^2 + 9}{4x_k^3 - 12x_k} = x_k - \frac{x_k^2 - 3}{2x_k}.$$

(3) 迭代函数$g(x) = x - \dfrac{f(x)f'(x)}{f'^2(x) - f(x)f''(x)} = x - \dfrac{x(x^2 - 3)}{x^2 + 3}$, 此时由式(4.5.4), 构造Newton迭代格式

$$x_{k+1} = x_k - \frac{x_k(x_k^2 - 3)}{x_k^2 + 3}.$$

2. Newton下山法

问题2 对Newton迭代法(4.5.1)中局部收敛性要求的改进.

原理 若由x_k迭代得到的x_{k+1}不能使$|f(x)|$减小, 则在x_k和x_{k+1}之间找一个更好的点$\overline{x}_{k+1}$, 使得$|f(\overline{x}_{k+1})| < |f(x_k)|$. 最简单的方法是作如下线性组合(图4.14):

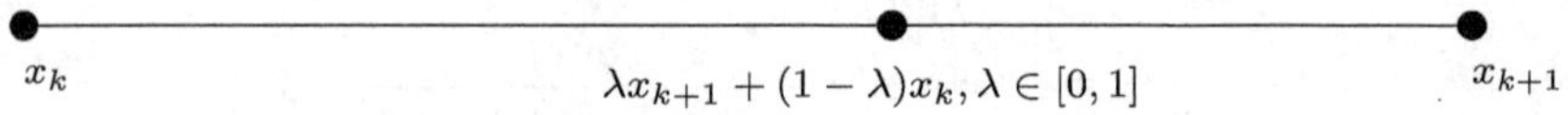

图4.14 Newton下山迭代

$$\overline{x}_{k+1} = \lambda\left[x_k - \frac{f(x_k)}{f'(x_k)}\right] + (1-\lambda)x_k = x_k - \lambda\frac{f(x_k)}{f'(x_k)},$$

将其作为x^*的$k+1$次近似.

Newton下山方法

$$x_{k+1} = x_k - \lambda\frac{f(x_k)}{f'(x_k)}, \tag{4.5.5}$$

选取λ, 使得$|f(x_{k+1})| < |f(x_k)|$, 其中λ称为**下山因子**, 要求满足$0 < \varepsilon_\lambda \leqslant \lambda \leqslant 1, \varepsilon_\lambda$ 为下山因子下界.

注4.5.2 当$\lambda = 1$时就是Newton公式.

(1) Newton下山法的可行性. 若$f(x) \neq 0, f'(x) \neq 0$, 则存在$\delta > 0$, 使得

$$\left|f\left(x - \lambda\frac{f(x)}{f'(x)}\right)\right| < |f(x)|, \quad 0 < \lambda < \delta.$$

由Tayloy公式

$$\lim_{\lambda\to 0^+}\frac{f\left(x-\lambda\frac{f(x)}{f'(x)}\right) - f(x) - f'(x)\left[-\lambda\frac{f(x)}{f'(x)}\right]}{-\lambda\frac{f(x)}{f'(x)}} = 0,$$

于是存在$\delta > 0$, 当$0 < \lambda \leqslant \delta$时成立.

$$\left|\frac{f\left(x-\lambda\frac{f(x)}{f'(x)}\right) - f(x) - f'(x)\left[-\lambda\frac{f(x)}{f'(x)}\right]}{-\lambda\frac{f(x)}{f'(x)}}\right| \leqslant \frac{1}{2}|f'(x)|,$$

化简得

$$\left|f\left(x-\lambda\frac{f(x)}{f'(x)}\right) - (1-\lambda)f(x)\right| \leqslant \frac{\lambda}{2}|f(x)|.$$

由绝对值不等式

$$\left|f\left(x-\lambda\frac{f(x)}{f'(x)}\right)\right| \leqslant \left(1-\frac{\lambda}{2}\right)|f(x)| \leqslant |f(x)|,$$

推导过程表明, $-\dfrac{f(x)}{f'(x)}$为下山方向是可行的.

(2) 计算. 当$\lambda=1$代入式(4.5.5)迭代效果不好时, 将λ减半计算.

(i) 选取初始近似值x_0;

(ii) 取下山因子$\lambda=1$;

(iii) 计算$x_{k+1}=x_k-\lambda\dfrac{f(x_k)}{f'(x_k)}$;

(iv) 讨论$f(x_{k+1})$. 若$|f(x_{k+1})|<|f(x_k)|$是将x_{k+1} 作为x^* 的新近似值, 重复(iii); 若 $|f(x_{k+1})|\geqslant|f(x_k)|$, 的取$\lambda=1/2$, 重复(iii). 这样得到一个序列$\{x_k\}_{k=0}^{\infty}$, 称为$f(x)$的**下山序列**, 作为$x^*$的近似序列.

Newton下山法放宽了对初始值x_0的选取,它的优点在于可能将原来收敛域外的初始值, 经若干次(4.5.5)迭代后也纳入收敛域内.

例4.5.7 用Newton下山法求方程$f(x)=x^3-x-1=0$的根, 取$x_0=0.6$.

解 Newton下山法的迭代格式为

$$x_{k+1}=x_k-\lambda\frac{x_k^3-x_k-1}{3x_k^2-1},\quad k=0,1,2,\cdots.$$

对λ分别取

$$1,\ \frac{1}{2},\ \frac{1}{4},\ \cdots,\ \frac{1}{2^n},\ \cdots$$

进行搜索, 计算结果如表4.7所示.

表4.7 Newton下山法数值结果

k	λ	x_k	$f(x_k)$	$f'(x_k)$	$-\dfrac{f(x_k)}{f'(x_k)}$
0		0.6	−1.384	0.08	17.3
1	1	17.9	5716.439		
	1/2	9.25	781.203125		
	1/4	4.925	113.533950		
	1/8	2.7625	17.319260		
	1/16	1.68125	2.070974		
	1/32	1.140625	−0.656643	2.903076	0.226189
2	1	1.366814	0.186641	4.604542	−0.040534
3	1	1.326280	0.006671	4.277056	−0.001560
4	1	1.324720	0.000009		

如果取$x^*\approx1.324720$符合要求,则迭代终止.

从例4.5.7可见, 有时对某一初值进行迭代, 用 Newton 方法不收敛, 如例4.5.2, 但用 Newton 下山法却可能收敛.

3. 正割法

问题3 对Newton迭代格式(4.5.1)中$f'(x_k)$求导计算的改进.

原理 用差商代替微商, 即

$$f'(x_k)\approx\frac{f(x_k)-f(x_{k-1})}{x_k-x_{k-1}}.$$

此时, Newton迭代法改进成正割法.

正割方法如下: 对于任意的初始值x_0, x_1, 有

$$x_{k+1} = x_k - \frac{f(x_k)(x_k - x_{k-1})}{f(x_k) - f(x_{k-1})}. \tag{4.5.6}$$

从几何意义上来看, 正割法

$$x_{k+1} = x_k - \frac{f(x_k)(x_k - x_{k-1})}{f(x_k) - f(x_{k-1})}$$

可以看成是经过两点$(x_{k-1}, f(x_{k-1})), (x_k, f(x_k))$的弦$AB$

$$y - f(x_k) = \frac{f(x_k) - f(x_{k-1})}{x_k - x_{k-1}}(x - x_k)$$

与x轴交点的横坐标x_{k+1}作为对x_k的改进. 因此, 此方法又称为弦截法. 与Newton法一样, 有如下收敛定理:

定理4.5.3(收敛定理) 当$f(x)$在x^*的邻域内有二阶连续导数, 并且$f'(x^*) \neq 0$时, 弦截法具有局部收敛性, 收敛阶数$p = \frac{1}{2}(1+\sqrt{5}) \approx 1.618$, 即

$$\lim_{k\to\infty} \frac{|x_{k+1} - x^*|}{|x_k - x^*|^{1.618}} = C(\neq 0),$$

其中$C = \left|\frac{f''(x^*)}{2f'(x^*)}\right|$.

证明从略.

例4.5.8 用正割法求方程$f(x) = x^5 - x - 1 = 0$的一个根.

解 正割法的迭代格式为

$$x_{k+1} = x_k - \frac{x_k - x_{k-1}}{(x_k^5 - x_k - 1) - (x_{k-1}^5 - x_{k-1} - 1)}(x_k^5 - x_k - 1),$$

取初始值$x_0 = 1.1, x_1 = 1.16$, 迭代结果如表4.8所示.

表4.8 正割法迭代数值结果

k	0	1	2	3	4	5	6
x_k	1.1	1.16	1.16832768	1.16728953	1.16730395	1.16730398	1.16730398

正割法的收敛速度比Newton法慢, 并且对初值要求同样高. 有时为了减少计算量, 可以构造简化Newton法

$$x_{k+1} = x_k - \frac{f(x_k)}{f'(x_0)}. \tag{4.5.7}$$

此迭代只需计算一次导数$f'(x_o)$, 它具有线性收敛速度.

单点正割法

$$x_{k+1}=x_k-\frac{f(x_k)(x_k-x_0)}{f(x_k)-f(x_0)}. \tag{4.5.8}$$

此迭代只需计算一个点的函数值$f(x_k)$, 它具有线性收敛速度.

4. 抛物线法

方法 假设x_{k-2},x_{k-1},x_k是$f(x)=0$的根的近似值, 过$(x_{k-i},f(x_{k-i}))$ $(i=0,1,2)$三点作抛物线(见式(5.3.2))

$$P_2(x)=f(x_k)+f[x_k,x_{k-1}](x-x_k)+f[x_k,x_{k-1},x_{k-2}](x-x_k)(x-x_{k-1}),$$

用抛物线$y=P_2(x)$与x轴的交点x_{k+1}作为x_k的改进, 得到抛物线法

$$\begin{cases}x_{k+1}=x_k-\dfrac{2a_k}{b_k\pm\sqrt{b_k^2-4a_kc_k}},\\ a_k=f(x_k),\quad c_k=f[x_k,x_{k-1},x_{k-2}],\\ b_k=f[x_k,x_{k-1}]+c_k(x_k-x_{k-1}),\end{cases} \tag{4.5.9}$$

其中$\pm$号的选取与b_k正负一致, $f[x_k,x_{k-1}],f[x_k,x_{k-1},x_{k-2}]$分别为$f(x)$在$x_k$处的向后一阶、二阶差商.

由初始给定x_0,x_1,x_2, 方程组(4.17) 迭代生成的序列称为**抛物线法序列**.

定理4.5.4(收敛定理) 设$f(x)$在x^*邻域内三次连续可导, $f'(x^*)\neq 0$,则抛物线法具有局部收敛于x^*, 并且收敛阶数$p=1.840$, 即

$$\lim_{k\to\infty}\frac{|x_{k+1}-x^*|}{|x_k-x^*|^{1.840}}=C(\neq 0),$$

其中$C=\left|\dfrac{f'''(x^*)}{6f'(x^*)}\right|^{0.420}$, 抛物线法是超线性收敛的, 比正割法收敛还快.

证明从略.

*4.6 解非线性方程组$F(x)=0$的Newton法

4.6.1 问题的提法及基本概念

非线性方程组的一般形式为

$$\begin{cases}f_1(x_1,x_2,\cdots,x_n)=0,\\ f_2(x_1,x_2,\cdots,x_n)=0,\\ \qquad\cdots\cdots\\ f_n(x_1,x_2,\cdots,x_n)=0,\end{cases} \tag{4.6.1}$$

其中$f_i(x_1, x_2, \cdots, x_n)(i = 1, 2, \cdots, n)$为定义在$D \subset \mathbb{R}^n$上的$n$元实值函数, 并且至少有一个是非线性函数. 如果记$\boldsymbol{x} = (x_1, x_2, \cdots, x_n)^{\mathrm{T}}$,

$$\boldsymbol{F}(\boldsymbol{x}) = (f_1(\boldsymbol{x}), f_2(\boldsymbol{x}), \cdots, f_n(\boldsymbol{x}))^{\mathrm{T}},$$

则此非线性方程组可简记为$\boldsymbol{F}(\boldsymbol{x}) = \boldsymbol{0}$. 如果存在向量$\boldsymbol{x}^* \in D \subset \mathbb{R}^n$,使得$\boldsymbol{F}(\boldsymbol{x}^*) = \boldsymbol{0}$,则称$\boldsymbol{x}^*$为方程组(4.6.1)的解.

对于非线性方程组解的求法,仿效于非线性方程的Newton法. 记

$$\boldsymbol{J}(\boldsymbol{x}) = \begin{bmatrix} \dfrac{\partial f_1}{\partial x_1} & \dfrac{\partial f_1}{\partial x_2} & \cdots & \dfrac{\partial f_1}{\partial x_n} \\ \dfrac{\partial f_2}{\partial x_1} & \dfrac{\partial f_2}{\partial x_2} & \cdots & \dfrac{\partial f_2}{\partial x_n} \\ \vdots & \vdots & & \vdots \\ \dfrac{\partial f_n}{\partial x_1} & \dfrac{\partial f_n}{\partial x_2} & \cdots & \dfrac{\partial f_n}{\partial x_n} \end{bmatrix},$$

称为$\boldsymbol{F}(\boldsymbol{x})$在$\boldsymbol{x}$的Jacobi矩阵(或F导数), 记为$\boldsymbol{F}'(\boldsymbol{x})$.

若$\boldsymbol{F}(\boldsymbol{x})$存在F导数, 则仿射映射

$$\boldsymbol{L}(\boldsymbol{x}) = \boldsymbol{F}(\boldsymbol{x}^{(0)}) + \boldsymbol{F}'(\boldsymbol{x}^{(0)})(\boldsymbol{x} - \boldsymbol{x}^{(0)})$$

是$\boldsymbol{y} = \boldsymbol{F}(\boldsymbol{x})$的局部近似. 将

$$\boldsymbol{L}(\boldsymbol{x}) = \boldsymbol{F}(\boldsymbol{x}^{(0)}) + \boldsymbol{F}'(\boldsymbol{x}^{(0)})(\boldsymbol{x} - \boldsymbol{x}^{(0)}) = \boldsymbol{0}$$

的解作为对初始值$\boldsymbol{x}^{(0)}$的改进, 则

$$\boldsymbol{x}^{(1)} = \boldsymbol{x}^{(0)} - (\boldsymbol{F}'(\boldsymbol{x}^{(0)}))^{-1}\boldsymbol{F}(\boldsymbol{x}^{(0)}).$$

一般地,对于任意的初始向量$\boldsymbol{x}^{(0)}$, 有

$$\boldsymbol{x}^{(k+1)} = \boldsymbol{x}^{(k)} - [\boldsymbol{F}'(\boldsymbol{x}^{(k)})]^{-1}\boldsymbol{F}(\boldsymbol{x}^{(k)}). \tag{4.6.2}$$

迭代公式(4.6.2)称为**Newton-Raphson 公式**, 简称**Newton公式**.

以上推导是利用映射的局部线性化得到的.

4.6.2 收敛定理

定理4.6.1 设向量函数

$$\boldsymbol{F}(\boldsymbol{x}) = \begin{bmatrix} f_1(\boldsymbol{x}) \\ f_2(\boldsymbol{x}) \\ \vdots \\ f_n(\boldsymbol{x}) \end{bmatrix}$$

的每个分量函数$f_i(\boldsymbol{x}) \in C^2[a,b]$,若$\boldsymbol{x}^*$为$\boldsymbol{F}(\boldsymbol{x})$在$[a,b]$上的根, 并且$\det \boldsymbol{F}'(\boldsymbol{x}^*) \neq 0$,则存在$\boldsymbol{x}^*$ 的邻域$B_\delta(\boldsymbol{x}^*)$, 使得任取初始向量$\boldsymbol{x}^{(0)} \in B_\delta(\boldsymbol{x}^*)$, 牛顿迭代(4.6.2)产生的序列$\{\boldsymbol{x}^{(k)}\}$至少二阶收敛到$\boldsymbol{x}^*$, 即

$$\| \boldsymbol{x}^{(k+1)} - \boldsymbol{x}^* \| \leqslant C \| \boldsymbol{x}^{(k)} - \boldsymbol{x}^* \|^2, \quad k = 0,1,2,\cdots.$$

证明从略.

4.7 数值实验

4.7.1 二分法

二分法可以用来解方程$f(x)=0$在区间$[a,b]$内的一个根, 但是前提条件是端点函数值$f(a)$与$f(b)$异号, 它的MATLAB程序实现如下:

```
function [x,k] = bisection(f,a,b,tol)
% 二分法, bisection.m
% f表示函数, [a,b]表示区间, tol表示误差限
fprintf('  k      a(k)        b(k)        x(k)\n');
if f(a)*f(b)<0
    k = 0;
    c = (a+b)/2;
    while c-a > tol
        fprintf('%3.0f  %10.8f %10.8f %10.8f\n',k,a,b,c);
        if f(a)*f(c)<0
            b = c;
            c = (a+b)/2;
        elseif f(c)*f(b)<0
            a = c;
            c = (a+b)/2;
        else
            x = c;
        end
        k = k+1;
    end
    x = c;
elseif f(a) == 0
    x = a;
```

```
elseif f(b) == 0
    x = b;
else
   disp(' “Warning: f(a)*f(b)>0” ')
end
```

以例4.2.1为例, 看一下应用. 在MATLAB命令窗口中输入如下命令:

```
>> f = inline('x^3-2*x-5');
>> [x,k]=bisection(f,2,3,0.005)
  k      a(k)        b(k)        x(k)
  0  2.00000000 3.00000000 2.50000000
  1  2.00000000 2.50000000 2.25000000
  2  2.00000000 2.25000000 2.12500000
  3  2.00000000 2.12500000 2.06250000
  4  2.06250000 2.12500000 2.09375000
  5  2.09375000 2.12500000 2.10937500
  6  2.09375000 2.10937500 2.10156250
x =
   2.097656250000000
k =
     7
```

4.7.2 简单迭代法

求解方程$f(x)=0$, 先将其写成等价形式$x=g(x)$, 得到式(4.3.1)的迭代格式, 称为简单迭代法或者不动点迭代法, 它的MATLAB程序实现如下:

```
function [x,k] = fpoint(g,x0,tol,N)
% 不动点迭代 fpoint.m
% g表示迭代函数, x0表示迭代初值, tol表示误差限, N表示最大迭代次数
% x表示迭代序列, k表示迭代次数
x(1) = x0;
for k = 2:N
    x(k) = g(x(k-1));
    if(abs(x(k)-x(k-1))<tol)
        break;
    end
end
if k == N
```

```
    disp(' "attained the maximun iterate number" ')
end
```

例4.7.1 方程$x^3+4x^2-10=0$在$[1,2]$内有根, 利用迭代函数

$$g_1(x)=\left(\frac{10}{x}-4x\right)^{1/2} \quad 和 \quad g_2(x)=\left(\frac{10}{4+x}\right)^{1/2}$$

求根, 迭代初值为$x_0=1.5$.

解 在MATLAB命令窗口中输入如下命令:

```
>> g=inline('(10/x-4*x)^(1/2)');
>> [x,k]=fpoint(g,1.5,1e-7,1000)
 "attained the maximun iterate number"
>> g=inline('(10/(4+x))^(1/2)');
>> [x,k]=fpoint(g,1.5,1e-7,1000)
x =
  Columns 1 through 3
   1.500000000000000   1.348399724926484   1.367376371991283
  Columns 4 through 6
   1.364957015402487   1.365264748113442   1.365225594160525
  Columns 7 through 9
   1.365230575673434   1.365229941878183   1.365230022515569
k =
     9
```

由此可见, 迭代函数 $g_1(x)$ 是不收敛的, 迭代函数 $g_2(x)$ 收敛, 并且可知, 由初值 1.5 经过 9 次迭代后得到的近似值的误差小于 10^{-7}.

4.7.3 Newton迭代和割线法

Newton迭代法是最重要的一种方法, 而且也是应用最广泛的一种迭代法. 最近几十年, 很多改进的Newton迭代法被提出, 它的程序实现与Newton迭代大同小异, 所以这里只介绍两种最常用的方法: Newton迭代和割线法(正割法).

Newton迭代的函数文件newton.m如下:

```
function [x,y,k] = newton(f,df,x0,tol,N)
% Newton迭代 newton.m
% f和df分别表示f(x)及其导函数,x0表示初值,tol表示误差限,N表示最大迭代
次数}
% 输出参数x表示迭代结果,k表示迭代次数,y表示在x处的函数值f(x)
fprintf('x(%2d)=%10.8f  y(%2d)=%10.8f\n',0,x0,0,f(x0))
```

```
for k = 1:N
    x = x0 - f(x0)/df(x0);
    err = abs(x-x0);
    x0 = x;
    y = f(x);
    fprintf('x(%2d)=%10.8f  y(%2d)=%10.8f\n',k,x,k,y)
    if (err<tol)
        break;
    end
end
```

例如, 对例4.7.1中的方程利用Newton迭代法求解. 在MATLAB命令窗口中输入如下命令:

```
>> f=inline('x^3+4*x^2-10');
>> [x,y,k]=newton(f,df,1.5,1e-7,1000);
x( 0)=1.50000000  y( 0)=2.37500000
x( 1)=1.37333333  y( 1)=0.13434548
x( 2)=1.36526201  y( 2)=0.00052846
x( 3)=1.36523001  y( 3)=0.00000001
x( 4)=1.36523001  y( 4)=0.00000000
```

由此可见, Newton迭代收敛的速度还是比较快的.

然而, 对Newton迭代法本身而言, 当函数有重根时, 收敛到重根的情况就非常慢. 因此, 在这种情况下, 读者可以使用其他的改进型Newton迭代(这里不再给出).

另外, 由于Newton迭代要计算导数值, 但对某些函数, 其导数并不大好求, 所以为了解决这类问题, 读者可以采用割线法的迭代公式(4.5.6). 它的MATLAB程序实现如下:

```
function [x,k] = secant(f,x0,x1,tol,N)
% 割线法 secant.m
% f表示函数f(x), x0、x1表示初值, tol表示误差限, N表示最大迭代次数
% 输出参数x表示迭代结果, k表示迭代次数
fprintf('x(%2d)=%10.8f\n',0,x0)
fprintf('x(%2d)=%10.8f\n',1,x1)
for k = 1:N
    x = x0 - f(x0)*(x1-x0)/(f(x1)-f(x0));
    err = abs(x-x1);
    x0 = x1;
```

```
        x1 = x;
        fprintf('x(%2d)=%10.8f\n',k+1,x)
        if (err<tol)
            break;
        end
    end
```

应用实例——简单蒸馏过程的问题

蒸馏过程的数学描述不外为物料衡算式、热量衡算式及反映具体过程的特征方程, 但简单蒸馏是个时变过程, 因此, 简单蒸馏必须选取一个时间微元, 对该时间微元的始末作物料衡算.

设W(kmol)为某瞬间釜中的液体量, 它随时而变, 由初始料液量W_1变至釜残液量W; x (摩尔分率)为某瞬间釜中液体的组成, 它由初态浓度x_1降至终态易挥发浓度x; 理想溶液简单蒸馏时, 某时刻釜残液量W与易挥发液体组成x之间有如下关系式:

$$\ln\frac{W_1}{W}=\frac{1}{\alpha-1}\ln\left[\frac{x_1(1-x)}{x(1-x_1)}\right]+\ln\left(\frac{1-x}{1-x_1}\right),$$

其中, α为平均相对挥发度. 对某种溶液, 如果取$x_1=0.6, W_1=10, \alpha=2.5$, 在1atm下进行理想溶液简单蒸馏. 求蒸馏至残液量为原加料的一半时此残液的浓度.

依题意, $W=W_1/2$, 将相关数据代入题中, 得到方程

$$\ln\frac{W_1}{W_1/2}=\frac{1}{2.5-1}\ln\left[\frac{0.6\times(1-x)}{x(1-0.6)}\right]+\ln\left(\frac{1-x}{1-0.6}\right),$$

整理后得

$$2.5\ln(1-x)-\ln x+0.7402=0,$$

上式为非线性方程的求根问题.

非线性方程求根的迭代法可以追溯到古希腊时代, 不动点迭代法以其结构简单及收敛性易判断而受到关注, 但其通常是线性收敛的. 利用外推技术的Aitken加速与Steffensen加速, 可以将收敛速度提高. 根据线性逼近思想构造的Newton迭代法是其中最典型和重要的方法. 为此, 将上式写成如下迭代格式:

$$\begin{cases}\text{任取初始向量}x_0=0.4,\\ x_{k+1}=x_k-\dfrac{2.5\ln(1-x_k)-\ln(x_k)+0.7402}{-2.5/(1-x_k)-1/x_k}.\end{cases}$$

如果取精度$\varepsilon=10^{-4}$, 迭代计算或由MATLAB计算得

$$x_0=0.4,\quad x_1=0.4569,\quad x_2=0.45694,$$

则$x_2=0.45694$ 即满足精度要求.

由本题结果可知, 当非线性方程的一阶导数可求时, 采用Newton迭代法求根至少具有二阶收敛, 但收敛条件比较"苛刻". 为了避免导数运算, 还可以选择正割法计算.

习 题 4

(一)

1. 分析方程$f(x)=\sin x-\dfrac{x}{2}=0$正根的分布情况, 并用二分法求正根的近似值, 使其误差不超过10^{-2}.

2. 证明迭代函数$g(x)=\sqrt[3]{x+1}$在区间$[1,2]$上满足迭代收敛条件.

3. 为求方程$x^3-x^2-1=0$在$x_0=1.5$附近的一个根, 将方程改写成下列等价形式, 并建立相应的迭代公式:

(1) $x=1+1/x^2$, 迭代公式$x_{k+1}=1+1/x_k^2$;

(2) $x^3=1+x^2$, 迭代公式$x_{k+1}=\sqrt[3]{1+x_k^2}$;

(3) $x^2=\dfrac{1}{x-1}$, 迭代公式$x_{k+1}=1/\sqrt{x_k-1}$.

试分析每种迭代公式的收敛性.

4. 试用Steffensen算法求解方程$x^3-x-1=0$的近似根, 精确到10^{-5}.

5. 用Newton法求$f(x)=x^3-2x-5=0$在$x_0=2$附近的近似解, 使结果具有5位有效数字.

6. 设$a>0$, 试写出用牛顿迭代法求$\sqrt{a}$近似值的计算公式, 并且

(1) 讨论该迭代法的收敛性;

(2) 求$\sqrt{17}$具有4位有效数字的近似值.

7. 给定方程$x+\ln^2 x-2=0$.

(1) 分析该方程存在几个实根;

(2) 用Newton迭代法求出方程的所有实根, 精确到4位有效数字.

8. 用Newton迭代法和重根牛顿迭代法格式分别求$f(x)=\left(\sin x-\dfrac{x}{2}\right)^2=0$的解, 初值取$x_0=\dfrac{\pi}{2}$, 要求误差小于$10^{-5}$.

9. 设有方程$f(x)=x^4-3x+1=0$, 取$x_0=0.3, x_1=0.4$, 试用正割法计算方程的近似根, 并且要求满足$|x_{k+1}-x_k|<10^{-5}$.

(二)

1. 设方程$x^4-3x+1=0$, 用二分法求其在$[0.3,0.4]$内的一个实根, 要求精确到小数后第5位(即$|x_k-x_{k-1}|\leqslant\dfrac{1}{2}\times10^{-5}$).

*2. 给定函数$f(x)$, $f'(x)$存在, 并且$0<m\leqslant f'(x)\leqslant M$, 证明若$0<\lambda<2/M$, 则对于任意$x_0$, 迭代过程$x_{k+1}=x_k-\lambda f(x_k)$均收敛于$f(x)=0$的根$x^*$.

3. 已知方程$2x-\sin x-2=0$在$\left[\dfrac{1}{2},\dfrac{\pi}{2}\right]$内存在唯一根.

(1) 试建立一种收敛于方程根的迭代格式, 并说明收敛的理由;

(2) 写出相应的Steffenson迭代格式, 并以$x_0=1.5$为初值迭代一步.

4. 用Newton迭代法求方程$f(x)=x-\ln x-2=0$ 在区间$(0,+\infty)$内的根, 要求精度为$\varepsilon=10^{-6}$.

5. 设$x_0=0.3, x_1=0.5, x_2=0.4$, 试用抛物线法求方程$T_4(x)=8x^4-8x^2+1=0$的最小正根的近似值, 误差小于$10^{-2}$(方程$T_4(x)=0$的最小正根为$\cos\dfrac{3\pi}{8}$).

*6. 设初始向量为$\boldsymbol{x}^{(0)}=(1.6,1.2)^{\mathrm{T}}$, 用Newton法解方程组(使结果有5位有效数字)

$$\begin{cases}x^2+y^2=4,\\x^2-y^2=1.\end{cases}$$

第5章 插 值 法

5.1 引 言

已经知道, 许多实际问题都可以用数学中的函数关系$y = f(x)$来表示变量之间的某种相互关系, 但是在工程技术与科学研究中遇到的函数$f(x)$非常复杂, 有些甚至给不出数学表达式,只能获得一些离散点的信息. 如何才能从离散的信息中, 求出它的表达式以满足工程设计要求, 并用来进行函数性质的研究与近似计算? 通常人们的做法是用满足一定条件的简单曲线来近似代替, 这就产生了插值法.

5.1.1 插值问题的提法

在函数$y = f(x)$定义区间$[a, b]$的一系列节点$x_0, x_1, \cdots, x_n$处测得函数值

$$y_0 = f(x_0), \quad y_1 = f(x_1), \quad \cdots, \quad y_n = f(x_n),$$

并由此构造一个简单易算的近似函数$P(x)$, 使其满足

$$P(x_i) = f(x_i), \quad i = 0, 1, \cdots, n.$$

用$P(x)$来代替$f(x)$, 即$f(x) \approx P(x)$. 这里称$P(x)$为$f(x)$的**插值函数**, $f(x)$为**被插函数**, $x_0, x_1, \cdots, x_n$为**插值节点**, $[a, b]$为**插值区间**, $P(x_i) = f(x_i)$ $(i = 0, 1, 2, \cdots, n)$为**插值条件**.

求插值函数的方法称为插值法. 就插值的几何意义而言, 作简单曲线$y = P(x)$严格通过曲线$y = f(x)$上的$n + 1$个点$(x_i, f(x_i))(i = 0, 1, \cdots, n)$, 并且用$P(x)$近似$f(x)$. 如图5.1所示, 实线表示被插函数$f(x)$, 虚线表示插值函数$P(x)$.

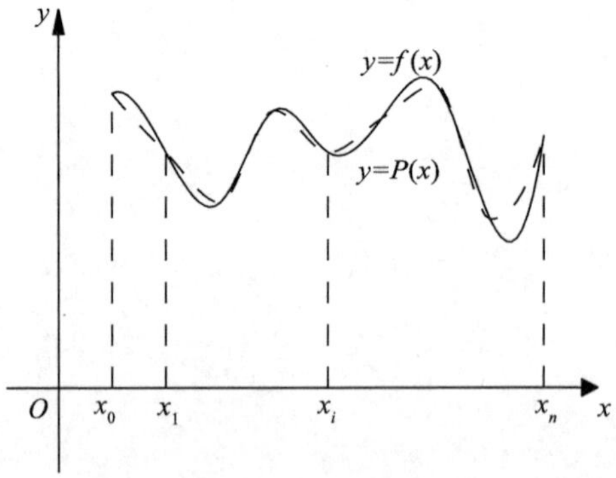

图5.1 插值

这里就要讨论下面三个问题:

(1) 插值函数$P(x)$是否存在?

(2) 如果$P(x)$存在, 如何构造?

(3) 评价$f(x) \approx P(x)$的近似程度，即误差估计.

下面以最常见的多项式插值为例讨论上述问题, 即求次数不超过n的代数多项式$P_n(x) = a_0 + a_1 x + \cdots + a_n x^n$, 使其满足插值条件

$$P_n(x_i) = f(x_i), \quad i = 0, 1, \cdots, n, \tag{5.1.1}$$

其中$a_i \in \mathbb{R}$, 当$i \neq j$时, $x_i \neq x_j$.

那么, 满足插值条件(5.1.1)的n次多项式是否存在? 如果存在, 是否唯一?

5.1.2 插值多项式的存在性、唯一性

定理5.1.1 若$x_0, x_1, \cdots, x_n$为$n+1$个互异的插值节点, 则满足插值条件(5.1.1)的n 次插值多项式

$$P_n(x) = a_0 + a_1 x + \cdots + a_n x^n$$

是存在且唯一的.

证明 根据插值条件(5.1.1), 插值系数$a_i (i = 0, 1, \cdots, n)$应满足

$$\begin{cases} a_0 + a_1 x_0 + a_2 x_0^2 + \cdots + a_n x_0^n = f(x_0), \\ a_0 + a_1 x_1 + a_2 x_1^2 + \cdots + a_n x_1^n = f(x_1), \\ \qquad\qquad \cdots\cdots \\ a_0 + a_1 x_n + a_2 x_n^2 + \cdots + a_n x_n^n = f(x_n). \end{cases} \tag{5.1.2}$$

这是一个关于系数$a_0, a_1, \cdots, a_n$的$n+1$元线性方程组, 由于节点$x_0, x_1, \cdots, x_n$互异, 根据Vandermonde行列式

$$V(x_0, x_1, \cdots, x_n) = \begin{vmatrix} 1 & x_0 & x_0^2 & \cdots & x_0^n \\ 1 & x_1 & x_1^2 & \cdots & x_1^n \\ \vdots & \vdots & \vdots & & \vdots \\ 1 & x_n & x_n^2 & \cdots & x_n^n \end{vmatrix} = \prod_{0 \leqslant j < i \leqslant n} (x_i - x_j) \neq 0$$

可知, 方程组(5.1.2)有唯一解$a_0, a_1, \cdots, a_n$, 所以插值多项式$P_n(x)$存在且唯一. □

定理5.1.1不但说明了插值多项式是存在且唯一的, 而且提供了如何构造插值多项式的方法, 即通过求解线性方程组(5.1.2)得到. 这是求插值多项式最直接的方法, 但也是最烦琐的, 一般不采用. 下面将会介绍如何用更简单实用的方法来构造插值多项式.

本章主要介绍Lagrange插值法、Newton插值法、Hermite插值法、样条(spline)插值法, 并讨论它们的截断误差.

5.2 Lagrange插值多项式

5.2.1 插值基函数

已知给定的$n+1$个互异插值节点$x_0, x_1, \cdots, x_n$处的函数值分别为$y_0 = f(x_0), y_1 = f(x_1), \cdots, y_n = f(x_n)$.

定义5.2.1　若n次多项式$l_i(x)$ $(i = 0, 1, \cdots, n)$在$n+1$个互异节点$x_0, x_1, \cdots, x_n$处满足

$$l_i(x_k) = \delta_{ik} = \begin{cases} 1, & k = i, \\ 0, & k \neq i, \end{cases}$$

则称$l_i(x)$为**Lagrange基函数**(Lagrange basis).

因为$l_i(x_k) = 0$ $(k \neq i)$, 所以$x_0, x_1, \cdots, x_{i-1}, x_{i+1}, \cdots, x_n$为$l_i(x)$的零点, 可设

$$l_i(x) = A(x - x_0) \cdots (x - x_{i-1})(x - x_{i+1}) \cdots (x - x_n),$$

其中A为待定系数. 再由条件$l_i(x_i) = 1$可确定系数A, 因此,

$$\begin{aligned} l_i(x) &= \frac{(x - x_0) \cdots (x - x_{i-1})(x - x_{i+1}) \cdots (x - x_n)}{(x_i - x_0) \cdots (x_i - x_{i-1})(x_i - x_{i+1}) \cdots (x_i - x_n)} \\ &= \prod_{\substack{k=0 \\ k \neq i}}^{n} \frac{x - x_k}{x_i - x_k}, \quad i = 0, 1, \cdots, n. \end{aligned} \tag{5.2.1}$$

5.2.2 Lagrange插值多项式

定义5.2.2　称n次多项式

$$\begin{aligned} L_n(x) &= f(x_0)l_0(x) + f(x_1)l_1(x) + \cdots + f(x_n)l_n(x) = \sum_{i=0}^{n} f(x_i)l_i(x) \\ &= \sum_{i=0}^{n} \Big(\prod_{\substack{k=0 \\ k \neq i}}^{n} \frac{x - x_k}{x_i - x_k} \Big) f(x_i) \end{aligned} \tag{5.2.2}$$

为**Lagrange插值多项式**(Lagrange polynomial).

显然, $L_n(x)$满足插值条件(5.1.1), 即$L_n(x_i) = f(x_i)$ $(i = 0, 1, \cdots, n)$. 这不仅说明满足式(5.1.1)的插值多项式的存在性, 并且给出了其具体的表达形式.

特别地, 当$n = 1$时, 即已知节点x_0, x_1处函数值$y_0 = f(x_0), y_1 = f(x_1)$, 求$P_1(x) = a_0 + a_1 x$, 使得$P_1(x_0) = y_0$, $P_1(x_1) = y_1$. 由式(5.2.1), 插值基函数为

$$l_0(x) = \frac{x - x_1}{x_0 - x_1}, \quad l_1(x) = \frac{x - x_0}{x_1 - x_0}.$$

由式(5.2.2), Lagrange插值多项式为

$$L_1(x) = \frac{x - x_1}{x_0 - x_1} y_0 + \frac{x - x_0}{x_1 - x_0} y_1 = P_1(x).$$

从几何直观上来看, $P_1(x)$ 是过 (x_0, y_0) 和 (x_1, y_1) 两点的直线. 可见, 两点插值公式就是用直线 $P_1(x) = a_0 + a_1 x$ 代替曲线 $y = f(x)$, 如图5.2所示.

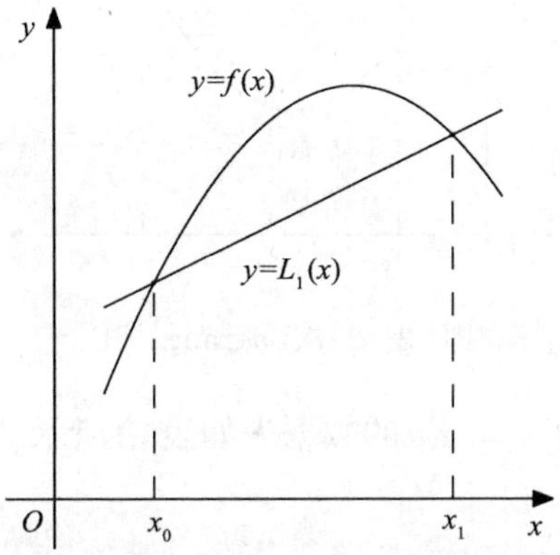

图5.2 一次Lagrange插值

当 $n = 2$ 时, 已知节点 x_0, x_1, x_2 处的函数值分别为 $y_0 = f(x_0)$, $y_1 = f(x_1)$, $y_2 = f(x_2)$, 求 $P_2(x) = a_0 + a_1 x + a_2 x^2$, 使得 $P_2(x_0) = y_0$, $P_2(x_1) = y_1$, $P_2(x_2) = y_2$. 插值基函数为

$$l_0(x) = \frac{(x - x_1)(x - x_2)}{(x_0 - x_1)(x_0 - x_2)}, \quad l_1(x) = \frac{(x - x_0)(x - x_2)}{(x_1 - x_0)(x_1 - x_2)}, \quad l_2(x) = \frac{(x - x_0)(x - x_1)}{(x_2 - x_0)(x_2 - x_1)},$$

Lagrange插值多项式为

$$L_2(x) = \frac{(x - x_1)(x - x_2)}{(x_0 - x_1)(x_0 - x_2)} y_0 + \frac{(x - x_0)(x - x_2)}{(x_1 - x_0)(x_1 - x_2)} y_1 + \frac{(x - x_0)(x - x_1)}{(x_2 - x_0)(x_2 - x_1)} y_2 = P_2(x).$$

从几何直观上来看, 上式表示用过 (x_0, y_0), (x_1, y_1) 和 (x_2, y_2) 三点的抛物线 $P_2(x) = a_0 + a_1 x + a_2 x^2$ 近似代替曲线 $y = f(x)$, 如图5.3所示.

因此, 一次、二次Lagrange插值也分别称为**线性插值**和**抛物线插值**, 它们是工程上常用的插值方法. 顺便说明一点, 记

$$\omega_{n+1}(x) = (x - x_0)(x - x_1) \cdots (x - x_n), \tag{5.2.3}$$

则

$$\omega'_{n+1}(x_i) = (x_i - x_0) \cdots (x_i - x_{i-1})(x_i - x_{i+1}) \cdots (x_i - x_n),$$

将它们代入式(5.2.2)中, 则Lagrange插值多项式可以表示为

$$L_n(x) = \sum_{i=0}^{n} \frac{\omega_{n+1}(x)}{(x - x_i)\omega'_{n+1}(x_i)} f(x_i).$$

将Lagrange插值多项式写成上述形式, 可使公式更加清晰、简单, 用于推导其他形式也会更加方便.

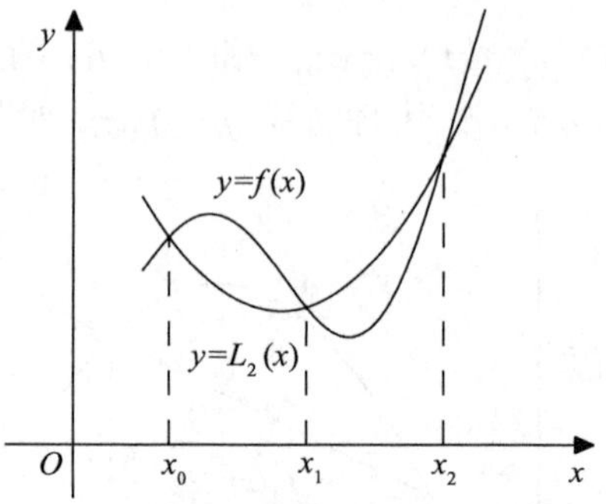

图5.3　二次Lagrange插值

例5.2.1　已知函数$f(x) = \ln x$的数据表如表5.1所示.

表5.1

x	0.40	0.50	0.70	0.80
$\ln x$	−0.916291	−0.693147	−0.356675	−0.223144

试构造一次、二次 Lagrange 插值多项式 $L_1(x)$, $L_2(x)$, 并且利用插值公式计算 $f(x) = \ln x$ 在 $x = 0.60$ 处的近似值.

解　(1) 为减少误差, 在选取插值节点时, 应尽量选取与所求点较近的一些节点. 由于$x = 0.60$介于0.50与0.70之间, 故取插值条件如表5.2所示.

表5.2

x	0.50	0.70
$\ln x$	−0.693147	−0.356675

构造一次Lagrange插值多项式

$$L_1(x) = \frac{x - 0.70}{0.50 - 0.70}(-0.693147) + \frac{x - 0.50}{0.70 - 0.50}(-0.356675),$$

则

$$\ln 0.60 \approx L_1(0.60) \approx -0.524911.$$

(2) 取插值条件如表5.3所示.

表5.3

x	0.50	0.70	0.80
$\ln x$	−0.693147	−0.356675	−0.223144

构造二次Lagrange插值多项式

$$\begin{aligned}L_2(x)=&\frac{(x-0.70)(x-0.80)}{(0.50-0.70)(0.50-0.80)}(-0.693147)\\&+\frac{(x-0.50)(x-0.80)}{(0.70-0.50)(0.70-0.80)}(-0.356675)\\&+\frac{(x-0.50)(x-0.70)}{(0.80-0.50)(0.80-0.70)}(-0.223144),\end{aligned}$$

则

$$\ln 0.60\approx L_2(0.60)\approx -0.513343.$$

真值为$\ln 0.60=-0.510826$, 显然, 二次插值比一次插值效果更好.

5.2.3 插值余项

Lagrange插值多项式在节点处绝对精确, 但在非节点处的误差如何? 在区间 $[a,b]$ 上, 若用 $L_n(x)$ 近似 $f(x)$, 则记其截断误差为 $R_n(x)=f(x)-L_n(x)$, 也称 $R_n(x)$ 为插值多项式的**余项** (remainder).

定理5.2.1 设函数 $f(x)$ 的 n 阶导数 $f^{(n)}(x)$ 在 $[a,b]$ 上连续, 并且 $f^{(n+1)}(x)$ 在 (a,b) 内存在, $L_n(x)$ 为 $f(x)$ 在节点 $a\leqslant x_0<x_1<\cdots<x_n\leqslant b$ 处的Lagrange插值多项式, 则余项

$$R_n(x)=f(x)-L_n(x)=\frac{f^{(n+1)}(\xi)}{(n+1)!}\omega_{n+1}(x),$$

其中 $\xi\in(a,b)$ 且依赖于 x, $\omega_{n+1}(x)$ 由式(5.2.3)给出.

证明 作辅助函数

$$\varphi(t)=f(t)-L_n(t)-K(x)\omega_{n+1}(t),\quad t\in[a,b],$$

其中 $K(x)$ 为与 x 有关的待定常数, 并且当 $t=x$ 时, $\varphi(x)=0$, 即

$$f(x)-L_n(x)-K(x)\omega_{n+1}(x)=0. \tag{5.2.4}$$

另外, 因为插值多项式在节点处都是精确的, 因此有 $\varphi(x_i)=0\ (i=0,1,\cdots,n)$. 这样构造的函数$\varphi(t)$至少有$n+2$个不同的根$x_0,x_1,\cdots,x_n,x$. 不妨设$x_{n+1}=x$, 对于给定区间$(x_{i-1},x_i)\ (i=1,2,\cdots,n+1)$, 由Rolle定理, 必存在$\xi_i^{(1)}\in(x_{i-1},x_i)$, 使得

$$\varphi'(\xi_i^{(1)})=0,\quad i=1,2,\cdots,n+1.$$

在$(\xi_{i-1}^{(1)},\xi_i^{(1)})\ (i=2,3,\cdots,n+1)$内, 由Rolle定理, 必存在$\xi_i^{(2)}\in(\xi_{i-1}^{(1)},\xi_i^{(1)})$, 使得

$$\varphi''(\xi_i^{(2)})=0,\quad i=2,3,\cdots,n+1.$$

反复应用Rolle定理, 可以得到$\xi_i^{(n+1)} \in (\xi_{i-1}^{(n)}, \xi_i^{(n)}) \subset (a,b)$, 使得$\varphi^{(n+1)}(\xi_i^{(n+1)}) = 0$. 记$\xi = \xi_i^{(n+1)}$, 得到

$$f^{(n+1)}(\xi) - K(x)(n+1)! = 0. \tag{5.2.5}$$

由式(5.2.4)和式(5.2.5)得

$$R_n(x) = f(x) - L_n(x) = \frac{f^{(n+1)}(\xi)}{(n+1)!}\omega_{n+1}(x). \qquad \square$$

特别地, 当$n=1$时,

$$R_1(x) = f(x) - L_1(x) = \frac{f''(\xi)}{2}(x-x_0)(x-x_1);$$

当$n=2$时,

$$R_2(x) = f(x) - L_2(x) = \frac{f'''(\xi)}{6}(x-x_0)(x-x_1)(x-x_2).$$

然而, 通常不能确定ξ, 如果能估计$|f^{(n+1)}(x)| \leqslant M_{n+1}$, 则$|R_n(x)| \leqslant \frac{M_{n+1}}{(n+1)!}|\omega_{n+1}(x)|$可作为误差估计上限.

例如, 例5.2.1中的误差. 因为

$$f'(x) = \frac{1}{x}, \quad f''(x) = -\frac{1}{x^2}, \quad f'''(x) = \frac{2}{x^3},$$

则

$$|R_1(x)| = \left|\frac{f''(\xi)}{2}\omega_2(x)\right| = \left|\frac{1}{2\xi^2}(x-0.50)(x-0.70)\right|,$$

$$|R_1(0.60)| \leqslant \left|\frac{1}{2(\frac{1}{2})^2}(0.60-0.50)(0.60-0.70)\right| = 0.02;$$

$$|R_2(x)| = \left|\frac{f'''(\xi)}{6}\omega_3(x)\right| \leqslant \left|\frac{1}{3\xi^3}(x-0.50)(x-0.70)(x-0.80)\right|,$$

$$|R_2(0.60)| \leqslant \left|\frac{1}{3(\frac{1}{2})^3}(0.60-0.50)(0.60-0.70)(0.60-0.80)\right| \approx 5.33\times 10^{-3}.$$

例5.2.2 设$y=f(x)$是定义在区间$[a,b]$上的连续函数, 并且在(a,b)内有$|f''(x)| \leqslant M$, 证明

$$|R_1(x)| \leqslant \frac{M}{8}(b-a)^2.$$

证明 由一阶Lagrange插值余项

$$R_1(x) = f(x) - L_1(x) = \frac{f''(\xi)}{2!}(x-a)(x-b), \quad \xi\in(a,b),$$

令$g(x) = (x-a)(x-b)$, 显然,

$$\max_{a\leqslant x\leqslant b}|g(x)| = \max_{a\leqslant x\leqslant b}|(x-a)(x-b)| = \frac{(b-a)^2}{4},$$

故

$$|R_1(x)| \leqslant \frac{M}{8}(b-a)^2.$$

注5.2.1 (1) 插值多项式$L_n(x)$只与数据$x_0, x_1, \cdots, x_n$及其函数值$y_0 = f(x_0)$, $y_1 = f(x_1), \cdots, y_n = f(x_n)$有关, 而与$f(x)$无关;

(2) 当$f(x)$为任一个次数小于等于n的多项式时, 由于$f^{(n+1)}(x) \equiv 0$, 于是$R_n(x) \equiv 0$, 从而插值多项式对于次数小于等于n的多项式是精确的, 即如果$f(x) = P_m(x)$ $(m \leqslant n)$, 则$L_n(x) = P_m(x)$;

(3) 特别地, 当$f(x) = 1$时, $f^{(n+1)}(x) \equiv 0$, $L_n(x) = \sum\limits_{i=0}^{n} l_i(x)$, 于是$\sum\limits_{i=0}^{n} l_i(x) = 1$;

(4) 内插通常优于外推, 所以选择要计算的x所在区间附近的节点, 插值效果较好. 但是Lagrange插值多项式有一个很大的缺点, 即每增加一个插值节点, 整个计算都必须重新开始.

5.3 差商与Newton插值

Lagrange插值虽然易算, 但当要增加一个节点时, 全部基函数$l_i(x)$都需要重新计算. 如果将$L_n(x)$改写成

$$a_0 + a_1(x-x_0) + a_2(x-x_0)(x-x_1) + \cdots + a_n(x-x_0)(x-x_1)\cdots(x-x_{n-1})$$

的形式, 希望每加一个节点, 只附加一项上去即可, 这就是Newton插值的基本思想. 在介绍Newton插值公式之前, 先引进差商的概念.

5.3.1 差商及性质

对于连续变量函数, 通常用微商$\dfrac{\mathrm{d}y}{\mathrm{d}x}$来研究其性质. 同样, 对于离散变量函数, 通常用差商(也称均差)来研究其性质.

1. 差商

已知函数$y = f(x)$在互异节点$x_0, x_1, \cdots, x_n$处的函数值$y_0, y_1, \cdots, y_n$, 引进如下记号:

$$f[x_0, x_1] = \frac{f(x_1) - f(x_0)}{x_1 - x_0},$$
$$f[x_1, x_2] = \frac{f(x_2) - f(x_1)}{x_2 - x_1},$$
$$\cdots\cdots$$
$$f[x_{n-1}, x_n] = \frac{f(x_n) - f(x_{n-1})}{x_n - x_{n-1}}.$$

定义5.3.1 称

$$f[x_i, x_j] = \frac{f(x_j) - f(x_i)}{x_j - x_i} = f[x_j, x_i]$$

为函数$y=f(x)$在x_i,x_j的**一阶差商**(divided difference).

又引进如下记号:

$$f[x_0,x_1,x_2]=\frac{f[x_1,x_2]-f[x_0,x_1]}{x_2-x_0},$$
$$f[x_1,x_2,x_3]=\frac{f[x_2,x_3]-f[x_1,x_2]}{x_3-x_1},$$
$$\cdots\cdots$$
$$f[x_{n-2},x_{n-1},x_n]=\frac{f[x_{n-1},x_n]-f[x_{n-2},x_{n-1}]}{x_n-x_{n-2}}.$$

定义5.3.2 称

$$f[x_i,x_j,x_k]=\frac{f[x_j,x_k]-f[x_i,x_j]}{x_k-x_i}$$

为函数$y=f(x)$在x_i,x_j,x_k的**二阶差商**.

一般地, 有如下定义:

定义5.3.3 称

$$f[x_0,\cdots,x_k]=\frac{f[x_1,x_2,\cdots,x_k]-f[x_0,x_1\cdots,x_{k-1}]}{x_k-x_0}$$

为函数$y=f(x)$在$x_0,x_1,\cdots,x_k$的k**阶差商**.

约定 $f(x_i)$为函数$y=f(x)$在x_i的0阶差商.

2. 差商表

根据差商的定义, 可将计算出的各阶差商放在同一个表中, 如表5.4所示, 从左到右依次为一阶、二阶、……、n阶差商.

表5.4 差商表

x_i	$f(x_i)$	一阶差商	二阶差商	$\cdots$	n阶差商
x_0	$f(x_0)$				
x_1	$f(x_1)$	$f[x_0,x_1]$			
x_2	$f(x_2)$	$f[x_1,x_2]$	$f[x_0,x_1,x_2]$		
$\vdots$	$\vdots$	$\vdots$	$\vdots$	$\ddots$	
x_n	$f(x_n)$	$f[x_{n-1},x_n]$	$f[x_{n-2},x_{n-1},x_n]$	$\cdots$	$f[x_0,\cdots,x_n]$

3. 差商性质

性质5.3.1

$$f[x_0,\cdots,x_k]=\sum_{i=0}^{k}\frac{f(x_i)}{(x_i-x_0)\cdots(x_i-x_{i-1})(x_i-x_{i+1})\cdots(x_i-x_k)},$$

即k阶差商可以表示为函数值$f(x_0),f(x_1),\cdots,f(x_k)$的线性组合.

性质5.3.2

$$f[x_0,\cdots,x_i,\cdots,x_j,\cdots,x_k]=f[x_0,\cdots,x_j,\cdots,x_i,\cdots,x_k],$$

即差商关于节点是对称的.

性质5.3.3

$$f[x_0,x_1,\cdots,x_n]=\frac{f^{(n)}(\xi)}{n!},\quad \xi\in(a,b),$$

此为差商与微商之间的关系.

特别地, 如果$n=1$, 则

$$f[x_0,x_1]=\frac{f(x_1)-f(x_0)}{x_1-x_0}=f'(\xi),$$

此为Lagrange中值定理.

性质5.3.4 如果$f(x)=\sum\limits_{i=0}^{n}a_ix^i$, 则

$$f[x_0,\cdots,x_k]=\begin{cases}0, & k>n,\\ a_n, & k=n.\end{cases}$$

利用此性质可以计算特殊函数的差商.

例5.3.1 设函数$f(x)=x^7+3x^4+5x^2-1$, 则由性质5.3.4可知

$$f[2^0,2^1,\cdots,2^7]=1,\quad f[2^0,2^1,\cdots,2^8]=0.$$

5.3.2 Newton插值多项式

根据Newton插值的思想, 求

$$P_n(x)=a_0+a_1(x-x_0)+\cdots+a_n(x-x_0)\cdots(x-x_{n-1}),\tag{5.3.1}$$

使其满足如下插值条件:

$$P_n(x_0)=f(x_0),\quad P_n(x_1)=f(x_1),\quad \cdots,\quad P_n(x_n)=f(x_n).$$

由上述插值条件可知, 系数$a_0,a_1,\cdots,a_n$应满足如下方程组:

$$\begin{cases}a_0=f(x_0),\\ a_0+a_1(x_1-x_0)=f(x_1),\\ \qquad\qquad\cdots\cdots\\ a_0+a_1(x_n-x_0)+\cdots+a_n(x_n-x_0)\cdots(x_n-x_{n-1})=f(x_n),\end{cases}$$

解得该方程组的系数为

$$a_0=f(x_0),\quad a_1=\frac{f(x_1)-f(x_0)}{x_1-x_0}=f[x_0,x_1],\quad \cdots,\quad a_n=f[x_0,\cdots,x_n].$$

将上述系数代入式(5.3.1), 记$N_n(x) = P_n(x)$得

$$N_n(x) = f(x_0) + f[x_0, x_1](x - x_0) + f[x_0, x_1, x_2](x - x_0)(x - x_1) + \cdots \\ + f[x_0, \cdots, x_n](x - x_0)\cdots(x - x_{n-1}), \tag{5.3.2}$$

称式(5.3.2)为**Newton插值多项式**(Newton's interpolation).

Newton插值的优点如下: 每增加一个节点, 插值多项式只需要增加一项, 即

$$N_{n+1}(x) = N_n(x) + f[x_0, x_1, \cdots, x_{n+1}](x - x_0)(x - x_1)\cdots(x - x_n).$$

下面给出Newton插值的余项估计.

定理5.3.1 设函数$y = f(x)$在$n+1$个相异节点$x_0, x_1, \cdots, x_n$处满足插值条件$N_n(x_i) = f(x_i)$ $(i = 0, 1, 2, \cdots, n)$的Newton插值多项式为$N_n(x)$, 则

$$R_n(x) = f(x) - N_n(x) = f[x, x_0, \cdots, x_n](x - x_0)\cdots(x - x_{n-1})(x - x_n).$$

证明 对多项式次数应用数学归纳法.

(1) 因为

$$\begin{aligned} R_1(x) &= f(x) - N_1(x) = f(x) - [f(x_0) + f[x_0, x_1](x - x_0)] \\ &= \Big(f[x, x_0] - f[x_0, x_1]\Big)(x - x_0) = f[x, x_0, x_1](x - x_0)(x - x_1). \end{aligned}$$

(2) 假设

$$R_{k-1}(x) = f[x, x_0, \cdots, x_{k-1}](x - x_0)\cdots(x - x_{k-1}),$$

则

$$\begin{aligned} R_k(x) &= f(x) - N_k(x) \\ &= f(x) - \Big[N_{k-1}(x) + f[x_0, \cdots, x_k](x - x_0)\cdots(x - x_{k-1})\Big] \\ &= (f(x) - N_{k-1}(x)) - f[x_0, \cdots, x_k](x - x_0)\cdots(x - x_{k-1}) \\ &= \Big(f[x, x_0, \cdots, x_{k-1}] - f[x_0, \cdots, x_k]\Big)(x - x_0)\cdots(x - x_{k-1}) \\ &= f[x, x_0, \cdots, x_k](x - x_0)\cdots(x - x_{k-1})(x - x_k), \end{aligned}$$

所以

$$\begin{aligned} f(x) &= f(x_0) + f[x_0, x_1](x - x_0) + \cdots + f[x_0, \cdots, x_n](x - x_0)\cdots(x - x_{n-1}) \\ &\quad + f[x, x_0, \cdots, x_n](x - x_0)\cdots(x - x_{n-1})(x - x_n) \\ &= N_n(x) + R_n(x). \end{aligned}$$

□

注5.3.1 由唯一性可知$N_n(x) = L_n(x)$, Newton插值多项式与Lagrange插值多项式只是算法表达形式不同, 其实是满足同一插值条件的, 故其余项也相同,

$$f[x, x_0, \cdots, x_n]\omega_{n+1}(x) = \frac{f^{(n+1)}(\xi)}{(n+1)!}\omega_{n+1}(x),$$

即

$$f[x_0, \cdots, x_n] = \frac{f^{(n)}(\xi)}{n!}, \quad \xi \in (a, b).$$

例5.3.2 已知函数 $f(x) = \lg x$ 的数据表如表 5.5 所示, 构造 Newton 插值多项式 $N_n(x)$, 并求 $\lg 4.01$ 的近似值.

表5.5 数据表

x	4.0002	4.0104	4.0233	4.0294
$f(x)$	0.6020817	0.6031877	0.6045824	0.6052404

解 (1) 构造差商表如表5.6所示.

表5.6 差商表

x_i	$f(x_i)$	$f[x_{i-1}, x_i]$	$f[x_{i-2}, x_{i-1}, x_i]$	$f[x_{i-3}, x_{i-2}, x_{i-1}, x_i]$
4.0002	0.6020817			
4.0104	0.6031877	0.1084317		
4.0233	0.6045824	0.1081163	−0.0136404	
4.0294	0.6052404	0.1078689	−0.0130224	0.0211629

(2) 构造Newton插值多项式

$$\begin{aligned} N_3(x) = &0.6020817 + 0.1084317(x - 4.0002) - 0.0136404(x - 4.0002)(x - 4.0104) \\ &+0.0211629(x - 4.0002)(x - 4.0104)(x - 4.0233), \end{aligned}$$

所以

$$\lg 4.01 \approx N_3(4.01) \approx 0.60314439,$$

而真值为

$$\lg 4.01 = 0.6031443726.$$

5.4 差分、等距节点Newton插值多项式

Newton插值多项式一般应用于非等距节点的情形, 但为了上机方便起见, 通常采用等距节点, 此时插值公式可得到简化. 为了导出简化的插值公式, 引入差分的概念.

5.4.1 差分及其性质

1. 差分

设与等距节点$x_k = x_0 + kh$相应的函数值为$f_k = f(x_k)$ $(k = 0, 1, \cdots, n)$, 其中h称为**步长**.

定义5.4.1 称

$$\Delta f_k = f_{k+1} - f_k, \quad k = 0, 1, \cdots, n-1$$

为函数$y = f(x)$在点x_k的**一阶向前差分**; 称

$$\Delta^m f_k = \Delta^{m-1}(\Delta f_k) = \Delta^{m-1} f_{k+1} - \Delta^{m-1} f_k$$

为函数$y = f(x)$在点x_k的**m阶向前差分**.

定义5.4.2 称

$$\nabla f_k = f_k - f_{k-1}, \quad k = 1, 2, \cdots, n$$

为函数$y = f(x)$在点x_k的**一阶向后差分**; 称

$$\nabla^m f_k = \nabla^{m-1}(\nabla f_k) = \nabla^{m-1} f_k - \nabla^{m-1} f_{k-1}$$

为函数$y = f(x)$在点x_k的**m阶向后差分**.

约定 $\Delta^0 f_k = f_k = \nabla^0 f_k$ $(k = 0, 1, \cdots, n)$为函数$y = f(x)$在点x_k的零阶向前、向后差分.

2. 差分表

计算各阶差分, 可构造如表5.7所示的差分表.

表5.7 差分表

x_i	$f(x_i)$	一阶差分	二阶差分	$\cdots$	n阶差分
x_0	f_0				
x_1	f_1	Δf_0			
x_2	f_2	Δf_1	$\Delta^2 f_0$		
$\vdots$	$\vdots$	$\vdots$	$\vdots$	$\ddots$	
x_n	f_n	Δf_{n-1}	$\Delta^2 f_{n-2}$	$\cdots$	$\Delta^n f_0$

3. 差分性质

性质5.4.1 各阶差分可由相应的函数值线性组合算出, 即

$$\Delta^n f_k = \sum_{j=0}^{n} (-1)^j \binom{n}{j} f_{n-j+k},$$

$$\nabla^n f_k = \sum_{j=0}^{n} (-1)^j \binom{n}{j} f_{k-j}, \quad k = 1, 2, \cdots, n,$$

其中

$$\binom{n}{j} = \frac{n(n-1)\cdots(n-j+1)}{j!}.$$

性质5.4.2 差商与差分之间的关系为

$$f[x_0,\cdots,x_k] = \frac{\Delta^k f_0}{k!h^k},$$
$$f[x_n,\cdots,x_{n-k}] = \frac{\nabla^k f_n}{k!h^k}, \quad k=1,2,\cdots,n.$$

性质5.4.3 导数与差分之间的关系为

$$f^{(k)}(\xi) = \frac{\Delta^k f_0}{h^k}, \quad \xi \in (x_0,x_k), \quad k=1,2,\cdots,n.$$

5.4.2 等距节点Newton插值多项式

1. Newton向前插值公式

$$N_n(x) = f(x_0) + f[x_0,x_1](x-x_0) + \cdots + f[x_0,\cdots,x_n](x-x_0)\cdots(x-x_{n-1}).$$

设$x = x_0 + th$, 则

$$\begin{aligned} &f[x_0,\cdots,x_k](x-x_0)(x-x_1)\cdots(x-x_{k-1}) \\ =& h^k t(t-1)\cdots(t-k+1)\tfrac{\Delta^k f(x_0)}{k!h^k} \\ =& \frac{t(t-1)\cdots(t-k+1)}{k!}\Delta^k f(x_0), \end{aligned}$$

这样等距节点Newton插值多项式为

$$\begin{aligned} N_n(x) &= N_n(x_0+th) \\ &= f(x_0) + t\Delta f(x_0) + \tfrac{t(t-1)}{2!}\Delta^2 f(x_0) + \cdots \\ &\quad + \frac{t(t-1)\cdots(t-n+1)}{n!}\Delta^n f(x_0) = \sum_{k=0}^{n}\binom{t}{k}\Delta^k f(x_0), \end{aligned} \tag{5.4.1}$$

余项为

$$R_n(x) = \frac{f^{(n+1)}(\xi)}{(n+1)!}t(t-1)\cdots(t-n)h^{n+1}, \quad \xi \in (x_0,x_n).$$

例5.4.1 已知函数 $f(x)=\sin x$ 的数据如表 5.8 所示, 构造 Newton 插值多项式 $N_n(x)$, 计算 sin(0.12), 并估计余项.

表5.8

x	0.1	0.2	0.3	0.4	0.5	0.6
$f(x)$	0.09983	0.19867	0.29552	0.38942	0.47943	0.56464

解　(1) 构造差分表如表5.9所示.

表5.9

x	f	Δf	$\Delta^2 f$	$\Delta^3 f$	$\Delta^4 f$	$\Delta^5 f$
0.1	0.09983					
0.2	0.19867	0.09884				
0.3	0.29552	0.09685	−0.00199			
0.4	0.38942	0.09390	−0.00295	−0.00096		
0.5	0.47943	0.09001	−0.00389	−0.00094	0.00002	
0.6	0.56464	0.08521	−0.00480	−0.00091	0.00003	0.00001

Newton一次插值多项式$N_1(x) = 0.09983 + t \times 0.09884$. 取$x = 0.12$, $h = 0.1$, $t = \dfrac{x-0.1}{h} = 0.2$, 所以

$$\sin(0.12) \approx N_1(0.12) = 0.11960;$$

Newton二次插值多项式$N_2(x) = N_1(x) + \dfrac{t(t-1)}{2!}(-0.00199)$, 所以

$$\sin(0.12) \approx N_2(0.12) = 0.11976;$$

Newton三次插值多项式$N_3(x) = N_2(x) + \dfrac{t(t-1)(t-2)}{3!}(-0.00096)$, 所以

$$\sin(0.12) \approx N_3(0.12) = 0.11971;$$

Newton四次插值多项式$N_4(x) = N_3(x) + \dfrac{t(t-1)(t-2)(t-3)}{4!}0.00002$, 所以

$$\sin(0.12) \approx N_4(0.12) = 0.11970.$$

真值为$\sin(0.12) = 0.11971221$.

2. Newton向后插值公式

将节点顺序倒置, 则Newton插值公式为

$$N_n(x) = f(x_n) + f[x_n, x_{n-1}](x - x_n) + \cdots + f[x_n, \cdots, x_0](x - x_n)\cdots(x - x_1),$$

设$x = x_n + th$, 则

$$\begin{aligned} N_n(x) &= N_n(x_n + th) \\ &= f(x_n) + t\nabla f(x_n) + \tfrac{t(t+1)}{2!}\nabla^2 f(x_n) + \cdots \\ &\quad + \frac{t(t+1)\cdots(t+n-1)}{n!}\nabla^n f(x_n) \\ &= \sum_{k=0}^{n}(-1)^k \binom{-t}{k}\nabla^k f(x_n), \end{aligned} \tag{5.4.2}$$

余项为

$$R_n(x)=\frac{f^{(n+1)}(\xi)}{(n+1)!}t(t+1)\cdots(t+n)h^{n+1},\quad \xi\in(x_0,x_n).$$

注5.4.1 一般地, 当x靠近x_0时用向前插值公式, 当x靠近x_n时用向后插值公式, 故这两种公式也称为**表初公式**和**表末公式**.

例5.4.2 已知函数$f(x)=\cos x$的数据如表5.10所示, 计算cos(0.048), cos(0.575).

表5.10

x	0.0	0.1	0.2	0.3	0.4	0.5	0.6
$f(x)$	1.00000	0.99500	0.98006	0.97533	0.92106	0.87798	0.82533

解 (1) 由于0.048最接近0.0, 故用Newton向前插值公式, 构造差分表5.11, 得到插值公式为

$$\begin{aligned}N_n(x)&=N_n(x_0+th)\\&=1.00000+t(-0.00500)+\tfrac{t(t-1)}{2!}(-0.00994)+\tfrac{t(t-1)(t-2)}{3!}0.00015\\&\quad+\tfrac{t(t-1)(t-2)(t-3)}{4!}\cdot0.00010+\tfrac{t(t-1)(t-2)(t-3)(t-4)}{5!}(-0.00002)\\&\quad+\tfrac{t(t-1)(t-2)(t-3)(t-4)(t-5)}{6!}\cdot0.00005.\end{aligned}$$

表5.11 差分表

x	f	Δf	$\Delta^2 f$	$\Delta^3 f$	$\Delta^4 f$	$\Delta^5 f$	$\Delta^6 f$
0.0	1.00000						
0.1	0.99500	−0.00500					
0.2	0.98006	−0.01494	−0.00944				
0.3	0.97533	−0.02473	−0.00979	0.00015			
0.4	0.92106	−0.03421	−0.00954	0.00025	0.00010		
0.5	0.87798	−0.04328	−0.00921	0.00033	0.00008	−0.00002	
0.6	0.82533	−0.05225	−0.00877	0.00044	0.00017	0.00001	0.00005

此时, $x=0.048$, $h=0.1$, $t=0.48$, 实际计算时可以取

$$\cos(0.048)\approx N_4(0.048)=0.99884.$$

(2) 由于0.575最接近于0.6, 故用Newton向后插值公式, 构造差分表, 得到

$$\begin{aligned}N_n(x)&=N_n(x_n+th)\\&=0.82533+t(-0.05225)+\frac{t(t+1)}{2!}(-0.00877)+\frac{t(t+1)(t+2)}{3!}\cdot0.00044\\&\quad+\frac{t(t+1)(t+2)(t+3)}{4!}\cdot0.00017+\frac{t(t+1)(t+2)(t+3)(t+4)}{5!}\cdot0.00001\\&\quad+\frac{t(t+1)(t+2)(t+3)(t+4)(t+5)}{6!}\cdot0.00005,\end{aligned}$$

此时, $x=0.575$, $h=0.1$, $t=-0.25$, 实际计算时, 可以取

$$\cos(0.575)\approx N_4(0.575)=0.83918.$$

真值

$$\cos(0.048)=0.998848221,\quad \cos(0.575)=0.839192302.$$

5.5 Hermite插值

5.5.1 Hermite插值问题

前面提到的插值仅要求插值多项式在插值节点处与原函数有相同的函数值, 这时, 插值函数往往不能反映原函数的变化趋势. 现在提出插值函数与原函数在节点处不仅要求有相同的函数值, 而且要求有相同的导数值, 这样的插值叫Hermite**插值**.

1. Hermite插值的定义

定义5.5.1 已知函数$y=f(x)$在节点$x_0,x_1,\cdots,x_n$处的函数值$y_0,y_1,\cdots,y_n$和导数值$y_0',y_1',\cdots,y_n'$, 求$H_{2n+1}(x)$, 使其满足

$$H_{2n+1}(x_i)=y_i,\quad H_{2n+1}'(x_i)=y_i',\quad i=0,1,\cdots,n, \tag{5.5.1}$$

则称$H_{2n+1}(x)$为满足插值条件(5.5.1)的Hermite**插值多项式**.

由于式(5.5.1)给出$2n+2$个条件, 因此, 可以确定$2n+1$次多项式的$2n+2$个系数.

2. 构造

仿效Lagrange插值构造

$$H_{2n+1}(x)=\sum_{i=0}^{n}y_i\alpha_i(x)+\sum_{i=0}^{n}y_i'\beta_i(x), \tag{5.5.2}$$

要求满足

$$\begin{cases}\alpha_i(x_k)=\delta_{ik},\\ \alpha_i'(x_k)=0,\\ \alpha_i(x)\in P_{2n+1}(x),\quad i,k=0,1,\cdots,n\end{cases} \tag{5.5.3}$$

和

$$\begin{cases}\beta_i(x_k)=0,\\ \beta_i'(x_k)=\delta_{ik},\\ \beta_i(x)\in P_{2n+1}(x),\quad i,k=0,1,\cdots,n.\end{cases} \tag{5.5.4}$$

首先考虑$\alpha_i(x)$的构造. 显然, $l_i^2(x)\in P_{2n}(x)$满足条件(5.5.3)的前两个条件($k\neq i$), 但不满足第三个条件. 假设

$$\alpha_i(x)=(Ax+B)l_i^2(x),$$

显然, $\alpha_i(x)$为$2n+1$次多项式, 其中A, B为待定常数.

考虑在x_i处, 由(5.5.3)中的第一个条件$\alpha_i(x_i)=1$可得$Ax_i+B=1$; 由(5.5.3)中的第二个条件$\alpha_i'(x_i)=0$可得$A+2l_i'(x_i)=0$.

于是解得

$$A=-2l_i'(x_i), \quad B=1+2x_il_i'(x_i).$$

将A, B代入得

$$\alpha_i(x)=[1-2l_i'(x_i)(x-x_i)]l_i^2(x). \tag{5.5.5}$$

同理可得

$$\beta_i(x)=(x-x_i)l_i^2(x). \tag{5.5.6}$$

称 $\alpha_i(x)$, $\beta_i(x)$ 为 Hermite **插值基函数**, 将式 (5.5.5), 式 (5.5.6) 代入式 (5.5.2) 可得 Hermite 插值多项式.

求Hermite插值多项式的基本步骤如下:

(1) 写出基函数

$$\alpha_i(x)=[1-2l_i'(x_i)(x-x_i)]l_i^2(x), \quad \beta_i(x)=(x-x_i)l_i^2(x); \tag{5.5.7}$$

(2) 写出组合形式

$$H_{2n+1}(x)=\sum_{i=0}^{n}y_i\alpha_i(x)+\sum_{i=0}^{n}y_i'\beta_i(x). \tag{5.5.8}$$

3. 唯一性

定理5.5.1 存在唯一次数不超过$2n+1$的多项式$H_{2n+1}(x)$满足插值条件(5.5.1).

证明 假设$H_{2n+1}(x)$, $\widetilde{H}_{2n+1}(x)$都满足插值条件(5.5.1), 构造函数

$$Q_{2n+1}(x)=H_{2n+1}(x)-\widetilde{H}_{2n+1}(x),$$

则$Q_{2n+1}(x)$是不超过$2n+1$的多项式, 并且满足

$$\begin{cases} Q_{2n+1}(x_i)=0, \\ Q_{2n+1}'(x_i)=0, \quad i=0,1,\cdots,n, \end{cases}$$

即$x_i(i=0,1,\cdots,n)$是$Q_{2n+1}(x)$的二重根. 也就是说, $Q_{2n+1}(x)$共有$2n+2$个零点, 故 $Q_{2n+1}(x)=0$, 所以$H_{2n+1}(x)=\widetilde{H}_{2n+1}(x)$. □

4. Hermite插值余项

关于Hermite插值多项式的余项, 有如下定理:

定理5.5.2 设 $a=x_0<x_1<\cdots<x_n=b$, $f^{(2n+1)}(x)$ 在 $[a,b]$ 上连续, $f^{(2n+2)}(x)$ 在 (a,b) 内存在, $H_{2n+1}(x)$ 为满足式 (5.5.1) 的插值多项式, 则余项

$$R_{2n+1}(x)=f(x)-H_{2n+1}(x)=\frac{f^{(2n+2)}(\xi)}{(2n+2)!}\omega_{n+1}^2(x), \quad \xi\in(a,b).$$

证明 模仿Lagrange插值余项的思想, 反复利用Rolle定理即可证得结论. □

5.5.2 特殊的Hermite插值多项式的构造

1. 插值基函数

(1) 已知函数$y=f(x)$在节点$x_0,x_1,\cdots,x_i,\cdots,x_n$处的函数值$0,0,\cdots,1,\cdots,0$和导数值$0,0,\cdots,0,\cdots,0$, 则

$$H_{2n+1}(x)=[1-2l_i'(x_i)(x-x_i)]l_i^2(x)=\alpha_i(x);$$

(2) 已知函数$y=f(x)$在节点$x_0,x_1,\cdots,x_i,\cdots,x_n$处的函数值$0,0,\cdots,0,\cdots,0$和导数值$0,0,\cdots,1,\cdots,0$, 则

$$H_{2n+1}(x)=(x-x_i)l_i^2(x)=\beta_i(x).$$

2. 低阶Hermite插值多项式

(1) 已知x_i,x_{i+1}处有函数值y_i,y_{i+1}和导数值y_i',y_{i+1}', 则

$$\begin{aligned}H_3(x)=&\left(1+2\frac{x-x_i}{x_{i+1}-x_i}\right)\left(\frac{x-x_{i+1}}{x_i-x_{i+1}}\right)^2y_i+\left(1+2\frac{x-x_{i+1}}{x_i-x_{i+1}}\right)\left(\frac{x-x_i}{x_{i+1}-x_i}\right)^2y_{i+1}\\&+(x-x_i)\left(\frac{x-x_{i+1}}{x_i-x_{i+1}}\right)^2y_i'+(x-x_{i+1})\left(\frac{x-x_i}{x_{i+1}-x_i}\right)^2y_{i+1}';\end{aligned}$$

(2) 已知x_0,x_1,x_2处有函数值$f(x_0),f(x_1),f(x_2)$和导数值$f'(x_1)$, 求满足插值条件

$$H_3(x_i)=f(x_i),\ i=0,1,2,\quad H_3(x_1)=f'(x_1)$$

的三次多项式$H_3(x)$, 并估计误差.

由于节点x_0,x_1,x_2上的二次Newton多项式

$$N_2(x)=f(x_0)+f[x_0,x_1](x-x_0)+f[x_0,x_1,x_2](x-x_0)(x-x_1)$$

也满足$N_2(x_i)=f(x_i)\ (i=0,1,2)$, 利用Newton插值公式, 于是令

$$H_3(x)=N_2(x)+A(x-x_0)(x-x_1)(x-x_2),$$

其中A为待定系数.

由条件$H_3'(x_1)=f'(x_1)$确定

$$A=\frac{f'(x_1)-f[x_0,x_1]-f[x_0,x_1,x_2](x_1-x_0)}{(x_1-x_0)(x_1-x_2)},$$

于是

$$\begin{aligned}H_3(x)=&f(x_0)+f[x_0,x_1](x-x_0)+f[x_0,x_1,x_2](x-x_0)(x-x_1)\\&+\frac{f'(x_1)-f[x_0,x_1]-f[x_0,x_1,x_2](x_1-x_0)}{(x_1-x_0)(x_1-x_2)}(x-x_0)(x-x_1)(x-x_2).\end{aligned}\tag{5.5.9}$$

下面研究插值余项, 假设$f(x)$在$[a,b]$内具有连续的四阶导数, 由插值条件可知, x_0, x_1, x_2为$R_3(x)$的零点且x_1为二重零点, 于是设

$$R_3(x) = f(x) - H_3(x) = K(x)(x - x_0)(x - x_1)^2(x - x_2),$$

其中$K(x)$待定, 作辅助函数

$$\varphi(t) = f(t) - H_3(t) - K(x)(t - x_0)(t - x_1)^2(t - x_2),$$

选择$K(x)$, 使得

$$\varphi(x) = f(x) - H_3(x) - K(x)(x - x_0)(x - x_1)^2(x - x_2) = 0,$$

则函数 $\varphi(t)$ 在 $[a,b]$ 内有 5 个零点 x_0, x_1 (二重零点), x_2, x. 由 Rolle 定理可知, $\varphi'(t)$ 在 $[a,b]$ 内至少有 4 个互异零点. 反复利用 Rolle 定理可知, $\varphi^{(4)}(t)$ 在 $[a,b]$ 内至少存在一个 ξ, 使得

$$\varphi^{(4)}(\xi) = f^{(4)}(\xi) - 4!K(x) = 0,$$

于是$K(x) = \dfrac{f^{(4)}(\xi)}{4!}$. 故

$$R_3(x) = f(x) - H_3(x) = \frac{f^{(4)}(\xi)}{4!}(x - x_0)(x - x_1)^2(x - x_2), \quad \xi \in (a,b) \tag{5.5.10}$$

为三次Hermite插值多项式的余项.

5.6 分段低次插值法

通过以上讨论可知, 插值节点越多, 插值多项式的次数越高, 但高次插值多项式逼近函数$f(x)$的效果并非越好.

5.6.1 高次插值的Runge现象

首先在$[-5,5]$上考察$f(x) = \dfrac{1}{1+x^2}$的Lagrange插值多项式$L_n(x)$, 取$x_k = -5 + \dfrac{10}{n}k$ $(k = 0, 1, \cdots, n)$, 分别取$n = 5, 10$, 画出$y_1 = L_5(x)$, $y_2 = L_{10}(x)$的图形如图5.4所示.

从图5.4中可见, 插值函数$L_{10}(x)$比$L_5(x)$在± 5附近振荡更大, 偏离$\dfrac{1}{1+x^2}$更远, 这种现象被称为**Runge现象**.

Runge现象的产生说明, 并不能通过增加节点来提高精度, 更何况高阶插值函数计算麻烦, 因此, 通常的办法是将整个区间分成若干个小区间, 在每个小区间上用低次多项式进行插值, 然后再将每个小区间上的低次多项式拼接起来. 这一方法既保

留了低次插值多项式计算简单的优点, 又能够达到很高的精度, 其中以分段线性插值为典型.

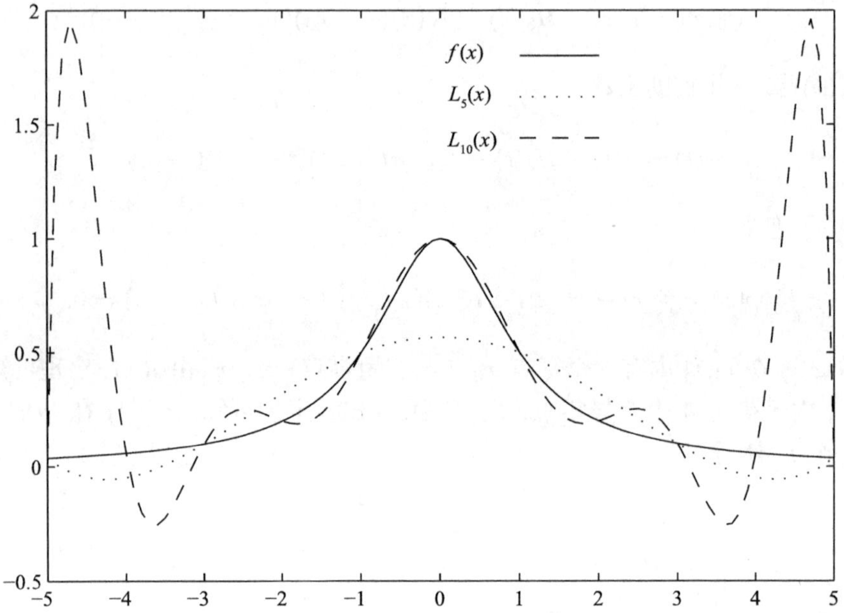

图5.4 Runge 现象

5.6.2 分段线性插值

已知函数$y = f(x)$在互异节点$x_0, x_1, \cdots, x_n$处的函数值分别为$y_0, y_1, \cdots, y_n$, 在每个小区间$[x_i, x_{i+1}]$上, 用线性插值

$$I_i(x) = \frac{x - x_{i+1}}{x_i - x_{i+1}} y_i + \frac{x - x_i}{x_{i+1} - x_i} y_{i+1}, \quad x \in [x_i, x_{i+1}]$$

逼近$f(x)$, 将这样的插值函数拼接起来构成$I_h(x)$, 称为**分段线性插值函数**(piecewise linear interpolation), 则

(1) $I_h(x)$在$[a, b]$上连续;

(2) $I_h(x)$满足插值条件$I_h(x_i) = f(x_i)$ $(i = 0, 1, \cdots, n)$;

(3) 在$[x_i, x_{i+1}]$上,

$$I_h(x) = I_i(x) = \frac{x - x_{i+1}}{x_i - x_{i+1}} y_i + \frac{x - x_i}{x_{i+1} - x_i} y_{i+1}$$

为线性函数;

(4) 估计误差, 对$x \in [x_i, x_{i+1}]$, 有

$$|R(x)| = |f(x) - I_h(x)| = \left| \frac{f''(\xi)}{2!}(x - x_i)(x - x_{i+1}) \right| \leqslant \frac{(x_{i+1} - x_i)^2}{8} \max_{x_i \leqslant x \leqslant x_{i+1}} |f''(x)|,$$

于是对$x \in [a,b]$, 有

$$|R(x)| \leqslant \frac{h^2}{8} \max_{a\leqslant x\leqslant b} |f''(x)|,$$

其中$h = \max\limits_{0\leqslant i\leqslant n-1} |x_{i+1} - x_i|$;

(5) 收敛性,

$$\lim_{h\to 0} I_h(x) = f(x),\ f(x) \in C[a,b]\text{且一致收敛}.$$

几何意义如下: 分段线性插值是用折线$\overline{P_0P_1\cdots P_iP_{i+1}\cdots P_n}$代替曲线$y = f(x)$, 如图5.5所示.

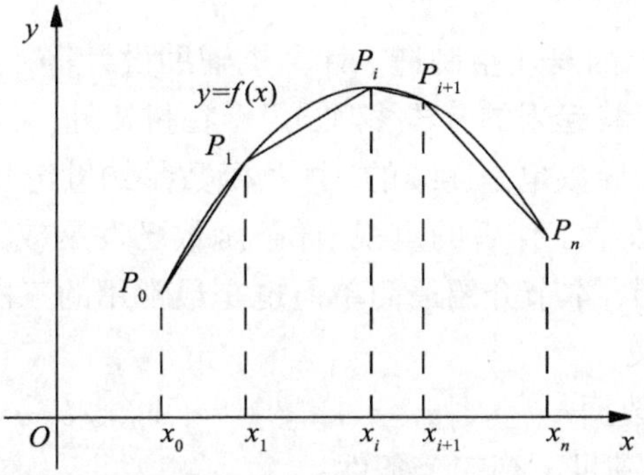

图5.5 分段线性插值

5.6.3 分段三次Hermite插值

已知函数 $y = f(x)$ 在 $x_0, x_1, \cdots, x_n$ 处的函数值 $y_0, y_1, \cdots, y_n$ 及导数值 $y_0', y_1', \cdots, y_n'$, 在 $[x_i, x_{i+1}]$ 上构造三次 Hermite 函数

$$\begin{aligned} I_i(x) = &\left(1 + 2\frac{x - x_i}{x_{i+1} - x_i}\right)\left(\frac{x - x_{i+1}}{x_i - x_{i+1}}\right)^2 y_i + \left(1 + 2\frac{x - x_{i+1}}{x_i - x_{i+1}}\right)\left(\frac{x - x_i}{x_{i+1} - x_i}\right)^2 y_{i+1} \\ &+ (x - x_i)\left(\frac{x - x_{i+1}}{x_i - x_{i+1}}\right)^2 y_i' + (x - x_{i+1})\left(\frac{x - x_i}{x_{i+1} - x_i}\right)^2 y_{i+1}' \end{aligned}$$

逼近$f(x)$, 将这样的插值函数连接起来构成$I_h(x)$, 称为**分段三次Hermite插值**(Hermite piecewise polynomials), 则

(1) $I_h(x)$导数在$[a,b]$上的连续;

(2) $I_h(x)$满足插值条件$I_h(x_i) = f(x_i)$, $I_h'(x_i) = f'(x_i)$ $(i = 0, 1, \cdots, n)$;

(3) 在$[x_i, x_{i+1}]$内, $I_h(x) = I_i(x)$;

(4) 估计误差,

$$|R(x)| = |f(x) - I_h(x)| \leqslant \frac{h^4}{384} \max_{a\leqslant x\leqslant b} |f^{(4)}(x)|,$$

其中$h = \max\limits_{0\leqslant i\leqslant n-1} |x_{i+1} - x_i|$;

(5) 收敛性

$$\lim_{h\to 0} I_h(x) = f(x),\ f(x) \in C^4[a,b]\text{且一致收敛}.$$

方法评述　分段插值的优点是公式简单、计算量小、算法稳定且收敛; 缺点是在节点处失去了原函数的光滑性, 其导数一般不易得到.

许多工程技术中提出的计算问题对光滑性有较高的要求, 如飞机的外形、内燃机的进出排气门曲线等, 这就导致了样条插值的产生.

5.7　三次样条插值

样条插值产生的原因是航空制造、计算机辅助设计等. 从数学的角度来看, 样条是按光滑性要求“组装起来的分段多项式”. 在拼接处, 不仅函数自身连续, 而且它的一阶、二阶等高阶导数也是连续的. 样条函数是20世纪40年代引入到数学中的, 60年代左右特别受到数学工作者的重视, 样条函数已发展成为现代数值分析中十分重要且不可缺少的工具. 本节介绍最简单但也是最常用的三次样条插值函数.

1. 三次样条的定义

定义5.7.1　给定数据x： $a \leqslant x_0 < x_1 < \cdots < x_n \leqslant b$, $y = f(x)$： $y_0, y_1, \cdots, y_n$, 若存在一个函数$S(x)$, 满足下列三个条件：

(1) $S(x),\ S'(x),\ S''(x) \in C[a,b]$;

(2) $S(x)$在每个子区间$[x_j, x_{j+1}]$上为不超过三次的多项式;

(3) 它同时还满足插值条件$S(x_j) = f(x_j)\ (j = 0, 1, \cdots, n)$,

(5.7.1)

则称$S(x)$为$f(x)$在节点$x_0, x_1, \cdots, x_n$上的**三次样条插值函数**.

注5.7.1　(1) 分段三次Hermite插值非三次样条函数;

(2) 三次样条与Hermite插值的根本区别在于$S(x)$自身光滑, 不需要知道$f(x)$的导数值(除了在两个端点可能需要); 而Hermite插值依赖于$f(x)$在所有插值点处的导数值.

例5.7.1　已知函数

$$S(x) = \begin{cases} x^3 + x^2, & 0 \leqslant x \leqslant 1, \\ 2x^3 + bx^2 + cx - 1, & 1 < x \leqslant 2 \end{cases}$$

是以$0, 1, 2$为节点的三次样条插值函数, 求b, c.

解　由$S(x)$及其导数的连续性, 即

$$\begin{cases} \lim\limits_{x\to 1^+} S(x) = \lim\limits_{x\to 1^-} S(x), \\ \lim\limits_{x\to 1^+} S'(x) = \lim\limits_{x\to 1^-} S'(x) \end{cases}$$

得

$$\begin{cases}2+b+c-1=2,\\6+2b+c=3+2,\end{cases}$$

从而解得$b=-2$, $c=3$.

为了给出三次样条的表示形式, 由样条插值函数的定义可知, $S(x)$在每个小区间$[x_j, x_{j+1}]$ $(j=0,1,\cdots,n-1)$上是一个三次多项式函数, 记为$S_j(x)$, 则假设

$$S_j(x)=a_j+b_jx+c_jx^2+d_jx^3,\quad x\in[x_j,x_{j+1}],$$

从而

$$S(x)=\begin{cases}S_0(x), & x_0\leqslant x\leqslant x_1,\\S_1(x), & x_1\leqslant x\leqslant x_2,\\ & \cdots\cdots\\S_{n-1}(x), & x_{n-1}\leqslant x\leqslant x_n.\end{cases}$$

因此, 要待定n个区间上共$4n$个系数a_j, b_j, c_j, d_j $(j=0,1,\cdots,n-1)$.

下面分析这$4n$个系数能否由已知条件(5.7.1)决定. 由插值条件

$$S(x_j)=f(x_j),\quad j=0,1,\cdots,n \tag{5.7.2}$$

和节点x_j $(j=1,2,\cdots,n-1)$处的连续性条件

$$S(x_j-0)=S(x_j+0),\quad S'(x_j-0)=S'(x_j+0),\quad S''(x_j-0)=S''(x_j+0), \tag{5.7.3}$$

这里共提供$4n-2$个方程, 因此, 还相差2个条件才能确定$S(x)$, 通常可在区间$[a,b]$的端点处给出, 称为**边界条件**(boundary conditions).

常用的边界条件有如下几种:

(1) 第一类边界条件(clamped boundary): 给定端点处的一阶导数值, 即

$$S'(x_0)=y_0',\quad S'(x_n)=y_n'.$$

(2) 第二类边界条件(Neumann boundary): 给定端点处的二阶导数值, 即

$$S''(x_0)=y_0'',\quad S''(x_n)=y_n''.$$

特别地, $S''(x_0)=0$, $S''(x_n)=0$称为**自然边界**(free boundary), 对应的样条函数称为自然样条;

(3) 第三类边界条件(periodic boundary): 当$f(x)$为周期函数时, 要求$S(x)$也是周期函数, 此时边界条件可以给定以下形式:

$$S(x_0+0)=S(x_n-0),\quad S'(x_0+0)=S'(x_n-0),\quad S''(x_0+0)=S''(x_n-0).$$

由于$f(x)$以$b-a$为周期, 故$S(x_0)=f(a)=f(b)=S(x_n)$. 因此, 在第三类边界条件中, 真正起作用的是后面的两个等式.

从理论上来讲, 式(5.7.2)和式(5.7.3)再加上某类边界条件共$4n$个方程可得$S_j(x)$的各项系数, 从而构造三次样条函数$S(x)$, 但实际上, 这样做的工作量是相当大的, 并且上述$4n$个方程组一般会是病态的, 所以通常用插值的思想确实可行地构造$S(x)$.

2. 三次样条构造(**三弯矩法(method of bending moment)**)

(1) 假设$S''(x_j)=M_j\ (j=0,1,\cdots,n)$, 由定义知, $S(x)$在$[x_j,x_{j+1}]$上是三次多项式$S_j(x)$, 故$S''(x)$ 在$[x_j,x_{j+1}]$上是线性插值函数. 由线性插值知

$$S_j''(x)=M_j\frac{x-x_{j+1}}{x_j-x_{j+1}}+M_{j+1}\frac{x-x_j}{x_{j+1}-x_j}=M_j\frac{x_{j+1}-x}{h_j}+M_{j+1}\frac{x-x_j}{h_j},$$

其中$h_j=x_{j+1}-x_j$, 两边积分得

$$S_j'(x)=-M_j\frac{(x_{j+1}-x)^2}{2h_j}+M_{j+1}\frac{(x-x_j)^2}{2h_j}+A_j,\tag{5.7.4}$$

两边再积分得

$$S_j(x)=M_j\frac{(x_{j+1}-x)^3}{6h_j}+M_{j+1}\frac{(x-x_j)^3}{6h_j}+A_j(x-x_j)+B_j.\tag{5.7.5}$$

利用(5.7.1)中的插值条件$S_j(x_j)=y_j$和$S_j(x_{j+1})=y_{j+1}$, 代入式(5.7.5)可得

$$\begin{cases}M_j\dfrac{h_j^2}{6}+B_j=y_j,\\ M_{j+1}\dfrac{h_j^2}{6}+A_jh_j+B_j=y_{j+1},\end{cases}$$

这是关于A_j,B_j的二元线性方程组, 解得

$$\begin{cases}A_j=\dfrac{y_{j+1}-y_j}{h_j}-\dfrac{h_j}{6}(M_{j+1}-M_j),\\ B_j=y_j-\dfrac{h_j^2}{6}M_j.\end{cases}\tag{5.7.6}$$

代入式(5.7.5)得

$$\begin{aligned}S_j(x)=&M_j\frac{(x_{j+1}-x)^3}{6h_j}+M_{j+1}\frac{(x-x_j)^3}{6h_j}+\left(y_j-\frac{h_j^2}{6}M_j\right)\frac{x_{j+1}-x}{h_j}\\&+\left(y_{j+1}-\frac{h_j^2}{6}M_{j+1}\right)\frac{x-x_j}{h_j},\end{aligned}\tag{5.7.8}$$

其中$M_j\ (j=0,1,\cdots,n)$为未知的.

(2) 下面解决$M_0,M_1,\cdots,M_n$. 将式(5.7.6)代入式(5.7.4)得

$$S_j'(x)=-M_j\frac{(x_{j+1}-x)^2}{2h_j}+M_{j+1}\frac{(x-x_j)^2}{2h_j}+\frac{y_{j+1}-y_j}{h_j}-\frac{h_j}{6}(M_{j+1}-M_j).\tag{5.7.9}$$

利用$S'(x)$在x_j的连续性, 即由式(5.7.3)中的第二个条件$S'(x_j-0)=S'(x_j+0)$ $(j=1,2,\cdots,n-1)$, 即$S'_{j-1}(x_j-0)=S'_j(x_j+0)$, 而由式(5.7.9)计算

$$
\begin{aligned}
S'_{j-1}(x_j-0)&=\frac{y_j-y_{j-1}}{h_{j-1}}+\frac{h_{j-1}}{3}M_j+\frac{h_{j-1}}{6}M_{j-1},\\
S'_j(x_j+0)&=\frac{y_{j+1}-y_j}{h_j}-\frac{h_j}{3}M_j-\frac{h_j}{6}M_{j+1},
\end{aligned}
$$

整理得

$$
\frac{h_{j-1}}{6}M_{j-1}+\frac{h_{j-1}+h_j}{3}M_j+\frac{h_j}{6}M_{j+1}=\frac{y_{j+1}-y_j}{h_j}-\frac{y_j-y_{j-1}}{h_{j-1}},
$$

两边同乘$\dfrac{6}{h_{j-1}+h_j}$得

$$
\frac{h_{j-1}}{h_{j-1}+h_j}M_{j-1}+2M_j+\frac{h_j}{h_{j-1}+h_j}M_{j+1}=\frac{6}{h_{j-1}+h_j}\Big(\frac{y_{j+1}-y_j}{h_j}-\frac{y_j-y_{j-1}}{h_{j-1}}\Big).
$$

如果记

$$
\begin{aligned}
&\lambda_j=\frac{h_j}{h_{j-1}+h_j},\quad \mu_j=1-\lambda_j=\frac{h_{j-1}}{h_{j-1}+h_j},\\
&d_j=\frac{6}{h_{j-1}+h_j}\Big(\frac{y_{j+1}-y_j}{h_j}-\frac{y_j-y_{j-1}}{h_{j-1}}\Big),\\
&h_j=x_{j+1}-x_j,\quad j=1,2,\cdots,n-1,
\end{aligned}
\tag{5.7.10}
$$

则式(5.7.10)化为$\mu_jM_{j-1}+2M_j+\lambda_jM_{j+1}=d_j(j=1,2,\cdots,n-1)$,即

$$
\begin{cases}
\mu_1M_0+2M_1+\lambda_1M_2=d_1,\\
\quad\mu_2M_1+2M_2+\lambda_2M_3=d_2,\\
\qquad\cdots\cdots\\
\qquad\mu_{n-1}M_{n-2}+2M_{n-1}+\lambda_{n-1}M_n=d_{n-1},
\end{cases}
\tag{5.7.11}
$$

此为$n+1$个未知量$M_0,M_1,\cdots,M_n$的$n-1$个方程.

(1) 如果添加第一类边界条件, 由$S'(x_0)=y'_0$代入式(5.7.9)得

$$
\frac{y_1-y_0}{h_0}-\frac{h_0}{3}M_0-\frac{h_0}{6}M_1=y'_0,
$$

化简为

$$
2M_0+M_1=\frac{6}{h_0}\Big(\frac{y_1-y_0}{h_0}-y'_0\Big)\equiv d_0. \tag{5.7.12}
$$

由$S'(x_n)=y'_n$, 代入式(5.7.9)得

$$
\frac{y_n-y_{n-1}}{h_{n-1}}+\frac{h_{n-1}}{3}M_n+\frac{h_{n-1}}{6}M_{n-1}=y'_n,
$$

化简为

$$
M_{n-1}+2M_n=\frac{6}{h_{n-1}}\Big(y'_n-\frac{y_n-y_{n-1}}{h_{n-1}}\Big)\equiv d_n. \tag{5.7.13}
$$

记$\lambda_0=1$, $\mu_n=1$, 则(5.7.11)~(5.7.13)可写成如下矩阵形式:

$$\begin{bmatrix} 2 & \lambda_0 & & & \\ \mu_1 & 2 & \lambda_1 & & \\ & \ddots & \ddots & \ddots & \\ & & \mu_{n-1} & 2 & \lambda_{n-1} \\ & & & \mu_n & 2 \end{bmatrix} \begin{bmatrix} M_0 \\ M_1 \\ \vdots \\ M_{n-1} \\ M_n \end{bmatrix} = \begin{bmatrix} d_0 \\ d_1 \\ \vdots \\ d_{n-1} \\ d_n \end{bmatrix}. \tag{5.7.14}$$

由于此方程关于$M_0, M_1, \cdots, M_i, \cdots, M_n$的系数矩阵为严格对角占优矩阵, 故用追赶法可解得, 从而得$S(x)$.

(2) 如果添加第二类边界条件$S''(x_0)=M_0=y_0''$, $S''(x_n)=M_n=y_n''$, 将第一个方程与最后一个方程变形得

$$\begin{bmatrix} 2 & \lambda_1 & & & \\ \mu_2 & 2 & \lambda_2 & & \\ & \ddots & \ddots & \ddots & \\ & & \mu_{n-2} & 2 & \lambda_{n-2} \\ & & & \mu_{n-1} & 2 \end{bmatrix} \begin{bmatrix} M_1 \\ M_2 \\ \vdots \\ M_{n-2} \\ M_{n-1} \end{bmatrix} = \begin{bmatrix} d_1-\mu_1 y_0'' \\ d_2 \\ \vdots \\ d_{n-2} \\ d_{n-1}-\lambda_{n-1}y_n'' \end{bmatrix}, \tag{5.7.15}$$

此方程组是关于$M_1, M_2, \cdots, M_{n-1}$的$n-1$个方程.

(3) 如果添加第三类边界条件$S''(x_0+0)=S''(x_n-0)$, $S'(x_0+0)=S'(x_n-0)$, 则可得

$$M_0=M_n, \quad \lambda_n M_1+\mu_n M_{n-1}+2M_n=d_n,$$

其中

$$\begin{aligned} \lambda_n &= \frac{h_0}{h_{n-1}+h_0}, \quad \mu_n=1-\lambda_n=\frac{h_{n-1}}{h_{n-1}+h_0}, \\ d_n &= \frac{6}{h_0+h_{n-1}}\left(\frac{y_1-y_0}{h_0}-\frac{y_n-y_{n-1}}{h_{n-1}}\right). \end{aligned}$$

将第一个方程与最后一个方程变形得

$$\begin{bmatrix} 2 & \lambda_1 & & & \mu_1 \\ \mu_2 & 2 & \lambda_2 & & \\ & \ddots & \ddots & \ddots & \\ & & \mu_{n-1} & 2 & \lambda_{n-1} \\ \lambda_n & & & \mu_n & 2 \end{bmatrix} \begin{bmatrix} M_1 \\ M_2 \\ \vdots \\ M_{n-1} \\ M_n \end{bmatrix} = \begin{bmatrix} d_1 \\ d_2 \\ \vdots \\ d_{n-1} \\ d_n \end{bmatrix}, \tag{5.7.16}$$

此方程组是关于$M_1, M_2, \cdots, M_n$的n个方程.

显然, 方程组(5.7.15)和方程组(5.7.16)的系数矩阵也都是严格对角占优矩阵, 其有唯一解$\{M_j\}_{j=1}^{n-1}$与$\{M_j\}_{j=1}^{n}$, 可用追赶法解得. 线性方程组(5.7.14)~(5.7.16)都

是关于M_j的三对角线性方程组, 而M_j在力学上解释为细梁在截面处的弯矩, 故这三个方程组称为**三弯矩方程**.

例5.7.2 已知函数$y = f(x)$在节点处函数值如表5.12所示, 求满足边界条件$S'(0) = 0$, $S'(0.60) = -0.64879$的三次样条插值函数.

表5.12

x	0	0.15	0.3	0.45	0.60
$f(x)$	1	0.97800	0.91743	0.83160	0.73529

解 由于节点是等距的, 所以有

$$\begin{aligned} &h_j = x_{j+1} - x_j = 0.15, \quad j = 0,1,2,3, \\ &\lambda_0 = 1, \quad \mu_4 = 1, \\ &\lambda_j = \frac{h_j}{h_{j-1} + h_j} = 0.5, \\ &\mu_j = 1 - \lambda_j = 0.5, \quad j = 1,2,3, \end{aligned}$$

并且$y_0' = 0$, $y_4' = -0.64879$, 因而得

$$d_0 = -0.586680,\ d_1 = -5.14260,\ d_2 = -3.36789,\ d_3 = -1.39740,\ d_4 = -0.26880.$$

解方程组

$$\begin{bmatrix} 2 & 1 & & & \\ 0.5 & 2 & 0.5 & & \\ & 0.5 & 2 & 0.5 & \\ & & 0.5 & 2 & 0.5 \\ & & & 1 & 2 \end{bmatrix} \begin{bmatrix} M_0 \\ M_1 \\ M_2 \\ M_3 \\ M_4 \end{bmatrix} = \begin{bmatrix} -0.586680 \\ -5.14260 \\ -3.36789 \\ -1.39740 \\ -0.26880 \end{bmatrix}$$

可得

$$M_0 = -2.04462,\ M_1 = -1.77757,\ M_2 = -1.13031,\ M_3 = -0.43716,\ M_4 = 0.08418.$$

因此, 得到三次样条插值函数为

$$S(x) = \begin{cases} 0.29672x^3 - 1.02231x^2 + 1, & 0 \leqslant x \leqslant 0.15, \\ 0.71918x^3 - 1.21242x^2 + 0.02851x + 0.99858, & 0.15 \leqslant x \leqslant 0.30, \\ 0.77017x^3 - 1.25831x^2 + 0.04228x + 0.99720, & 0.30 \leqslant x \leqslant 0.45, \\ 0.57927x^3 - 1.00059x^2 - 0.07370x + 1.01461, & 0.45 \leqslant x \leqslant 0.60. \end{cases}$$

例5.7.3 已知$y = f(x)$在节点处的函数值如表5.13所示.

表5.13

x	1	2	4	5
$f(x)$	1	3	4	2

端点条件为$S''(x_0)=S''(x_3)=0$, 求三次样条插值, 并计算$f(1.5)$, $f(2.3)$, $f(4.6)$的近似值.

解　由$x_0=1$, $x_1=2$, $x_2=4$, $x_3=5$, 首先计算系数h_j, μ_j, λ_j, d_j.

$$\begin{aligned}&h_0=1,\quad h_1=2,\quad h_2=1,\\&\lambda_1=\frac{2}{3},\quad \lambda_2=\frac{1}{3},\\&\mu_1=\frac{1}{3},\quad \mu_2=\frac{2}{3},\\&d_1=-3,\quad d_2=-5.\end{aligned}$$

解方程组

$$\begin{bmatrix}2 & \frac{2}{3}\\ \frac{2}{3} & 2\end{bmatrix}\begin{bmatrix}M_1\\ M_2\end{bmatrix}=\begin{bmatrix}-3\\ -5\end{bmatrix}$$

得$M_1=-0.75$, $M_2=-2.25$. 又$M_0=M_3=0$, 代入式(5.7.8)得样条函数为

$$S(x)=\begin{cases}-\dfrac{1}{8}x^3+\dfrac{3}{8}x^2+\dfrac{7}{4}x-1, & 1\leqslant x\leqslant 2,\\ -\dfrac{1}{8}x^3+\dfrac{3}{8}x^2+\dfrac{7}{4}x-1, & 2\leqslant x\leqslant 4,\\ \dfrac{3}{8}x^3-\dfrac{45}{8}x^2+\dfrac{103}{4}x-33, & 4\leqslant x\leqslant 5.\end{cases}$$

近似计算得

$$f(1.5)\approx S_0(1.5)=-0.906,\quad f(2.3)\approx S_1(2.3)=-8.883,\quad f(4.6)\approx S_2(4.6)=2.926.$$

5.8 数 值 实 验

5.8.1 Lagrange插值

对给定的 $n+1$ 个节点 $x_0, x_1, \cdots, x_n$ 记为向量 $\boldsymbol{x}_0$, 相应的函数值 $y_0, y_1, \cdots, y_n$ 记为向量 $\boldsymbol{y}_0$, 则对插值区间内任意 x 的函数值 y 都可以通过式 (5.2.2) 求得, 对应的 Lagrange 插值的 MATLAB 程序 Lagrange.m 如下:

```
function y = lagrange(x0,y0,x)
% Lagrange interpolation
n = length(x0);m = length(x);s = zeros(1,m);
```

```
for i = 1:n
    p = ones(1,m);
    for k = 1:i-1
        p = p.*(x-x0(k))/(x0(i)-x0(k));
    end
    for k = i+1:n
        p = p.*(x-x0(k))/(x0(i)-x0(k));
    end
    s = p*y0(i) + s;
end
y = s;
```

以例5.2.1为例, 在命令窗口中调用函数文件Lagrange.m, 得出下面的结果:

```
>> x0 = [0.50 0.70];
>> y0 = [-0.693147 -0.356675];
>> y = lagrange(x0,y0,0.60)
y =
  -0.524911000000000
>> x0 = [0.50 0.70 0.80];
>> y0 = [-0.693147 -0.356675 -0.223144];
>> y = lagrange(x0,y0,0.60)
y =
  -0.513342666666667
```

x也可以是向量. 例如,

```
>> y = lagrange(x0,y0,[0.40 0.60])     % x0, y0表示前面三个节点情形
y =
  -0.896088000000000  -0.513342666666667
```

5.8.2 Newton插值与差商表

由式(5.3.2), 得到如下的代码:

```
function [y,L]=newton_interp(x0,y0,x)
% Newton插值 x0,y0为已知节点向量值, y为x处所求插值点, L为差商表
d_x=x-x0; n=length(x0); L=zeros(n); L(:,1)=y0';
for i=2:n
    for j=i:n
        L(j,i)=(L(j,i-1)-L(j-1,i-1))/(x0(j)-x0(j-i+1));
    end
```

```
end y=L(1,1);
for i=2:n
    y=y+L(i,i)*prod(d_x(1:i-1));
end
```

例如, 输入如下命令:

```
>> x0=[4.0002,4.0104,4.0233,4.0294];
>> y0=[0.6020817;0.6031877;0.6045824;0.6052404];
>> [y,L]=newton_interp(x0,y0,4.01)
y =
   0.603144382024739
L =
  Columns 1 through 3
   0.602081700000000                   0                   0
   0.603187700000000   0.108431372549021                   0
   0.604582400000000   0.108116279069764  -0.013640410357443
   0.605240400000000   0.107868852459024  -0.013022453196832
  Column 4
                   0
                   0
                   0
   0.021162916459280
```

可以得到例5.3.2中的结果.

5.8.3 Hermite插值

首先, 为方便编写程序起见, 将Hermite插值公式(5.5.7)和(5.5.8)改写为如下的形式:

$$H_{2n+1}(x)=\sum_{i=0}^{n}\Big[y_i+(y_i'-2y_il_i'(x_i))(x-x_i)\Big]l_i^2(x),$$

其中

$$l_i(x)=\prod_{\substack{k=0\\k\neq i}}^{n}\frac{x-x_k}{x_i-x_k},\quad l_i'(x_i)=\sum_{\substack{k=0\\k\neq i}}^{n}\frac{1}{x_i-x_k}.$$

MATLAB实现如下(hermite.m):

```
function y = hermite(x0,y0,dy,x)
% Hermite interpolation
n = length(x0); m = length(x); s = zeros(1,m);
for i = 1:n
```

```
        l = ones(1,m);
        dl = zeros(1,m);
        for k = 1:i-1
            l = l.*(x - x0(k))/(x0(i) - x0(k));
            dl = dl + 1/(x0(i) - x0(k));
        end
        for k = i+1:n
            l = l.*(x - x0(k))/(x0(i) - x0(k));
            dl = dl + 1/(x0(i) - x0(k));
        end
        s = s + (y0(i) + (dy(i) - 2*y0(i)*dl).*(x-x0(i))).*l.^2;
    end
    y = s;
```

下面举例来看一下Hermite插值的应用.

例5.8.1 以例5.2.1为例, 给定数据如表5.14所示,
构造Hermite插值多项式, 并给出ln(0.60)的近似值.

表5.14

x	0.50	0.70	0.80
$\ln x$	−0.693147	−0.356675	−0.223144
$\frac{1}{x}$	2.000000	1.428571	1.250000

解 在MATLAB命令窗口中输入如下命令:

```
>> x0 = [0.50 0.70 0.80];
>> y0 = [-0.693147 -0.356675 -0.223144];
>> dy = [2.000000 1.428571 1.250000];
>> y = hermite(x0,y0,dy,0.60)
y =
   -0.510816803703704
>> log(0.60)        %真值
ans =
   -0.510825623765991
```

由于三个节点的 Hermite 插值是一个 5 次多项式, 所以逼近程度也比同节点的 Lagrange 插值要好.

5.8.4 分段线性插值和三次样条插值

一般地, 总是认为插值多项式的次数越高, 逼近程度就越好. 但是Runge却给出

了一个反例. 即当节点增多时, 逼近程度反而越来越坏, 就是所谓的Runge现象. 在图5.4中, Lagrange10次插值比5次插值得到的结果更坏. 为了解决Runge问题, 引入分段线性插值.

在第1章介绍的MATLAB绘图中, 其实就用到了数据插值. 绘图时是用连续的直线将各个数据点连接起来的, 那么数据点之间就需要通过线性插值得到. MATLAB中有一个自带的插值函数interp1, 在默认的情况下, 它使用线性插值.

它的基本格式为:

```
y=interp1(x0,y0,x,'method'),
```

表示对节点$(\boldsymbol{x}_0, \boldsymbol{y}_0)$插值, 求出在节点$x$的函数值, method指插值的算法, 如果默认, 则为线性插值; 也可以是nearest, cubic或者spline, 分别表示最邻近法插值、立方插值和三次样条插值.

例5.8.2 用不同的方法求$\sin x$在$\frac{\pi}{4}$处的值.

解 在MATLAB命令窗口中输入如下命令:

```
>> x0 = 0:pi/10:2*pi;
>> y0 = sin(x0);
>> y = interp1(x0,y0,pi/4,'nearest')   % 最邻近法插值
y =
   0.809016994374947
>> y = interp1(x0,y0,pi/4)   % 线性插值
y =
   0.698401123333710
>> y = interp1(x0,y0,pi/4,'cubic')     % 立方插值
y =
   0.707611844529400
>> y = interp1(x0,y0,pi/4,'spline')    % 三次样条插值
y =
   0.707094548154163
>> sin(pi/4)          %  准确值
ans =
   0.707106781186547
```

显然, 最邻近法插值最差, 因为该方法仅仅返回与插值点最邻近的一个原始输入数据的值. 立方插值和样条插值的效果最好, 当然占用的时间也最多. 同类的函数还有interp1q, interpft, spline, interp2, interp3和interpn.

另外, 线性插值毕竟是一次的, 它的精度相对而言较差, 因而可以考虑三次样条插值, MATLAB提供了函数spline来实现三次样条插值. 下面利用Runge的例子, 通过

图形来比较一下分段线性插值和三次样条函数的逼近程度.

例5.8.3 函数$f(x) = 1/(1+x^2)$ ($x \in [-5,5]$), 取$n = 10$, 即间隔$h = 1$的等距节点作为插值节点, 在同一个图中分别作出分段线性插值曲线以及三次样条插值函数的曲线.

解 在命令窗口中编写如下命令:

```
>> x0=[-5:1:5];
>> y0=1./(1+x0.^2);
>> x=[-5:0.1:5];
>> y=1./(1+x.^2);
>> Iy=interp1(x0,y0,x);
>> sy=spline(x0,y0,x);
>> plot(x,y,'k',x,Iy,'k.',x,sy,'k*')
```

输出结果如图5.6所示.

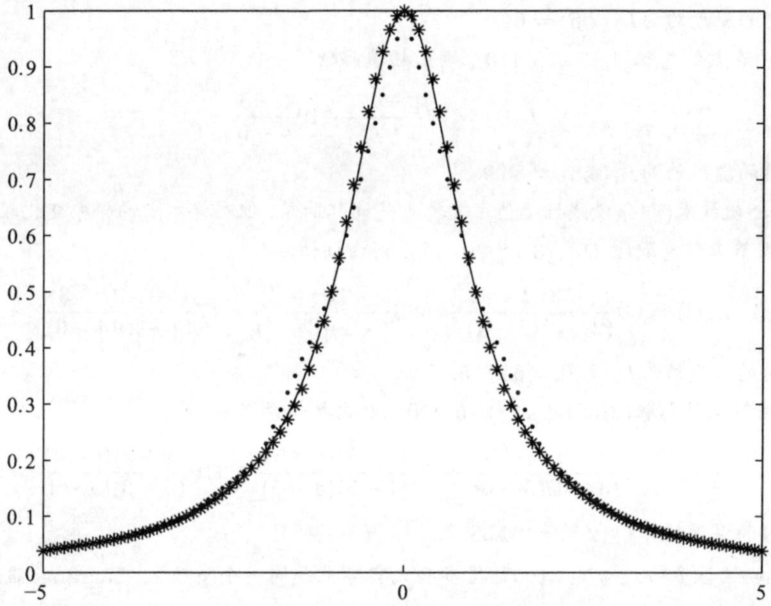

图5.6 分段线性插值和三次样条插值

在图5.6中, 由圆点组成的曲线表示分段线性插值得到的曲线, “$*$”组成的图形是三次样条插值. 可以看到, 线性插值函数的圆点是有一部分落在外面, 而且能很明显地看出折线, 但是比Lagrange插值要好得多, 没有出现Runge现象. 而三次样条插值点“$*$”基本都落在函数$\dfrac{1}{1+x^2}$上, 因而三次样条函数在工程中的应用是比较广泛的.

应用实例——汽车发动机温度测量

汽车发动机工作的温度直接反映了汽车发动机的运行状况. 温度过高将导致汽车发动机运动部件受热膨胀, 造成零件受损及动力性、经济性和可靠性等各方面性能的下降, 因此, 发动机温度测量的精度直接影响发动机的整机控制性能. 假设有一个汽车发动机在转速2000r/min时, 温度(℃)与时间(s)的5个测量值如表5.15所示. 其中温度的数据从20℃变化到110℃, 试分别估计$t = 2.5$s和$t = 4.3$s时的温度.

表5.15

时间/s	0	1	2	3	4	5
温度/℃	0	20	60	68	77	110

这是一个利用测得的一些离散节点数据信息, 推出函数在其他未知点信息的问题. 由于已知节点信息数据正确且较少, 所以采用插值技术. 多项式插值是根据给定的有限个样本点信息, 产生另外估价点, 以达到数据更为平滑的效果. 可以设定内插方法, 寻找数据节点, 求其函数近似值.

(1) 如果节点信息取$(2, 60), (3, 68)$, 则由插值函数

$$L_1(t) = 60\frac{t-3}{2-3} + 68\frac{t-2}{3-2}$$

得$t = 2.5$s时的温度约为$L_1(2.5) = 64$.

(2) 如果节点信息取$(4, 77), (5, 110)$, 则由插值函数

$$L_1(t) = 77\frac{t-4}{5-4} + 110\frac{t-5}{4-5}$$

得$t = 4.3$s时的温度约为$L_1(4.3) = 86.9$.

用一次插值技术(即分段线性插值), 其特点是计算简单, 但在样本点的斜率变化较大.

(3) 如果节点信息取$(2, 60), (3, 68), (4, 77)$, 则由插值函数

$$L_2(t) = 60\frac{(t-3)(t-4)}{(2-3)(2-4)} + 68\frac{(t-2)(t-4)}{(3-2)(3-4)} + 77\frac{(t-2)(t-3)}{(4-2)(4-3)}$$

得$t = 2.5$s时的温度约为$L_2(2.5) = 63.875$.

(4) 如果节点信息取$(3, 68), (4, 77), (5, 110)$, 则由插值函数

$$L_2(t) = 68\frac{(t-4)(t-5)}{(3-4)(3-5)} + 77\frac{(t-3)(t-5)}{(4-3)(4-5)} + 110\frac{(t-3)(t-4)}{(5-3)(5-4)}$$

得$t = 4.3$s时的温度约为$L_2(2.5) = 84.38$.

Lagrange插值多项式与Newton插值多项式实际上是同一个多项式, Lagrange插值多项式适合于理论分析, Newton插值多项式适合于节点发生变化时的插值问题. 由于高阶插值具有Runge现象, 因此, 在实际问题中, 较多采用分段线性插值.

习　题　5

(一)

1. 当$x = -1, 1, 2$时, $f(x) = -3, 0, 4$, 分别写出二次Lagrange插值多项式和二次Newton插值多项式, 并说明这两个多项式是相同的.

2. 已知函数表如表5.16所示, 试分别用线性插值与二次插值计算ln 11.75的近似值, 并估计截断误差.

表5.16

x	10	11	12	13
$\ln x$	2.3026	2.3979	2.4849	2.5649

3. 已知函数表如表5.17所示, 试构造差商表, 并分别用两点、三点及四点Newton插值多项式计算sin 1.0的近似值.

表5.17

x	0.7	0.9	1.1	1.3
$\sin x$	0.6442	0.7833	0.8912	0.9636

4. 设$I(x)=\int_0^x \frac{\sin t}{t}\mathrm{d}t$, 给定数据表如表5.18所示, 试用二次插值计算当$x=0.5$时该积分的值, 并求当x取何值时, $I(x)=0.44$.

表5.18

x	0.2	0.4	0.6
$I(x)$	0.19956	0.39616	0.58813

5. 在$-4\leqslant x\leqslant 4$上给出$f(x)=\mathrm{e}^x$的等距节点函数表. 若用二次插值求e^x的近似值, 要使截断误差不超过10^{-6},问使用函数表的步长h应取多少?

6. 若$f_n=2^n$,求$f[n,n+1,n+2]$, $\Delta^4 f_n$.

7. 求一个三次多项式$H_3(x)$, 使得

$$H_3(1)=3,\quad H_3'(1)=2,\quad H_3(2)=-1,\quad H_3'(2)=1.$$

8. 求一个四次多项式$P_4(x)$, 使它满足如下条件:

$$P_4(0)=P_4'(0)=0,\quad P_4(1)=P_4'(1)=1,\quad P_4(2)=1.$$

9. 已知$f(x)$在4个节点上的函数值如表5.19所示, 求$f(x)$在区间$[30,90]$上的分段连续线性插值函数$I_h(x)$.

表5.19

x	30	45	60	90
$f(x)$	$\frac{1}{2}$	$\frac{\sqrt{2}}{2}$	$\frac{\sqrt{3}}{2}$	1

10. 对于给定的插值条件(表5.20), 试分别求出满足下列边界条件的三次样条插值函数:

表5.20

x	0	1	2	3
$f(x)$	0	0	0	0

(1) $S'(0) = 1, S'(3) = 0$;

(2) $S''(0) = 1, S''(3) = 0$.

(二)

1. 设$x_0, x_1, \cdots, x_n$为任意给定的$n+1$个互不相同的节点.

(1) 对n次多项式$f(x) = a_0 + a_1 x + \cdots + a_n x^n$证明, 关于这组节点的$n$次插值多项式$P_n(x)$就是$f(x)$;

(2) 若$l_i(x)(i = 0, 1, \cdots, n)$是关于这组节点的Lagrange插值基函数, 证明如下恒等式:

$$\sum_{i=0}^{n} x_i^m l_i(x) \equiv x^m, \quad m = 0, 1, \cdots, n.$$

2. 证明n阶差商有下列性质:

(1) 若$F(x) = cf(x)$,则$F[x_0, x_1, \cdots, x_n] = cf[x_0, x_1, \cdots, x_n]$;

(2) 若$F(x) = f(x) + g(x)$,则$F[x_0, x_1, \cdots, x_n] = f[x_0, x_1, \cdots, x_n] + g[x_0, x_1, \cdots, x_n]$.

3. 求$f(x) = x^2$在$[a, b]$上的分段线性插值函数$I_h(x)$,并估计误差.

4. 已知函数在下列各点的值(表5.21), 分别用5次插值多项式$P_5(x)$和三次样条函数$S(x)$ (自然边界条件)对数据进行插值, 并写出相应的插值多项式.

表5.21

x	0.1	0.3	0.5	0.7	0.9	1.1
$f(x)$	1.21	0.99	0.85	0.66	0.46	0.21

第6章 逼　近

6.1 引　言

已知函数 $f(x)$ 的表达式, 或者在若干点处 $x_1, \cdots, x_m$ 的函数信息, 求一个简单易算且满足一定条件的函数 $P(x)$ 去近似 $f(x)$, 即 $f(x) \approx P(x)$, 这就是逼近 (approximation) 要研究的问题, 称 $P(x)$ 为**逼近函数**, 称 $f(x)$ 为**被逼近函数**, 插值问题实际上也是函数的逼近问题之一.

已学过的逼近函数如下:

(1) Taylor多项式

$$f(x) \approx P_n(x) = f(x_0) + \frac{f'(x_0)}{1!}(x-x_0) + \frac{f''(x_0)}{2!}(x-x_0)^2 + \cdots + \frac{f^{(n)}(x_0)}{n!}(x-x_0)^n,$$

要求满足$f^{(i)}(x_0) = P_n^{(i)}(x_0)$ $(i=0,1,\cdots,n)$, 误差为

$$R_n(x) = f(x) - P_n(x) = \frac{f^{(n+1)}(\xi)}{(n+1)!}(x-x_0)^{n+1}.$$

(2) Lagrange插值多项式

$$f(x) \approx L_n(x) = f(x_0)l_0(x) + f(x_1)l_1(x) + \cdots + f(x_n)l_n(x),$$

要求满足$f(x_i) = L_n(x_i)$ $(i=0,1,\cdots,n)$, 误差为

$$R_n(x) = f(x) - L_n(x) = \frac{f^{(n+1)}(\xi)}{(n+1)!}\prod_{i=0}^{n}(x-x_i).$$

(3) Newton插值多项式

$$\begin{aligned} f(x) &\approx N_n(x) \\ &= f(x_0) + f[x_0,x_1](x-x_0) + f[x_0,x_1,x_2](x-x_0)(x-x_1) + \cdots \\ &\quad + f[x_0,x_1,\cdots,x_n](x-x_0)(x-x_1)\cdots(x-x_{n-1}), \end{aligned}$$

要求满足$f(x_i) = N_n(x_i)$ $(i=0,1,\cdots,n)$, 误差为

$$R_n(x) = f(x) - N_n(x) = f[x_0,x_1,\cdots,x_n,x](x-x_0)(x-x_1)\cdots(x-x_n).$$

(4) Hermite插值多项式

$$f(x) \approx H_{2n+1}(x) = \sum_{i=0}^{n} y_i\alpha_i(x) + \sum_{i=0}^{n} y_i'\beta_i(x),$$

要求满足$H_{2n+1}(x_i) = y_i$，$H'_{2n+1}(x_i) = y'_i\ (i = 0, 1, \cdots, n)$, 误差为

$$R_n(x) = f(x) - H_{2n+1}(x) = \frac{f^{(2n+2)}(\xi)}{(2n+2)!}\Big[\prod_{i=0}^{n}(x - x_i)\Big]^2.$$

如果要求不一样, 用逼近函数与被逼近函数之间的误差在某种度量意义下为最小, 或被逼近函数是离散的信息, 就会得到不同的逼近函数.

(5) 要求满足

$$\max_{a\leqslant x\leqslant b}|f(x) - P^*(x)| = \min_{P(x)\in S(x)}\max_{a\leqslant x\leqslant b}|f(x) - P(x)|$$

的$P^*(x)$, 其中$S(x)$为某类函数空间, 这就是**最佳一致逼近**(best uniform approximation).

(6) 要求满足

$$\int_a^b \rho(x)[f(x) - P^*(x)]^2\mathrm{d}x = \min_{P(x)\in S(x)}\int_a^b \rho(x)[f(x) - P(x)]^2\mathrm{d}x$$

的$P^*(x)$, 其中$S(x)$为某类函数空间, $\rho(x) \geqslant 0$为权函数, 这就是**最佳平方逼近**(best approximation in the mean).

(7) 要求满足

$$\sum_{i=0}^{m}\omega_i[f(x_i) - P^*(x_i)]^2 = \min_{P(x)\in S(x)}\sum_{i=0}^{m}\omega_i[f(x_i) - P(x_i)]^2$$

的$P^*(x)$, 其中$S(x)$为某类函数空间, $\omega_i \geqslant 0$为权系数, 这就是**最小二乘逼近**(least squares approximation).

本节主要研究最佳平方逼近与最小二乘逼近函数的存在性、唯一性及其构造.

6.2 正交多项式

作为预备知识, 首先介绍连续函数空间的度量、正交多项式的理论及构造、常用的正交多项式及其性质.

6.2.1 连续函数空间

记$C[a,b] = \{f:\ [a,b] \to \mathbb{R}\,|\,f(x)$在$[a,b]$上连续$\}$, 称其为连续函数空间, 在此空间内有如下定义:

1. 内积

定义6.2.1　设$f(x), g(x) \in C[a,b]$, 定义

$$(f, g) = \int_a^b \rho(x)f(x)g(x)\mathrm{d}x,$$

称之为函数$f(x)$, $g(x)$在区间$[a,b]$上以$\rho(x)$为权函数(weight)的**内积**, 其中$\rho(x)\geqslant 0$为可积函数(以下假设相同).

它满足如下性质:

(1) 对称性: $(f,g)=(g,f)$;

(2) 线性性: $(cf,g)=c(f,g)(c\in\mathbb{R})$,

$(f_1+f_2,g)=(f_1,g)+(f_2,g)$;

(3) 非负性: $(f,f)\geqslant 0$, $(f,f)=0$当且仅当$f=0$.

函数内积是向量内积的推广.

2. 范数

定义6.2.2 设$f(x)\in C[a,b]$, $\|f\|$是一个非负实数, 如果满足如下条件:

(1) 非负性: $\|f\|\geqslant 0$, $\|f\|=0$当且仅当$f=0$;

(2) 齐次性: $\|cf\|=|c|\cdot\|f\|$ $(c\in\mathbb{R})$;

(3) 三角不等式: $\|f+g\|\leqslant\|f\|+\|g\|$,

则称$\|f\|$为函数$f(x)$在区间$[a,b]$上的**范数**, 它有如下性质:

$$\big|\|f\|-\|g\|\big|\leqslant\|f-g\|.$$

有如下几个常用的范数:

(1) $\|f\|_\infty=\max\limits_{a\leqslant x\leqslant b}|f(x)|$为$f$的$\infty$范数;

(2) $\|f\|_2=\sqrt{(f,f)}=\sqrt{\int_a^b\rho(x)f^2(x)\mathrm{d}x}$为$f$的2范数.

内积与范数之间的关系如下:

定理6.2.1 Cauchy-Schwarz不等式

$$|(f,g)|\leqslant\|f\|_2\cdot\|g\|_2,\quad 对任意f,g\in C[a,b].$$

证明 对任意$f,g\in C[a,b]$以及实数t, 考虑

$$0\leqslant(f-tg,f-tg)=(f,f)-2t(f,g)+t^2(g,g),$$

上式是关于t的一元二次不等式. 由

$$\Delta=b^2-4ac=4(f,g)^2-4(f,f)(g,g)\leqslant 0,$$

两边开方即得. □

3. 正交函数组

定义6.2.3 对于连续函数空间$C[a,b]$内的函数.

(1) 如果

$$(f(x),g(x))=\int_a^b\rho(x)f(x)g(x)\mathrm{d}x=0,$$

则称$f(x),g(x)$为在$[a,b]$上带权$\rho(x)$的**正交(orthogonal)函数**;

(2) 如果

$$(\varphi_i(x),\varphi_j(x))=\int_a^b \rho(x)\varphi_i(x)\varphi_j(x)\mathrm{d}x=\begin{cases}0, & i\neq j,\\ A_i, & i=j,\end{cases}$$

则称$\{\varphi_0(x),\varphi_1(x),\cdots,\varphi_n(x)\}$为在$[a,b]$上带权$\rho(x)$的**正交函数组**;

(3) 如果

$$(\varphi_i(x),\varphi_j(x))=\int_a^b \rho(x)\varphi_i(x)\varphi_j(x)\mathrm{d}x=\begin{cases}0, & i\neq j,\\ 1, & i=j,\end{cases}$$

则称$\{\varphi_0(x),\varphi_1(x),\cdots,\varphi_n(x)\}$为在$[a,b]$上带权$\rho(x)$的**标准正交函数组**.

例如, 由三角函数的性质可知

$$\{1,\cos x,\sin x,\cos 2x,\sin 2x,\cdots,\cos nx,\sin nx\}$$

在$[-\pi,\pi]$上构成正交函数组;

$$\left\{\frac{1}{\sqrt{2\pi}},\frac{\cos x}{\sqrt{\pi}},\frac{\sin x}{\sqrt{\pi}},\frac{\cos 2x}{\sqrt{\pi}},\frac{\sin 2x}{\sqrt{\pi}},\cdots,\frac{\cos nx}{\sqrt{\pi}},\frac{\sin nx}{\sqrt{\pi}}\right\}$$

在$[-\pi,\pi]$上构成标准正交函数组.

4. 函数组的线性无关

定义6.2.4 设函数组$\{\varphi_0(x),\varphi_1(x),\cdots,\varphi_n(x)\}$, 其中$\varphi_i(x)\in C[a,b](i=0,1,\cdots,n)$.

(1) 若存在不全为零的常数$a_0,a_1,\cdots,a_n$, 使得

$$a_0\varphi_0(x)+a_1\varphi_1(x)+\cdots+a_n\varphi_n(x)=0,$$

则称函数组$\{\varphi_0(x),\varphi_1(x),\cdots,\varphi_n(x)\}$在区间$[a,b]$内**线性相关**(linearly dependent);

(2) 若函数组的线性组合

$$a_0\varphi_0(x)+a_1\varphi_1(x)+\cdots+a_n\varphi_n(x)=0$$

对任意$x\in[a,b]$成立, 当且仅当$a_0=a_1=\cdots=a_n=0$, 则称函数组$\{\varphi_0(x),\varphi_1(x),\cdots,\varphi_n(x)\}$在区间$[a,b]$内**线性无关**(linearly independent).

例如,

(1) $\{1,\cos^2 x,\sin^2 x\}$在$[-\pi,\pi]$上线性相关;

(2) $\{1,\cos x,\sin x,\cos 2x,\sin 2x,\cdots,\cos nx,\sin nx\}$在$[-\pi,\pi]$上线性无关;

(3) $\{1,x,x^2,x^3,\cdots,x^n\}$在$[a,b]$上线性无关.

定理6.2.2 连续函数组$\{\varphi_0(x),\varphi_1(x),\cdots,\varphi_n(x)\}$在$[a,b]$上线性无关的充分必要条件是它们的Cramer行列式

$$G(\varphi_0,\varphi_1,\cdots,\varphi_n)=\begin{vmatrix}(\varphi_0,\varphi_0) & (\varphi_0,\varphi_1) & \cdots & (\varphi_0,\varphi_n)\\ (\varphi_1,\varphi_0) & (\varphi_1,\varphi_1) & \cdots & (\varphi_1,\varphi_n)\\ \vdots & \vdots & & \vdots\\ (\varphi_n,\varphi_0) & (\varphi_n,\varphi_1) & \cdots & (\varphi_n,\varphi_n)\end{vmatrix}\neq 0.$$

证明 若存在一组系数$\{a_i\}_{i=0}^n$, 使得

$$a_0\varphi_0(x)+a_1\varphi_1(x)+\cdots+a_n\varphi_n(x)=0,$$

则等式两边分别与$\varphi_0,\varphi_1,\cdots,\varphi_n$作内积, 得到

$$\begin{cases}a_0(\varphi_0,\varphi_0)+a_1(\varphi_1,\varphi_0)+\cdots+a_n(\varphi_n,\varphi_0)=0,\\ a_0(\varphi_0,\varphi_1)+a_1(\varphi_1,\varphi_1)+\cdots+a_n(\varphi_n,\varphi_1)=0,\\ \cdots\cdots\\ a_0(\varphi_0,\varphi_n)+a_1(\varphi_1,\varphi_n)+\cdots+a_n(\varphi_n,\varphi_n)=0.\end{cases}$$

该式是关于$a_0,a_1,\cdots,a_n$的$n+1$元线性方程组. 由线性代数的知识, 该方程组存在唯一零解的充要条件是$G(\varphi_0,\varphi_1,\cdots,\varphi_n)\neq 0$. □

例如, $1,x,\cdots,x^n$在$[0,1]$内线性无关, 因为

$$G(1,x,\cdots,x^n)=\begin{vmatrix}1 & \frac{1}{2} & \cdots & \frac{1}{n+1}\\ \frac{1}{2} & \frac{1}{3} & \cdots & \frac{1}{n+2}\\ \vdots & \vdots & & \vdots\\ \frac{1}{n+1} & \frac{1}{n+2} & \cdots & \frac{1}{2n+1}\end{vmatrix}\neq 0.$$

6.2.2 正交多项式的理论

定义6.2.5 考虑一般的线性无关函数组$\{\varphi_0,\varphi_1,\cdots,\varphi_n\}$, 其线性组合集合

$$\mathrm{span}\{\varphi_0,\varphi_1,\cdots,\varphi_n\}=\left\{P(x)=\sum_{i=0}^n a_i\varphi_i(x)\middle| a_i\in\mathbb{R}\right\}$$

为由$\{\varphi_0,\varphi_1,\cdots,\varphi_n\}$生成的$C[a,b]$的**子空间**, 称其为**广义多项式**(generalized polynomial).

常见的多项式如下:

(1) $\mathrm{span}\{1,x,x^2,\cdots,x^n\}$为代数多项式(algebraic polynomial);

(2) $\mathrm{span}\{1,\cos x,\sin x,\cdots,\cos nx,\sin nx\}$为三角多项式(trigonometric polynomial).

特别地, 对定义6.2.3中的正交函数组$\{\varphi_0,\varphi_1,\cdots,\varphi_n\}$, 若$\varphi_k(x)$ $(k=0,1,\cdots,n)$是最高次项系数不为零的k次多项式, 则称$\{\varphi_0,\varphi_1,\cdots,\varphi_n\}$ 为在$[a,b]$上带权$\rho(x)$的正交多项式组(orthogonal polynomials).

1. 正交多项式的构造

定理6.2.3(Gram-Schmidt 正交化定理) 设 $H_n=\mathrm{span}\{1,x,\cdots,x^n\}$, $\rho(x)$ 为给定的权函数, 则由 $\{1,x,\cdots,x^n\}$ 可构造在 $[a,b]$ 上以 $\rho(x)$ 为权函数的正交多项式组$\{\varphi_0,\varphi_1,\cdots,\varphi_n\}$:

$$\begin{aligned}&\varphi_0(x)=1,\\&\varphi_k(x)=x^k+\sum_{j=0}^{k-1}C_{kj}\varphi_j(x),\quad k=1,2,\cdots,n,\end{aligned}$$

其中$C_{kj}=-\dfrac{(x^k,\varphi_j)}{(\varphi_j,\varphi_j)}$, $\varphi_k(x)$为首项系数为1的k次多项式, 并且$\varphi_k(x)\in H_n$ $(k=0,1,\cdots,n)$正交.

证明 用数学归纳法. 首先令$\varphi_0(x)=1$, 然后构造一次多项式$\varphi_1(x)=x+C_{10}\varphi_0(x)$, 并且首项系数为1, 要求满足

$$0=(\varphi_1,\varphi_0)=(x,\varphi_0)+C_{10}(\varphi_0,\varphi_0).$$

由于$\varphi_0=1\neq 0$, 从而得到$C_{10}=-\dfrac{(x^1,\varphi_0)}{(\varphi_0,\varphi_0)}$.

假设已构造$\varphi_0(x),\varphi_1(x),\cdots,\varphi_{k-1}(x)$ $(k\geqslant 1)$ 且满足$\varphi_j(x)$ $(j=0,1,\cdots,k-1)$是首项系数为1的j次正交多项式组, 则

$$\varphi_k(x)=x^k+\sum_{j=0}^{k-1}C_{kj}\varphi_j(x).$$

选择C_{kj} $(j=0,1,\cdots,k-1)$, 使得

$$(\varphi_k,\varphi_j)=(x^k,\varphi_j)+C_{kj}(\varphi_j,\varphi_j),$$

即$C_{kj}=-\dfrac{(x^k,\varphi_j)}{(\varphi_j,\varphi_j)}$.

因此, $\{\varphi_0,\varphi_1,\cdots,\varphi_n\}$为$[a,b]$上具有权函数$\rho(x)$且首项系数为1的正交多项式. □

定理6.2.4 正交多项式的三项递推关系. 设 $\{\varphi_0,\varphi_1,\cdots,\varphi_n\}$ 为 $[a,b]$ 上具有权函数 $\rho(x)$ 的正交多项式组, 其中 $\varphi_j(x)$ 为首项系数为 1 的 j 次多项式, 则有如下递推关系式:

$$\begin{aligned}&\varphi_0(x)=1,\\&\varphi_1(x)=x-\alpha_1,\\&\varphi_{k+1}(x)=(x-\alpha_{k+1})\varphi_k(x)-\beta_{k+1}\varphi_{k-1}(x),\quad k=1,2,\cdots,n-1,\end{aligned}$$

其中

$$\alpha_{k+1}=\frac{(x\varphi_k,\varphi_k)}{(\varphi_k,\varphi_k)},\quad \beta_{k+1}=\frac{(\varphi_k,\varphi_k)}{(\varphi_{k-1},\varphi_{k-1})},$$

并且这样的正交多项式组是唯一的.

证明从略. □

现举例说明正交多项式的构造.

例6.2.1 设$\{\varphi_0,\varphi_1,\cdots,\varphi_n\}$是$[0,1]$上具有权函数$\rho(x)=x$的最高次项系数为1的正交多项式组, 其中$\varphi_0(x)=1$, 求$\int_0^1 x\varphi_1(x)\mathrm{d}x$, $\varphi_1(x)$.

解 设$\varphi_1(x)=x+C_{10}\varphi_0$, 由正交性知

$$\int_0^1 x\varphi_1(x)\mathrm{d}x=\int_0^1 x\varphi_0(x)\varphi_1(x)\mathrm{d}x=0,$$

所以

$$\int_0^1 x(x+C_{10})\mathrm{d}x=\frac{1}{3}+\frac{C_{10}}{2}=0,$$

推出$C_{10}=-\dfrac{2}{3}$, 从而$\varphi_1(x)=x-\dfrac{2}{3}$.

例6.2.2 利用正交多项式的三项递推关系式, 求$[0,1]$上具有权函数$\rho(x)=\ln\dfrac{1}{x}$的前三项正交多项式.

解 因为是求正交多项式的前三项, 故

$$\begin{aligned}
&\varphi_0(x)=1,\\
&\varphi_1(x)=x-\alpha_1=x-\frac{(x\varphi_0,\varphi_0)}{(\varphi_0,\varphi_0)}=x-\frac{\displaystyle\int_0^1\ln\frac{1}{x}\cdot x\cdot 1\mathrm{d}x}{\int_0^1\ln\dfrac{1}{x}\cdot 1\cdot 1\mathrm{d}x}=x-\frac{1}{4},\\
&\alpha_2=\frac{(x\varphi_1,\varphi_1)}{(\varphi_1,\varphi_1)}=\frac{\displaystyle\int_0^1\ln\frac{1}{x}\cdot x\cdot\left(x-\frac{1}{4}\right)^2\mathrm{d}x}{\displaystyle\int_0^1\ln\frac{1}{x}\cdot\left(x-\frac{1}{4}\right)^2\mathrm{d}x}=\frac{13}{28},\\
&\beta_2=\frac{(\varphi_1,\varphi_1)}{(\varphi_0,\varphi_0)}=\frac{\displaystyle\int_0^1\ln\frac{1}{x}\cdot\left(x-\frac{1}{4}\right)^2\mathrm{d}x}{\displaystyle\int_0^1\ln\frac{1}{x}\cdot 1\cdot 1\mathrm{d}x}=\frac{7}{144},\\
&\varphi_2(x)=(x-\alpha_2)\varphi_1(x)-\beta_2\varphi_0(x)\\
&\qquad=\left(x-\frac{13}{28}\right)\cdot\left(x-\frac{1}{4}\right)-\frac{7}{144}\cdot 1=x^2-\frac{5}{7}x+\frac{17}{252}.
\end{aligned}$$

2. 正交多项式性质

定理6.2.5 设 $\{\varphi_0,\varphi_1,\cdots,\varphi_n\}$ 是 $[a,b]$ 上带权 $\rho(x)$ 的正交多项式组, 则 $\varphi_j(x)$ 在区间 $[a,b]$ 内恰有 j 个不同的实根.

证明从略. □

这是正交多项式与普通代数多项式的区别.

6.2.3 常用正交多项式

1. Chebyshev 多项式$T_n(x)$

取$[a,b]=[-1,1]$, $\rho(x)=\dfrac{1}{\sqrt{1-x^2}}$, 由$\{1,x,x^2,\cdots,x^n,\cdots\}$正交化得一组多项式$T_n(x)$.

(1) 标准形式.

$$\begin{cases} T_0(x)=1, \\ T_n(x)=\cos(n\theta)=\cos(n\cdot\arccos x), \quad n=1,2,\cdots \end{cases}$$

称为**Chebyshev多项式**.

(2) 首项系数. $a_n=2^{n-1}$.

(3) 正交性. $\{T_0(x),T_1(x),\cdots\}$是$[-1,1]$上关于权函数$\rho(x)=\dfrac{1}{\sqrt{1-x^2}}$正交的函数组, 即内积

$$\begin{aligned}(T_n,T_m)&=\int_{-1}^{1}\rho(x)T_n(x)T_m(x)\mathrm{d}x \xlongequal{令x=\cos\theta} \int_0^{\pi}\cos n\theta\cos m\theta\mathrm{d}\theta \\ &=\frac{1}{2}\int_0^{\pi}[\cos(n+m)\theta+\cos(n-m)\theta]\mathrm{d}\theta=\begin{cases}0, & n\neq m, \\ \dfrac{\pi}{2}, & n=m\neq 0, \\ \pi, & n=m=0.\end{cases}\end{aligned}$$

(4) 有界性.

$$|T_n(x)|=|\cos(n\cdot\arccos x)|\leqslant 1, \quad x\in[-1,1].$$

(5) 零点.

$$T_n(x)=\cos(n\cdot\arccos x)=\cos n\theta,$$

当$n\theta=\dfrac{2k-1}{2}\pi$时, $T_n(x)=0$, 即$\theta_k=\dfrac{2k-1}{2n}\pi$ $(k=1,2,\cdots,n)$. 因此,

$$x_k=\cos\left(\frac{2k-1}{2n}\pi\right), \quad k=1,2,\cdots,n$$

为$T_n(x)$的n个不同的零点.

(6) 极值点. $|T_n(x)|=|\cos n\theta|=1$, 当$n\theta=k\pi$时, 取得极值, 即$\theta_k=\dfrac{k}{n}\pi$. 因此, 当$\widetilde{x}_k=\cos\left(\dfrac{k}{n}\pi\right)$ $(k=0,1,\cdots,n)$时, $T_n(\widetilde{x}_k)$交错取到极大值1和极小值-1. 零点x_k与极值点$\widehat{x}_k$有如下大小关系:

$$-1\leqslant\widetilde{x}_n<x_n<\widetilde{x}_{n-1}<x_{n-1}<\cdots<\widetilde{x}_1<x_1<\widetilde{x}_0\leqslant 1.$$

(7) 奇偶性. $T_n(x)$为n次多项式, 并且$T_{2n}(x)$只含x的偶次幂, $T_{2n+1}(x)$只含x的奇次幂, 即

$$T_n(-x) = (-1)^n T_n(x) = \begin{cases} -T_n(x), & n\text{为奇数}, \\ T_n(x), & n\text{为偶数}. \end{cases}$$

(8) 三项递推关系.

$$\begin{cases} T_0(x) = 1, \\ T_1(x) = x, \\ T_{k+1}(x) = 2xT_k(x) - T_{k-1}(x). \end{cases}$$

事实上,

$$T_k(x) = \cos(k \arccos x) = \cos k\theta,$$

由三角等式

$$\cos(k+1)\theta + \cos(k-1)\theta = 2\cos\theta\cos k\theta$$

得到

$$T_{k+1}(x) + T_{k-1}(x) = 2xT_k(x).$$

因此, 递推得

$$\begin{cases} T_0(x) = 1, \\ T_1(x) = x, \\ T_2(x) = 2x^2 - 1, \\ T_3(x) = 4x^3 - 3x, \\ T_4(x) = 8x^4 - 8x^2 + 1, \\ T_5(x) = 16x^5 - 20x^3 + 5x, \\ \quad\cdots\cdots \end{cases}$$

2. Legendre多项式$P_n(x)$

取$[a,b] = [-1,1]$, $\rho(x) = 1$, 由$\{1, x, x^2, \cdots, x^n, \cdots\}$正交化得一组多项式$P_n(x)$.

(1) 标准形式.

$$\begin{cases} P_0(x) = 1, \\ P_n(x) = \dfrac{1}{2^n n!}\dfrac{\mathrm{d}^n}{\mathrm{d}x^n}(x^2-1)^n, \quad n = 1, 2, \cdots \end{cases}$$

称为**Legendre多项式**.

(2) 首项系数. $a_n = \dfrac{(2n)!}{2^n(n!)^2}$.

(3) 正交性. $\{P_0(x), P_1(x), \cdots\}$是$[-1,1]$上关于权函数$\rho(x) = 1$正交的函数组, 即内积

$$(P_n, P_m) = \int_{-1}^{1} \rho(x)P_n(x)P_m(x)\mathrm{d}x = \begin{cases} 0, & n \neq m, \\ \dfrac{2}{2n+1}, & n = m. \end{cases}$$

(4) 奇偶性. $P_n(x)$为n次多项式, 并且$P_{2n}(x)$只含x的偶次幂, $P_{2n+1}(x)$只含x的奇次幂, 即

$$P_n(-x) = (-1)^n P_n(x) = \begin{cases} -P_n(x), & n\text{为奇数}, \\ P_n(x), & n\text{为偶数}. \end{cases}$$

(5) 三项递推关系.

$$\begin{cases} P_0(x) = 1, \\ P_1(x) = x, \\ (n+1)P_{n+1}(x) = (2n+1)xP_n(x) - nP_{n-1}(x). \end{cases}$$

因此, 递推得

$$\begin{cases} P_0(x) = 1, \\ P_1(x) = x, \\ P_2(x) = \dfrac{1}{2}(3x^2 - 1), \\ P_3(x) = \dfrac{1}{2}(5x^3 - 3x), \\ P_4(x) = \dfrac{1}{8}(35x^4 - 30x^2 + 3), \\ P_5(x) = \dfrac{1}{8}(63x^5 - 70x^3 + 15x), \\ \qquad\cdots\cdots \end{cases}$$

3. Laguerre 多项式$L_n(x)$

取$[a,b] = [0, +\infty)$, $\rho(x) = \mathrm{e}^{-x}$, 由$\{1, x, x^2, \cdots, x^n, \cdots\}$正交化得一组多项式$L_n(x)$.

(1) 标准形式.

$$\begin{cases} L_0(x) = 1, \\ L_n(x) = \mathrm{e}^x \dfrac{\mathrm{d}^n}{\mathrm{d}x^n}(x^n \mathrm{e}^{-x}), \quad n = 1, 2, \cdots \end{cases}$$

称为**Laguerre多项式**.

(2) 首项系数. $a_n = (-1)^n$.

(3) 正交性. $\{L_0(x), L_1(x), \cdots,\}$是$[0, +\infty)$上关于权函数$\rho(x) = \mathrm{e}^{-x}$正交的函数组, 即内积

$$(L_n, L_m) = \int_0^{+\infty} \rho(x) L_n(x) L_m(x) \mathrm{d}x = \begin{cases} 0, & n \neq m, \\ (n!)^2, & n = m. \end{cases}$$

(4) 三项递推关系.

$$\begin{cases} L_0(x) = 1, \\ L_1(x) = 1 - x, \\ L_{n+1}(x) = (2n + 1 - x)L_n(x) - n^2 L_{n-1}(x). \end{cases}$$

因此, 递推得

$$\begin{cases} L_0(x) = 1, \\ L_1(x) = 1 - x, \\ L_2(x) = x^2 - 4x + 2, \\ L_3(x) = -x^3 + 9x^2 - 18x + 6, \\ L_4(x) = x^4 - 16x^3 + 72x^2 - 96x + 24, \\ L_5(x) = -x^5 + 25x^4 - 200x^3 + 600x^2 - 600x + 120, \\ \qquad \cdots\cdots \end{cases}$$

4. Hermite多项式$H_n(x)$

取$[a,b]=(-\infty,+\infty)$, $\rho(x)=\mathrm{e}^{-x^2}$, 由$\{1,x,x^2,\cdots,x^n\}$正交化得一组多项式$H_n(x)$.

(1) 标准形式.

$$\begin{cases} H_0(x) = 1, \\ H_n(x) = (-1)^n \mathrm{e}^{x^2} \dfrac{\mathrm{d}^n}{\mathrm{d}x^n}(\mathrm{e}^{-x^2}) \end{cases}$$

称为**Hermite多项式**.

(2) 首项系数. $a_n = 2^n$.

(3) 正交性. $\{H_0(x), H_1(x), \cdots\}$是$(-\infty,+\infty)$上关于权函数$\rho(x) = \mathrm{e}^{-x^2}$正交的函数组, 即内积

$$(H_n, H_m) = \int_{-\infty}^{+\infty} \rho(x) H_n(x) H_m(x) \mathrm{d}x = \begin{cases} 0, & n \neq m, \\ 2^n n! \sqrt{\pi}, & n = m. \end{cases}$$

(4) 奇偶性. $H_n(x)$为n次多项式, 并且$H_{2n}(x)$只含x的偶次幂, $H_{2n+1}(x)$只含x的奇次幂, 即

$$H_n(-x) = (-1)^n H_n(x) = \begin{cases} -H_n(x), & n\text{为奇数}, \\ H_n(x), & n\text{为偶数}. \end{cases}$$

(5) 三项递推关系.

$$\begin{cases} H_0(x) = 1, \\ H_1(x) = 2x, \\ H_{n+1}(x) = 2xH_n(x) - 2nH_{n-1}(x). \end{cases}$$

因此, 递推得

$$\begin{cases} H_0(x) = 1, \\ H_1(x) = 2x, \\ H_2(x) = 4x^2 - 2, \\ H_3(x) = 8x^3 - 12x, \\ H_4(x) = 16x^4 - 48x^2 + 12, \\ H_5(x) = 32x^5 - 160x^3 + 120x, \\ \qquad \cdots\cdots \end{cases}$$

6.3 函数的最佳平方逼近

6.3.1 最佳平方逼近函数的概念

1. 问题的提法

已知$y = f(x) \in C[a,b]$, $S = \text{span}\{\varphi_0(x), \varphi_1(x), \cdots, \varphi_n(x)\}$, 其中$\{\varphi_j(x)\}_{j=0}^n$线性无关, 求$P^*(x) \in S$, 使得

$$\|f(x) - P^*(x)\|_2^2 = \min_{P(x)\in S} \|f(x) - P(x)\|_2^2 = \min_{P(x)\in S} \int_a^b \rho(x)[f(x) - P(x)]^2 \mathrm{d}x, \quad (6.3.1)$$

其中$P(x) = \sum\limits_{j=0}^{n} a_j\varphi_j(x) \in S$, $\rho(x) \geqslant 0$, 则称$P^*(x)$为函数$f(x)$在S中的**最佳平方逼近函数**(best approximation in the mean).

2. 最佳平方逼近函数$P^*(x)$的求法

因为$P^*(x) \in S$, 设$P^*(x) = \sum\limits_{j=0}^{n} a_j^*\varphi_j(x)$, 显然, 求最佳平方逼近函数$P^*(x)$ 的问题归结为求$a_0^*, a_1^*, \cdots, a_n^*$, 使得

$$I(a_0, a_1, \cdots, a_n) = \int_a^b \rho(x)\Big[f(x) - \sum_{j=0}^{n} a_j\varphi_j(x)\Big]^2 \mathrm{d}x$$

达到极小值. 利用多元函数极值的必要条件

$$\frac{\partial I}{\partial a_k} = 0, \quad k = 0, 1, \cdots, n$$

有

$$2\int_a^b \rho(x)\Big[f(x) - \sum_{j=0}^{n} a_j\varphi_j(x)\Big](-\varphi_k(x))\mathrm{d}x = 0,$$

于是

$$\sum_{j=0}^{n} a_j \int_a^b \rho(x)\varphi_k(x)\varphi_j(x)\mathrm{d}x = \int_a^b \rho(x)f(x)\varphi_k(x)\mathrm{d}x. \quad (6.3.2)$$

采用函数内积

$$(\varphi_k,\varphi_j)=\int_a^b \rho(x)\varphi_k(x)\varphi_j(x)\mathrm{d}x,$$
$$(f,\varphi_k)=\int_a^b \rho(x)f(x)\varphi_k(x)\mathrm{d}x,$$

则上述等式简记为

$$\sum_{j=0}^{n}(\varphi_k,\varphi_j)a_j=(f,\varphi_k),\quad k=0,1,\cdots,n.$$

这是一个关于$a_0,a_1,\cdots,a_n$的$n+1$元线性方程组, 写成矩阵形式为

$$\begin{bmatrix}(\varphi_0,\varphi_0) & (\varphi_0,\varphi_1) & \cdots & (\varphi_0,\varphi_n)\\ (\varphi_1,\varphi_0) & (\varphi_1,\varphi_1) & \cdots & (\varphi_1,\varphi_n)\\ \vdots & \vdots & & \vdots\\ (\varphi_n,\varphi_0) & (\varphi_n,\varphi_1) & \cdots & (\varphi_n,\varphi_n)\end{bmatrix}\begin{bmatrix}a_0\\ a_1\\ \vdots\\ a_n\end{bmatrix}=\begin{bmatrix}(f,\varphi_0)\\ (f,\varphi_1)\\ \vdots\\ (f,\varphi_n)\end{bmatrix}, \tag{6.3.3}$$

称为法方程组(normal equations), 简记为$\boldsymbol{G}a=\boldsymbol{d}$.

由于$\varphi_0(x),\varphi_1(x),\cdots,\varphi_n(x)$线性无关, 则由定理6.2.2知, 其系数行列式$\det\boldsymbol{G}\neq 0$. 于是方程组(6.3.3)有唯一解$a_k^*$ $(k=0,1,\cdots,n)$, 从而构造最佳平方逼近函数$P^*(x)=a_0^*\varphi_0(x)+a_1^*\varphi_1(x)+\cdots+a_n^*\varphi_n(x)$.

下面证明$P^*(x)=\sum\limits_{j=0}^{n}a_j^*(x)\varphi_j(x)$满足式(6.3.1). 记

$$\begin{aligned}D&=\int_a^b \rho(x)[f(x)-P(x)]^2\mathrm{d}x-\int_a^b \rho(x)[f(x)-P^*(x)]^2\mathrm{d}x\\ &=\int_a^b \rho(x)[P(x)-P^*(x)]^2\mathrm{d}x+2\int_a^b \rho(x)[P^*(x)-P(x)][f(x)-P^*(x)]\mathrm{d}x,\end{aligned} \tag{6.3.4}$$

由于$P^*(x)$的系数满足式(6.3.2), 因此,

$$\int_a^b \rho(x)[f(x)-P^*(x)]\varphi_k(x)\mathrm{d}x=0,\quad k=0,1,\cdots,n, \tag{6.3.5}$$

而

$$P^*(x)-P(x)=\sum_{j=0}^{n}(a_j^*-a_j)\varphi_j(x),$$

所以

$$\int_a^b \rho(x)[P^*(x)-P(x)][f(x)-P^*(x)]\mathrm{d}x=0.$$

于是式(6.3.4)写成

$$\int_a^b \rho(x)[f(x)-P(x)]^2\mathrm{d}x-\int_a^b \rho(x)[f(x)-P^*(x)]^2\mathrm{d}x=\int_a^b \rho(x)[P(x)-P^*(x)]^2\mathrm{d}x\geqslant 0,$$

即

$$\int_a^b \rho(x)[f(x)-P^*(x)]^2\mathrm{d}x \leqslant \int_a^b \rho(x)[f(x)-P(x)]^2\mathrm{d}x.$$

这就证明了 $P^*(x)$ 确实是满足式 (6.3.1) 的最佳平方逼近函数, 同时也给出了求 $P^*(x)$ 的构造性方法.

定理6.3.1 最佳平方逼近定理. 设 $f(x)\in C[a,b]$, $S=\mathrm{span}\{\varphi_0(x),\varphi_1(x),\cdots,\varphi_n(x)\}$, 其中 $\varphi_i(x)\in C[a,b]$ $(i=0,1,\cdots,n)$ 线性无关, 则

(1) $f(x)\in C[a,b]$在S中的最佳平方逼近函数$P^*(x)$存在且唯一;

(2) 可由法方程组(6.3.3)求得$a_0^*,a_1^*,\cdots,a_n^*$, 从而构造$P^*(x)=\sum\limits_{j=0}^{n}a_j^*\varphi_j(x)$;

(3) 最佳平方逼近函数的误差

$$\|f(x)-P^*(x)\|_2^2=\|f\|_2^2-\sum_{j=0}^{n}a_j^*(\varphi_j,f)$$

称为均方误差.

证明 由上面的分析, 只需证(3). 由式(6.3.5)可得

$$\int_a^b \rho(x)[f(x)-P^*(x)]\sum_{j=0}^{n}a_j^*\varphi_j(x)\mathrm{d}x=0,$$

即$(f-P^*,P^*)=0$, 从而

$$\begin{aligned}\|f(x)-P^*(x)\|_2^2&=(f-P^*,f-P^*)=(f-P^*,f)-(f-P^*,P^*)\\&=(f-P^*,f)=(f,f)-(P^*,f)=\|f\|_2^2-\left(\sum_{j=0}^{n}a_j^*\varphi_j,f\right)\\&=\|f\|_2^2-\sum_{j=0}^{n}a_j^*(\varphi_j,f).\end{aligned}$$

□

在实际应用中, 对于一般的基函数 $\varphi_0,\varphi_1,\cdots,\varphi_n$, 求法方程 (6.3.3) 的计算量是很大的, 而逼近的目的是用简单代替复杂, 若用多项式作逼近, 则既结构简单, 又便于计算.

6.3.2 用多项式作最佳平方逼近

如果取$\varphi_j(x)=x^j$ $(j=0,1,\cdots,n)$, $\rho(x)=1$, $f(x)\in C[0,1]$, 则

$$(\varphi_k,\varphi_j)=\int_0^1 x^k x^j\mathrm{d}x=\frac{1}{k+j+1},$$

$$(\varphi_k,f)=\int_0^1 x^k f(x)\mathrm{d}x\equiv d_k,\quad k=0,1,\cdots,n.$$

此时, 法方程组为

$$\begin{bmatrix} 1 & \frac{1}{2} & \cdots & \frac{1}{n+1} \\ \frac{1}{2} & \frac{1}{3} & \cdots & \frac{1}{n+2} \\ \vdots & \vdots & & \vdots \\ \frac{1}{n+1} & \frac{1}{n+2} & \cdots & \frac{1}{2n+1} \end{bmatrix} \begin{bmatrix} a_0 \\ a_1 \\ \vdots \\ a_n \end{bmatrix} = \begin{bmatrix} d_0 \\ d_1 \\ \vdots \\ d_n \end{bmatrix}, \tag{6.3.6}$$

解得$a_0^*, a_1^*, \cdots, a_n^*$, 从而构造最佳平方逼近多项式为

$$P_n^*(x) = a_0^* + a_1^* x + \cdots + a_n^* x^n,$$

均方误差为

$$\|f - P_n^*\|_2^2 = \|f\|_2^2 - \sum_{j=0}^{n} a_j^* d_j. \tag{6.3.7}$$

例6.3.1 求$f(x) = \mathrm{e}^x$在$[0,1]$上的一次最佳平方逼近多项式, 并计算$\|f - P_1^*(x)\|_2^2$.

解 设$P_1^*(x) = a_0 + a_1 x$, $\varphi_0 = 1$, $\varphi_1 = x$, $\rho(x) = 1$, 计算

$$(f, \varphi_0) = \int_0^1 \mathrm{e}^x \cdot 1 \mathrm{d}x = \mathrm{e} - 1,$$

$$(f, \varphi_1) = \int_0^1 \mathrm{e}^x \cdot x \mathrm{d}x = 1,$$

法方程组为

$$\begin{bmatrix} 1 & \frac{1}{2} \\ \frac{1}{2} & \frac{1}{3} \end{bmatrix} \begin{bmatrix} a_0 \\ a_1 \end{bmatrix} = \begin{bmatrix} \mathrm{e} - 1 \\ 1 \end{bmatrix},$$

解得$a_0^* = 4\mathrm{e} - 10$, $a_1^* = 18 - 6\mathrm{e}$, 从而

$$P_1^*(x) = 4\mathrm{e} - 10 + (18 - 6\mathrm{e})x.$$

另外, 由式(6.3.7)知

$$\|f - P_1^*(x)\|_2^2 = \int_0^1 (\mathrm{e}^x)^2 \mathrm{d}x - (4\mathrm{e} - 10)(\mathrm{e} - 1) - (18 - 6\mathrm{e}) \cdot 1 \approx 3.94 \times 10^{-3}.$$

然而, 当n较大时, 式(6.3.6)中的系数矩阵是病态的, 求解方程(6.3.6)时的舍入误差会很大. 此时, 考虑正交多项式基才能证得解的稳定性.

6.3.3 用正交多项式作最佳平方逼近

若取函数族$S=\text{span}\{\varphi_0(x),\varphi_1(x),\cdots,\varphi_n(x)\}$, $\varphi_i(x)$为正交多项式, $\rho(x)$为其相应的权函数. 这时, 任意一对$\varphi_i(x)$和$\varphi_j(x)$两两带权正交, 则法方程为

$$\begin{bmatrix} (\varphi_0,\varphi_0) & & & \\ & (\varphi_1,\varphi_1) & & \\ & & \ddots & \\ & & & (\varphi_n,\varphi_n) \end{bmatrix}\begin{bmatrix} a_0 \\ a_1 \\ \vdots \\ a_n \end{bmatrix}=\begin{bmatrix} (f,\varphi_0) \\ (f,\varphi_1) \\ \vdots \\ (f,\varphi_n) \end{bmatrix}, \tag{6.3.8}$$

其法方程系数$\boldsymbol{G}$为对角矩阵, 这时直接可算出

$$a_j^*=\frac{(f,\varphi_j)}{(\varphi_j,\varphi_j)},\quad j=0,1,\cdots,n, \tag{6.3.9}$$

从而最佳平方逼近函数为

$$P^*(x)=a_0^*\varphi_0(x)+a_1^*\varphi_1(x)+\cdots+a_n^*\varphi_n(x),$$

均方误差为

$$\|f-P^*\|_2^2=\|f\|_2^2-\sum_{j=0}^{n}a_j^*(\varphi_j,f)=\|f\|_2^2-\sum_{j=0}^{n}(\varphi_j,\varphi_j)a_j^{*2}. \tag{6.3.10}$$

例6.3.2　求$f(x)=\mathrm{e}^x$在$[-1,1]$上的三次最佳平方逼近多项式.

解　取Legendre多项式$P_n(x)$作基函数, 则$S=\text{span}\{P_0,P_1,P_2,P_3\}$. 由式(6.3.9)知

$$a_j^*=\frac{(f,P_j)}{(P_j,P_j)}=\frac{2j+1}{2}\int_{-1}^{1}P_j(x)\mathrm{e}^x\mathrm{d}x=\begin{cases}\dfrac{1}{2}\left(\mathrm{e}-\dfrac{1}{\mathrm{e}}\right), & j=0,\\ \dfrac{3}{2}(2\mathrm{e}^{-1}), & j=1,\\ \dfrac{5}{2}\left(\mathrm{e}-\dfrac{7}{\mathrm{e}}\right), & j=2,\\ \dfrac{7}{2}\left(37\mathrm{e}^{-1}-5\mathrm{e}\right), & j=3,\end{cases}$$

从而

$$P_3^*(x)=1.1752P_0(x)+1.1036P_1(x)+0.3578P_2(x)+0.07046P_3(x),$$

其中$P_j(x)$ $(j=0,1,2,3)$为Legendre多项式.

化简为普通多项式, 则

$$P_3^*(x)=0.9963+0.9979x+0.5367x^2+0.1761x^3,$$

$$\|f-P_3^*(x)\|_2^2=\|f\|_2^2-\sum_{j=0}^{3}\frac{2}{2j+1}a_j^{*2}=\int_{-1}^{1}(\mathrm{e}^x)^2\mathrm{d}x-\sum_{j=0}^{3}\frac{2}{2j+1}a_j^{*2}\approx 0.88\times 10^{-4}.$$

方法评述 (1) 如果取$S = \text{span}\{1, x, \cdots, x^n\}$, 则当$n$较大时, 其法方程组的系数矩阵Hilbert阵是病态的, 计算结果不可靠; 如果取$S = \text{span}\{\varphi_0(x), \varphi_1(x), \cdots, \varphi_n(x)\}$, 其中$\varphi_j(x)$为正交多项式, 则此时法方程组$\boldsymbol{G}a = \boldsymbol{d}$是$n+1$个独立的一元一次方程, 很容易求解且稳定;

(2) 如果$f(x) \in C[a, b]$, 则作平移$x = \dfrac{b-a}{2}t + \dfrac{b+a}{2}$, 得到

$$f(x) = f\left(\frac{b-a}{2}t + \frac{b+a}{2}\right) = F(t) \in C[-1, 1].$$

对$F(t)$作最佳平方逼近$P^*(t) = P^*\Big(\dfrac{2x}{b-a} - \dfrac{b+a}{b-a}\Big)$即为$[a, b]$上关于$x$的最佳平方逼近.

6.4 最小二乘逼近

6.4.1 一般的最小二乘逼近

已知函数$y = f(x)$的一系列离散数据(x_i, y_i) $(i = 0, 1, \cdots, m)$, 要求函数$P(x)$(又称经验公式)能反映出给定数据的变化趋势. 从几何上来讲, 就是求$y = f(x)$的一条近似曲线$y = P(x)$, 故称其为曲线拟合问题.

曲线拟合是必要的, 因为一般的实验数据是大量的, 如果用插值法, 如Lagrange插值公式$f(x) \approx L_m(x)$, 则插值多项式的次数很高, 并且要求满足插值条件

$$y_i = L_m(x_i), \quad i = 0, 1, \cdots, m.$$

这样的近似函数会出现两个问题: 一是插值函数有Runge现象; 二是实验数据是测量得到的, 因此, $y_0, y_1, \cdots, y_m$本身未必精确. 基于上述原因, 放弃使所求函数严格经过(x_i, y_i)的要求, 选择计算简单的数学模型是拟合的基本思想.

曲线拟合是处理实验数据的一种经常使用的方法, 它需要解决两个问题: $P(x)$在哪个函数类中选择? 以什么样的标准来选择? 它的实质是离散情况下的最佳平方逼近.

1. 问题的提法

对一系列离散点(x_i, y_i) $(i = 0, 1, \cdots, m)$, 在线性无关基$\{\varphi_j(x)\}_{j=0}^n$张成的空间$S = \text{span}\{\varphi_0(x), \varphi_1(x), \cdots, \varphi_n(x)\}$中, 求$P^*(x) \in S$, 使得

$$\sum_{i=0}^{m} \omega_i [f(x_i) - P^*(x_i)]^2 = \min_{P(x) \in S} \sum_{i=0}^{m} \omega_i [f(x_i) - P(x_i)]^2, \tag{6.4.1}$$

其中$P(x) = \sum\limits_{j=0}^{n} a_j \varphi_j(x) \in S$, $\omega_i > 0$称为权系数, 它反映该点的重要程度, 则称$P^*(x)$为函数$f(x)$在S中的**最小二乘逼近函数**.

2. 最小二乘逼近函数的求法

因为$P^*(x) \in S$, 设$P^*(x) = \sum_{j=0}^{n} a_j^* \varphi_j(x)$, 显然, 求最小二乘逼近函数$P^*(x)$的问题归结为求$a_0^*, a_1^*, \cdots, a_n^*$, 使得

$$I(a_0, a_1, \cdots, a_n) = \sum_{i=0}^{m} \omega_i \Big[y_i - \sum_{j=0}^{n} a_j \varphi_j(x_i) \Big]^2$$

达到极小值.

由极值的必要条件, 应有

$$\frac{\partial I}{\partial a_k} = 0, \quad k = 0, 1, \cdots, n,$$

即

$$\sum_{i=0}^{m} \omega_i \Big[y_i - \sum_{j=0}^{n} a_j \varphi_j(x_i) \Big] [-\varphi_k(x_i)] = 0,$$

于是

$$\sum_{j=0}^{n} \Big[\sum_{i=0}^{m} \omega_i \varphi_k(x_i) \varphi_j(x_i) \Big] a_j = \sum_{i=0}^{m} \omega_i y_i \varphi_k(x_i). \tag{6.4.2}$$

记

$$(\varphi_k, \varphi_j) = \sum_{i=0}^{m} \omega_i \varphi_k(x_i) \varphi_j(x_i),$$
$$(f, \varphi_k) = \sum_{i=0}^{m} \omega_i y_i \varphi_k(x_i),$$

则式(6.4.2)简记为

$$\sum_{j=0}^{n} (\varphi_k, \varphi_j) a_j = (f, \varphi_k), \quad k = 0, 1, \cdots, n. \tag{6.4.3}$$

这是一个关于$a_0, a_1, \cdots, a_n$的$n+1$元线性方程组, 写成矩阵形式为

$$\begin{bmatrix} (\varphi_0, \varphi_0) & (\varphi_0, \varphi_1) & \cdots & (\varphi_0, \varphi_n) \\ (\varphi_1, \varphi_0) & (\varphi_1, \varphi_1) & \cdots & (\varphi_1, \varphi_n) \\ \vdots & \vdots & & \vdots \\ (\varphi_n, \varphi_0) & (\varphi_n, \varphi_1) & \cdots & (\varphi_n, \varphi_n) \end{bmatrix} \begin{bmatrix} a_0 \\ a_1 \\ \vdots \\ a_n \end{bmatrix} = \begin{bmatrix} (f, \varphi_0) \\ (f, \varphi_1) \\ \vdots \\ (f, \varphi_n) \end{bmatrix}, \tag{6.4.4}$$

称为法方程组, 简记为

$$\boldsymbol{Ga} = \boldsymbol{d}.$$

如果$\det(\boldsymbol{G}) \neq 0$, 则式(6.4.4)有唯一解$a_0^*, a_1^*, \cdots, a_n^*$, 从而构造最小二乘逼近函数

$$P^*(x) = a_0^*\varphi_0(x) + a_1^*\varphi_1(x) + \cdots + a_n^*\varphi_n(x).$$

如果$\varphi_0, \varphi_1, \cdots, \varphi_n$为一般的基, 即求法方程组的系数矩阵$\boldsymbol{G}$很困难; 若用多项式基函数, 则内积很有规律.

6.4.2 最小二乘逼近多项式

取$\varphi_j(x) = x^j$ $(j = 0, 1, \cdots, n)$, $\rho(x) = 1$, $f(x) \in C[0, 1]$, 则

$$(\varphi_k, \varphi_j) = \sum_{i=0}^{m} \omega_i x_i^{k+j},$$
$$(f, \varphi_j) = \sum_{i=0}^{m} \omega_i x_i^j y_i.$$

法方程组为

$$\begin{bmatrix} \sum_{i=0}^{m}\omega_i & \sum_{i=0}^{m}\omega_i x_i & \cdots & \sum_{i=0}^{m}\omega_i x_i^n \\ \sum_{i=0}^{m}\omega_i x_i & \sum_{i=0}^{m}\omega_i x_i^2 & \cdots & \sum_{i=0}^{m}\omega_i x_i^{n+1} \\ \vdots & \vdots & & \vdots \\ \sum_{i=0}^{m}\omega_i x_i^n & \sum_{i=0}^{m}\omega_i x_i^{n+1} & \cdots & \sum_{i=0}^{m}\omega_i x_i^{2n} \end{bmatrix} \begin{bmatrix} a_0 \\ a_1 \\ \vdots \\ a_n \end{bmatrix} = \begin{bmatrix} \sum_{i=0}^{m}\omega_i y_i \\ \sum_{i=0}^{m}\omega_i x_i y_i \\ \vdots \\ \sum_{i=0}^{m}\omega_i x_i^n y_i \end{bmatrix}, \qquad (6.4.5)$$

简记为

$$\boldsymbol{Ga} = \boldsymbol{d},$$

解得$a_0^*, a_1^*, \cdots, a_n^*$, 从而构造最小二乘逼近多项式为

$$P_n^*(x) = a_0^* + a_1^* x + \cdots + a_n^* x^n.$$

注6.4.1 (1) 当$m = n$时, 假设$P_n^*(x)$为Lagrange插值多项式, 即$P_n^*(x_i) = f(x_i)$ $(i = 0, 1, \cdots, m)$, 此时, $\sum_{i=0}^{m}[f(x_i) - P_n^*(x_i)]^2 = 0$, 故Lagrange插值多项式必为最小二乘逼近多项式;

(2) 当$n > m$时, m个条件无法唯一确定n阶多项式, 故并不一定有意义;

(3) 当$n \geqslant 7$时, 法方程组的系数矩阵是病态的, 即并不是拟合曲线次数越高越好.

多项式拟合可归纳为以下几步:

(1) 由已知数据画出函数初略的图形——散点图, 确定拟合多项式的次数n;

(2) 列表计算$\sum_{i=0}^{m}\omega_i x_i^j\ (j=0,1,\cdots,2n)$和$\sum_{i=0}^{m}\omega_i x_i^j y_i\ (j=0,1,\cdots,n)$;

(3) 写出法方程组, 求出$a_0^*,a_1^*,\cdots,a_n^*$;

(4) 构造拟合多项式$P_n^*(x)=\sum_{j=0}^{n}a_j^* x^j$.

例6.4.1 设有一组数据(表6.1), 试用最小二乘拟合这组数据.

表6.1 数据

i	x_i	y_i	i	x_i	y_i
0	1	14.2	3	4	9.5
1	2	12.5	4	5	10.0
2	3	10.4	5	6	14.8

解 (1) 将数据作散点图6.1, 从图中可以看出, 该图形接近二次曲线, 故可选用$n=2$.

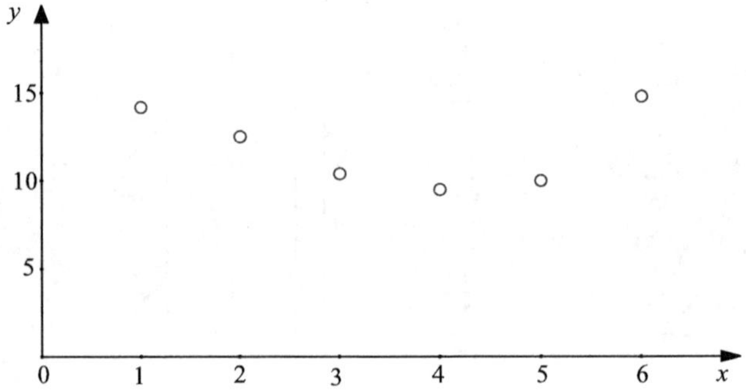

图6.1 数据图

(2) 当$n=2$时, $P_2^*(x)=a_0+a_1x+a_2x^2$, 列表如下(表6.2):

法方程组为

$$\begin{bmatrix}6 & 21 & 91\\ 21 & 91 & 441\\ 91 & 441 & 2275\end{bmatrix}\begin{bmatrix}a_0\\ a_1\\ a_2\end{bmatrix}=\begin{bmatrix}71.4\\ 247.2\\ 1092.6\end{bmatrix},$$

解得

$$a_0^*=19.59,\quad a_1^*=-5.51678,\quad a_3^*=0.76607,$$

最小二乘逼近多项式为

$$P_2^*(x)=19.59-5.51678x+0.76607x^2.$$

从例6.4.1可知, 当n较大时, (6.4.5)的系数矩阵是病态的. 因此, n不宜过大. 此处的讨论仅限于$n<7$.

表6.2 列表

i	x_i	y_i	x_iy_i	x_i^2	x_i^3	x_i^4	$x_i^2y_i$
0	1	14.2	14.2	1	1	1	14.2
1	2	12.5	25.0	4	8	16	50
2	3	10.4	31.2	9	27	81	93.6
3	4	9.5	38.0	16	64	256	152.0
4	5	10.0	50.0	25	125	625	250.0
5	6	14.8	88.8	36	216	1296	532.8
$\sum$	$\sum x_i$	$\sum y_i$	$\sum x_iy_i$	$\sum x_i^2$	$\sum x_i^3$	$\sum x_i^4$	$\sum x_i^2y_i$
	21	71.4	247.2	91	441	2275	1092.6

6.5 可化为线性模型的曲线拟合

使用最小二乘逼近时, 模型的选择是很重要的. 通常, 模型$y = P_n^*(x)$是由物理规律或数据分布情况确定的, 不一定都是线性模型, 但有的模型经过变换可化为线性模型, 这些也应该按线性模型处理, 如以下几种常见曲线可转化为线性模型的曲线拟合:

(1) 双曲线 $y = \dfrac{x}{ax+b}$ $(a>0)$(图6.2);

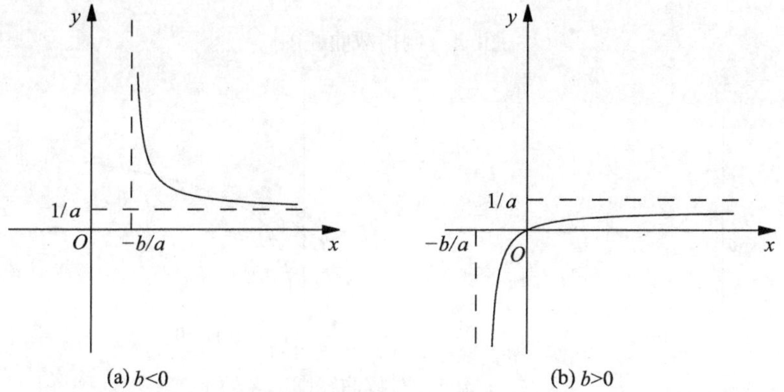

图6.2 双曲线图

(2) 指数曲线 $y = a\mathrm{e}^{bx}$ $(a>0)$(图6.3);

(3) 倒指数曲线 $y = a\mathrm{e}^{\frac{b}{x}}$ $(a>0)$(图6.4);

(4) 对数曲线 $y = a + b\ln x$(图6.5);

(5) "S"形曲线 $y = \dfrac{1}{a+b\mathrm{e}^{-x}}$(图6.6).

上述几种常见曲线的变换曲线关系如下(表6.3):

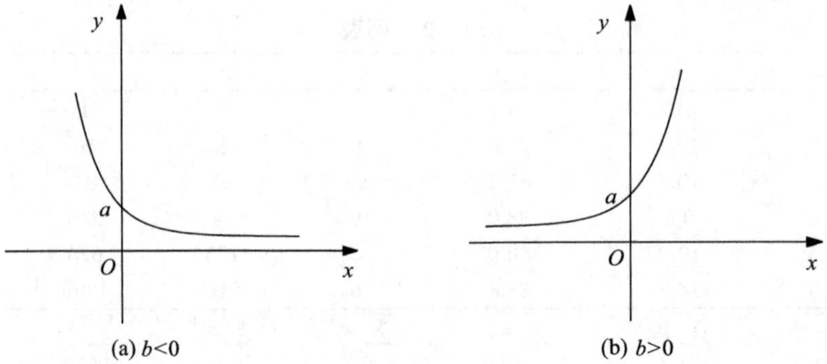

图6.3 指数曲线图

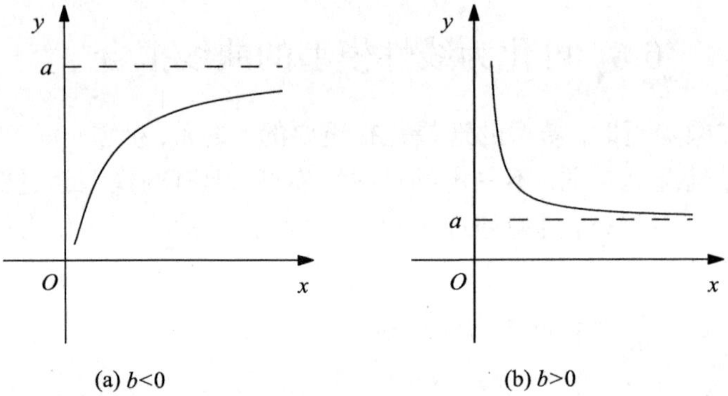

图6.4 倒指数曲线图

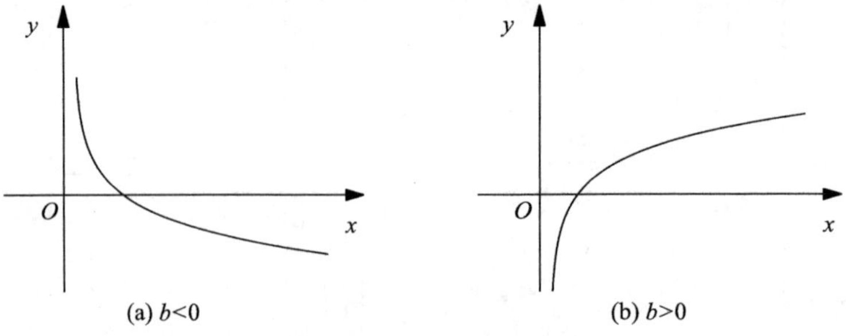

图6.5 对数曲线图

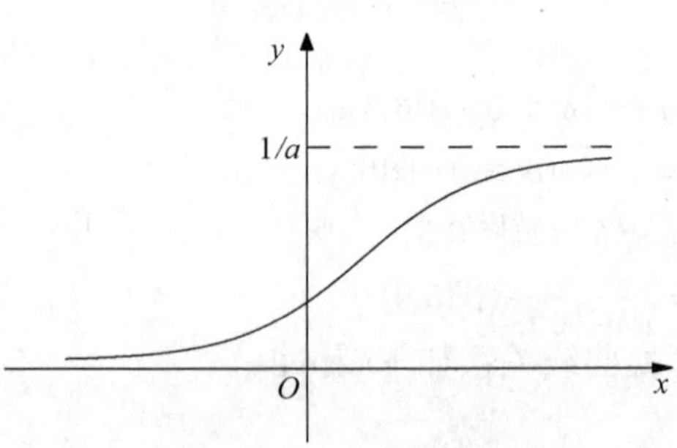

图6.6 "S"形曲线图

利用线性模型拟合曲线的一般步骤如下:

(1) 绘制散点图, 选择合适的曲线类型, 一般根据资料性质结合专业知识便可确定资料的曲线模型. 当不能确定时, 可在方格坐标纸上绘制散点图, 根据散点的分布, 选择接近的、合适的曲线模型.

(2) 进行变量变换

$$X = X(x), \quad Y = Y(y),$$

使变换后的两个变量呈直线关系.

(3) 按最小二乘法原理求线性方程$Y = a + bX$.

(4) 将直线方程转换为关于原变量x, y的函数表达式.

表6.3 变换表

曲线	变换	变换后的线性形式
$y = \frac{x}{ax+b}$	$Y = \frac{1}{y},\ X = \frac{1}{x}$	$Y = a + bX$
$y = a\mathrm{e}^{bx}$	$Y = \ln y,\ X = x$	$Y = \ln a + bX$
$y = a\mathrm{e}^{\frac{b}{x}}$	$Y = \ln y,\ X = \frac{1}{x}$	$Y = \ln a + bX$
$y = a + b\ln x$	$Y = y,\ X = \ln x$	$Y = a + bX$
$y = \frac{1}{a+b\mathrm{e}^{-x}}$	$Y = \frac{1}{y},\ X = \mathrm{e}^{-x}$	$Y = a + bX$

例6.5.1 已知浓度为 x 的免疫球蛋白 A(IgA, μg) 作火箭电泳, 测得火箭高度 y(mm) 如表 6.4 所示, x, y 两列为实验数据, 试讨论 y 关于 x 的拟合曲线关系.

表6.4 数据

x	y	$X = \ln x$	$\widehat{Y}$
0.2	7.6	−1.60944	7.22842
0.4	12.3	−0.91629	12.61907
0.6	15.7	−0.51083	15.77239
0.8	18.2	−0.22314	18.00972
1.0	18.7	0	19.74512
1.2	21.4	0.18232	21.16304
1.4	22.6	0.33647	22.36188
1.6	23.8	0.47000	23.40036

解 (1) 以x, y两列的实验数据在方格纸上作散点图, 如图6.7所示. 从图中可以看出, 该图形与图6.5(b)相近, 故可尝试用对数模型.

(2) 作变换$X = \ln x$, $Y = y$, 将原始数据x, y转化为新数据$X, Y = y$, 如表6.4所示以Y和X作散点图6.8, 可见散点呈直线趋势.

(3) 按最小二乘法原理求Y关于X的线性方程, 得到$Y = 19.75 + 7.78X$.

(4) 转换成免疫球蛋白浓度x与火箭高度y的关系曲线$y = 19.75 + 77.78\ln x$, 计算各点处的函数值$\widehat{Y}$如表6.4所示.

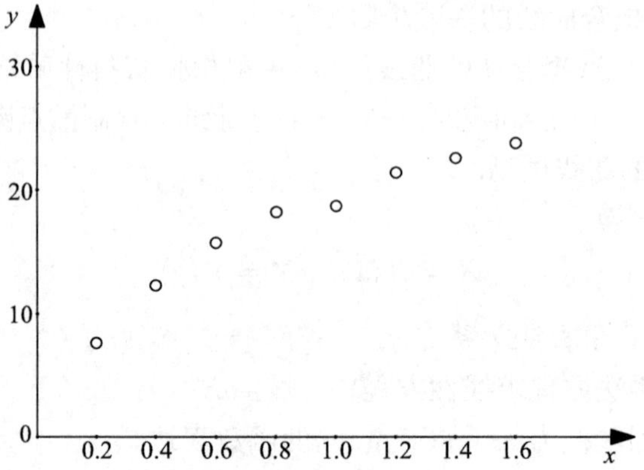

图6.7　数据图

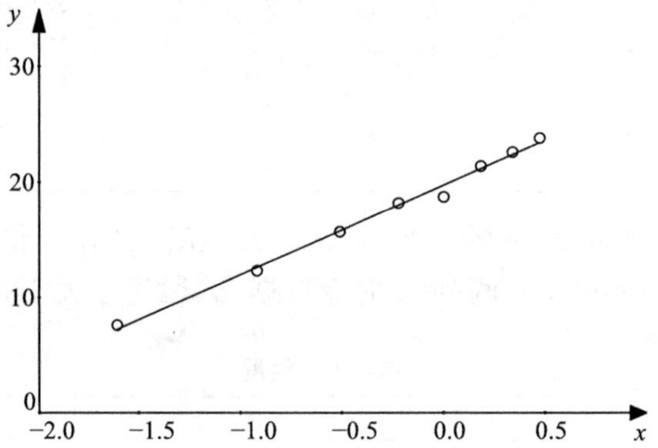

图6.8　数据图

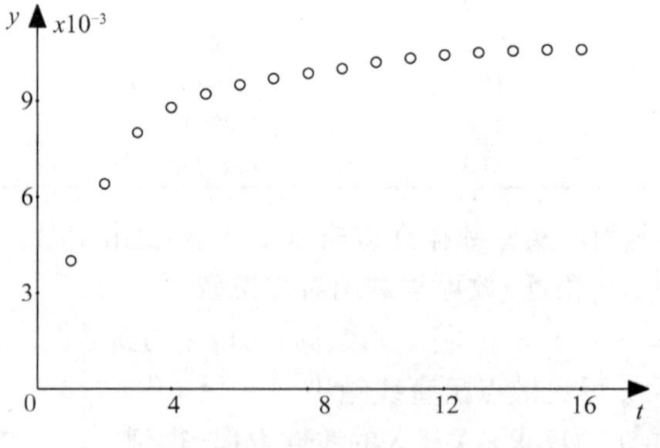

图6.9　数据图

例6.7　某化学反应中, 根据实验所得生成物的浓度y与时间t的关系如表6.5所示, 求拟合曲线$y = P(t)$.

表6.5 数据

次数i	1	2	3	4	5	6	7	8
时间t/min	1	2	3	4	5	6	7	8
浓度$y/10^{-3}$	4.00	6.40	8.00	8.80	9.22	9.50	9.70	9.86
次数$/i$	9	10	11	12	13	14	15	16
时间t/min	9	10	11	12	13	14	15	16
浓度$y/10^{-3}$	10.00	10.20	10.32	10.42	10.50	10.55	10.58	10.60

解 将表6.5中的数据描在坐标纸上, 得到图6.9. 从散点图6.9中可以看到, 开始浓度增加较快, 后来逐渐减弱, 到一定时间就基本稳定在某数值上, 即当$t \to \infty$时, y趋于某个常数, 故有一水平渐近线. 另外, 当$t=0$时, 反应还未正式进行, 自然$y=0$. 根据这些特点,

方案一 选择$y=P(t)=\dfrac{t}{at+b}$ $(a>0, b>0)$模型, 求a和b, 使得

$$I(a,b)=\sum_{i=1}^{16}\left(\frac{t_i}{at_i+b}-y_i\right)^2$$

最小.

首先进行线性化(linearization). 由于$y=\dfrac{t}{at+b}$变形为$\dfrac{1}{y}=a+\dfrac{b}{t}$, 可作变换$Y^{(1)}=\dfrac{1}{y}$, $X^{(1)}=\dfrac{1}{t}$, 则问题转化为

$$Y^{(1)}=a+bX^{(1)}$$

的线性拟合问题. 此时, 原始数据(t_i, y_i)转化为新数据$(X_i^{(1)}, Y_i^{(1)})$ (表6.6).

表6.6 新数据

i	1	2	3	4	5	6	7	8
$X_i^{(1)}$	1.00000	0.50000	0.33333	0.25000	0.20000	0.16667	0.14286	0.12500
$Y_i^{(1)}/10^3$	0.25000	0.15625	0.12500	0.11364	0.10846	0.10526	0.10309	0.10142
i	9	10	11	12	13	14	15	16
$X_i^{(1)}$	0.11111	0.10000	0.09091	0.08333	0.07692	0.07143	0.06667	0.06250
$Y_i^{(1)}/10^3$	0.10000	0.09804	0.09690	0.09597	0.09524	0.09478	0.09452	0.09434

用最小二乘拟合一次曲线$Y^{(1)}=a+bX^{(1)}$, 得到$a^*=80.6621$, $b^*=161.6822$, 所以浓度与时间的关系曲线为

$$y=\frac{t}{80.6621t+161.6822}.$$

方案二 选择$y=P(t)=a\mathrm{e}^{\frac{b}{t}}$ $(a>0, b<0)$模型, 求a和 b, 使得

$$I(a,b)=\sum_{i=1}^{16}\left(a\mathrm{e}^{\frac{b}{t_i}}-y_i\right)^2$$

最小.

首先进行线性化. 由于$y = ae^{\frac{b}{t}}$变形为$\ln y = \ln a + \dfrac{b}{t}$, 可作变换$Y^{(2)} = \ln y$, $X^{(2)} = \dfrac{1}{t}$, $A = \ln a$, $B = b$, 则问题转化为

$$Y^{(2)} = A + BX^{(2)}$$

的线性拟合问题. 此时, 原始数据(t_i, y_i)转化为新数据$(X^{(2)}, Y^{(2)})$ (表6.7).

表6.7　新数据

i	1	2	3	4	5	6	7	8
$X_i^{(2)}$	1.00000	0.50000	0.33333	0.25000	0.20000	0.16667	0.14286	0.12500
$Y_i^{(2)}(-\ln 10^3)$	1.38629	1.85630	2.07944	2.17475	2.22137	2.25129	2.27212	2.28848
i	9	10	11	12	13	14	15	16
$X_i^{(2)}$	0.11111	0.10000	0.09091	0.08333	0.07692	0.07143	0.06667	0.06250
$Y_i^{(2)}(-\ln 10^3)$	2.30258	2.32238	2.33408	2.34373	2.35137	2.35612	2.35896	2.36085

用最小二乘法拟合以上数据, 得到$A^* = -4.48072$, $B^* = -1.0567$, 转化成$a^* = e^{A^*} = 0.0113253$, $b^* = -1.0567$. 因此, 浓度与时间的拟合曲线为

$$y = 0.0113253e^{-\frac{1.0567}{t}}\%.$$

比较两个数学模型的好坏, 只有分别计算它们的最小平方误差$\sqrt{\sum_{i=1}^{16}\delta_i^2}$与最大偏差$\max\limits_{1\leqslant i\leqslant 16}|\delta_i|$, 列表如6.8所示.

表6.8　误差比较

经验公式	最小平方误差$\sqrt{\sum_{i=1}^{16}\delta_i^2}$	最大偏差$\max\limits_{1\leqslant i\leqslant 16}\lvert\delta_i\rvert$
方案一	1.19×10^{-3}	0.568×10^{-3}
方案二	0.34×10^{-3}	0.277×10^{-3}

显然, 方案二优于方案一. 在图6.10中, 虚线表示用方案一得出的曲线, 实线表示利用方案二得出的曲线. 显然, 实线比虚线的近似效果要好.

从例6.7可以看出, 选择拟合曲线的数学模型并非一开始就能选得较好, 往往要经过计算才能选出好的数学模型.

目前计算机中配有自动选择数学模型的程序, 方法与例6.7相同, 程序中因变量与自变量变换的函数类很多, 通过计算最小平方误差、最大偏差, 找出拟合得较好的曲线, 最后输出表达式与图形.

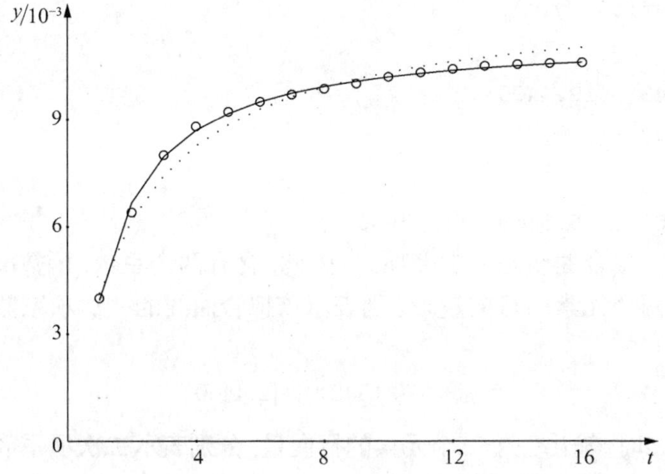

图6.10 比较图

6.6 数值实验

曲线拟合是数据分析的基本问题, 指的是根据一组或多组测量数据找出一条曲线来描述这些数据. 那么评价一条曲线的好坏最常用的方法是看这些测量数据与该曲线上的对应点之间的平方误差是否最小, 也就是前面所说的最小二乘法. MATLAB提供了函数polyfit用于实现最小二乘多项式的曲线拟合, 它的格式是polyfit(x,y,n), 其中(x, y)表示测量数据, n表示拟合多项式的次数. polyfit.m文件如下:

```
function p = polyfit(x,y,n)
% 最小二乘多项式
G = zeros(n+1,n+1);
for k = 0:n
    for j = 0:n
        G(k+1,j+1) = sum(x.^(k+j));
    end
    b(k+1) = sum(x.^k.*y);
end
a = G\b';
p = fliplr(a');    % 矩阵左右翻转
```

下面以例6.5为例.

```
>> x=[1 2 3 4 5 6];
>> y=[14.2 12.5 10.4 9.5 10.0 14.8];
```

```
>> p=polyfit(x,y,1)
p =
   -0.1543   12.4400
>> p=polyfit(x,y,2)
p =
    0.7661   -5.5168   19.5900
```

当$n=1$时, 拟合曲线是一次多项式, 因此, 含有两个系数, 函数polyfit的输出结果是一个含有两个元素的行向量, 分别表示该拟合曲线的一次项系数和常数项, 所以拟合曲线为

$$y=-0.1543x+12.4400.$$

类似地, 当$n=2$时, 输出一个三个元素的行向量, 分别表示二次项系数、一次项系数和常数项, 所以拟合曲线为

$$y=0.7661x^2-5.5168x+19.5900.$$

为了更直观地观察曲线拟合的效果, 可以用下面的代码将曲线和原来的数据画在图6.11 中.

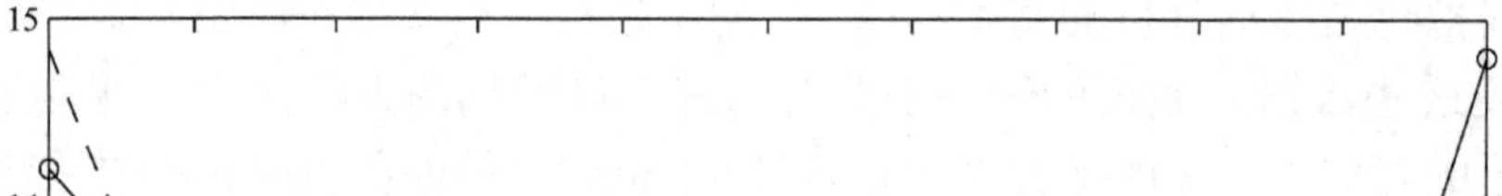

图6.11 二次曲线拟合图形

```
>> xi=[1:0.1:6];
>> yi=polyval(p,xi);  % polyval表示以p为系数的多项式
```

```
>> plot(x,y,'ko-',xi,yi,'k--')
```

图6.11中的数据点用圆圈表示，为了方便比较，将它们用直线连接起来；虚线则表示二次拟合曲线. 一般来说，次数越高，拟合程度越好，但是事实上并不是这样的. 前面也曾提到过，对于高次拟合，系数矩阵是病态的，方程组并没有稳定解. 因此，实际拟合时，并不采取次数太高的多项式，因为这不仅费时，而且曲线也越来越不光滑. 下面以10次多项式来拟合上面的例子作为比较. 代码如下：

```
>> p10 = polyfit(x,y,10);
>> yi10 = polyval(p10,xi);
>> plot(x,y,'ko',xi,yi,'k--',xi,yi10,'k-')
```

图 6.12 中的实线表示 10 次拟合曲线，虚线表示二次拟合曲线. 可以发现，在图 6.12 的右端，10 次拟合曲线虽然经过所有数据点，但是振荡得非常厉害，而且光滑性也没有二次曲线好.

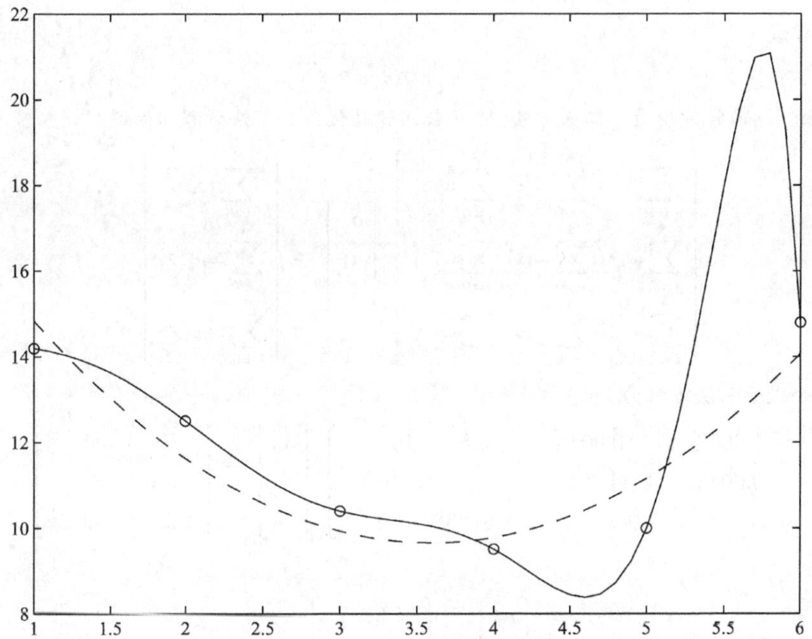

图6.12 二次和10次曲线拟合比较

应用实例——应力-应变关系

应力是内力的微观集度，在截面上的积分就是内力；应变是总变形量与原尺寸的比值，可以理解为单位长度的变形量. 混凝土的应力-应变关系是研究钢筋混凝土强度、裂缝和变形理论的重要依据之一. 随着高速电子计算机以及“有限元法”的迅猛发展，混凝土受压时的应力-应变关系引起了人们越来越大的兴趣和关注. 然而，由于测试条件及技术水平的限制，迄今人们所获得的混凝土应力-应变关系的资料, 仍以单轴曲线的上升段为多, 分析研究工作因此受到限制. 随着科学技术的不断进步, 工程界逐渐把注意力转向包括下降段在内的完整的混凝土应力-应变曲线上, 通过对内力变形规律的观察研究, 进一步探索其物理力学性能.

例如, 在一次单调加载中获得多组应力、应变组合如表6.9所示, 试分析应力-应变关系.

表6.9

应力σ	5	10	15	20	30	20	15	10	5
应变ε	0.0002	0.0005	0.0009	0.0012	0.002	0.0025	0.0032	0.0045	0.008

插值与拟合都是根据一组观察值近似确定函数关系的两种不同方法. 当观察数据较少且准确时, 用构造插值函数去逼近待定函数较好; 当观察数据较多且有误时, 用含参数的拟合模型去逼近待定函数较好. 此问题可以通过最小二乘法来拟合混凝土的应力-应变曲线, 以应力最大值为界, 分别拟合曲线的上升段和下降段.

根据点的变化规律, 将上升段拟合成

$$\sigma = a_0 + a_1\varepsilon + a_2\varepsilon^2,$$

下降段拟合成

$$\sigma = b_0 + b_1\varepsilon + b_2\varepsilon^2.$$

在拟合问题中, 通常选用最小二乘方法, 将参数问题转化为如下法方程组的解:

$$\begin{bmatrix} \sum_{i=0}^{4}\omega_i & \sum_{i=0}^{4}\omega_i\varepsilon_i & \sum_{i=0}^{4}\omega_i\varepsilon_i^2 \\ \sum_{i=0}^{4}\omega_i\varepsilon_i & \sum_{i=0}^{4}\omega_i\varepsilon_i^2 & \sum_{i=0}^{4}\omega_i\varepsilon_i^3 \\ \sum_{i=0}^{4}\omega_i\varepsilon_i^2 & \sum_{i=0}^{4}\omega_i\varepsilon_i^3 & \sum_{i=0}^{4}\omega_i\varepsilon_i^4 \end{bmatrix} \begin{bmatrix} a_0 \\ a_1 \\ a_2 \end{bmatrix} = \begin{bmatrix} \sum_{i=0}^{4}\omega_i\sigma_i \\ \sum_{i=0}^{4}\omega_i\varepsilon_i\sigma_i \\ \sum_{i=0}^{4}\omega_i\varepsilon_i^2\sigma_i \end{bmatrix}.$$

第一个式子的法方程为

$$\begin{bmatrix} 5.0000 & 0.0048 & 6.54\times10^{-6} \\ 0.0048 & 6.54\times10^{-6} & 1.059\times10^{-8} \\ 6.54\times10^{-6} & 1.059\times10^{-8} & 1.87938\times10^{-11} \end{bmatrix} \begin{bmatrix} a_0 \\ a_1 \\ a_2 \end{bmatrix} = \begin{bmatrix} 80.0000 \\ 0.1035 \\ 1.6353\times10^{-4} \end{bmatrix},$$

解得

$$\begin{bmatrix} a_0 \\ a_1 \\ a_2 \end{bmatrix} = \begin{bmatrix} 1.9547 \\ 15901 \\ -932610 \end{bmatrix},$$

所以

$$\sigma = 1.9547 + 15901\varepsilon - 932610\varepsilon^2.$$

第二个式子的法方程为

$$\begin{bmatrix} 5.0000 & 0.0202 & 1.0474\times10^{-4} \\ 0.0202 & 1.0474\times10^{-4} & 6.59518\times10^{-7} \\ 1.0474\times10^{-4} & 6.59518\times10^{-7} & 4.6659826\times10^{-9} \end{bmatrix} \begin{bmatrix} b_0 \\ b_1 \\ b_2 \end{bmatrix} = \begin{bmatrix} 80.0000 \\ 0.2430 \\ 9.2110\times10^{-4} \end{bmatrix},$$

解得

$$\begin{bmatrix} b_0 \\ b_1 \\ b_2 \end{bmatrix} = \begin{bmatrix} 53.2653 \\ -15155 \\ 1143800 \end{bmatrix},$$

所以

$$\sigma = 53.2653 - 15155\varepsilon + 1143800\varepsilon^2, \quad \sigma > 30.$$

在多项式拟合中，构得的法方程组往往是病态的，影响拟合的精确度，这时可以根据观察点构造一组正交多项式作为基函数，进行正交多项式拟合.

习 题 6

(一)

1. 设$f(x) = \mathrm{e}^x (x \in [-1, 1])$，试考察用4次Taylor多项式$P_4(x)$逼近$f(x)$的误差.

2. 设$f(x) = x, g(x) = 3x^2 - 1$，试分析这两个函数是否在$[-1, 1]$上关于权函数$\rho(x) = 1$正交.

3. 对于权函数$\rho(x) = 1+x^2$，试求在$[-1, 1]$上首项系数为1的正交多项式$\varphi_n(x)$ $(n = 0, 1, 2, 3)$.

4. 用Chebyshev多项式求$f(x) = \dfrac{1}{x}$在$[-1, 1]$上的3次最佳平方逼近多项式.

5. 求函数$f(x)$在下列指定区间上对于$S = \mathrm{span}\{1, x\}$ 的最佳平方逼近多项式:

(1) $f(x) = \dfrac{1}{x}, [1, 3]$; (2) $f(x) = \cos \pi x, [0, 1]$; (3) $f(x) = \ln x, [1, 2]$.

6. 已知一组实验数据如表6.10所示，试用最小二乘法作一次、二次多项式拟合.

表6.10

x	-2	-1	0	1	2
y	35.2	35.9	36.7	37.4	38.4

7. 用最小二乘法求一个形如$y = a + bx^2$的多项式，使与下列数据相拟合(表6.11):

表6.11

x	19	25	31	38	44
y	19.0	32.3	49.0	73.3	97.8

8. 已知一组实验数据(表6.12)，试用函数$y = a\mathrm{e}^{bx}$作拟合，确定常数a和b.

表6.12

x	1	2	3	4
y	60	30	20	15

9. 安装一个滑轮组，要举起Wkg重物需要FN力，实验数据如表6.13所示，构造一个函数$F = \varphi(W)$作为上述数据的近似表达式.

表6.13

W	20	40	60	80	100
F	4.35	7.55	10.40	13.80	16.80

(二)

1. 证明Chebyshev多项式$T_n(x)$满足微分方程

$$(1-x^2)T_n''(x)-xT_n'(x)+n^2T_n(x)=0.$$

2. 已知$f(x)\in C[-\pi,\pi]$且周期为2π, 试求$f(x)$在

$$\mathrm{span}\{1,\cos x,\sin x,\cdots,\cos nx,\sin nx\}$$

中的最佳平方逼近函数.

3. 当某种铝合金的含铝量为 x 时, 其熔解温度为 y, 由实验测得 x 与 y 的数据如表 6.14 所示, 试用最小二乘法建立 x 与 y 间的经验公式.

表6.14

$x/\%$	36.9	46.7	63.7	77.8	84.0	87.5
$y/°\mathrm{C}$	181	197	235	270	283	292

4. 某城市人均年收入(万元)与人均年消费(万元)经分类平均后, 有12个样本, 如表 6.15 所示, 试用二次多项式拟合数据.

表6.15

样本	1	2	3	4	5	6	7	8	9	10	11	12
收入	0.8	1.0	1.2	1.4	1.6	1.8	2.0	2.5	3.0	3.5	4.0	5
消费	0.65	0.7	0.77	0.85	0.98	1.10	1.25	1.45	1.73	1.95	2.32	3.0

*5. 已知 $y=f(x)$ 的实验数据如表 6.16 所示, 试分别用最小二乘法和 Chebyshev 多项式求 $y=f(x)$ 的 3 次拟合多项式, 即选取H_3中的基$\{1,x,x^2,x^3\}$和基$\{T_0(t),T_1(t),T_2(t),T_3(t)\}$.

表6.16

i	$X(i)$	$Y(i)$	i	$X(i)$	$Y(i)$	i	$X(i)$	$Y(i)$
1	0.000	0.4860	8	0.350	1.1910	15	0.700	1.1110
2	0.050	0.8660	9	0.400	1.1240	16	0.750	1.1170
3	0.100	0.9440	10	0.450	1.0950	17	0.800	1.1520
4	0.150	1.1440	11	0.500	1.1220	18	0.850	1.2650
5	0.200	1.1030	12	0.550	1.1020	19	0.900	1.3800
6	0.250	1.2020	13	0.600	1.0990	20	0.950	1.5750
7	0.300	1.6660	14	0.650	1.0170	21	1.000	1.8570

第 7 章　数值积分与数值微分

设f是区间$[a,b]$上某一给定的可积函数, 现在要求计算定积分$\int_a^b f(x)\mathrm{d}x$. 微积分教科书中有许多计算这类定积分的方法, 可以借助于原函数, 利用Newton-Leibniz公式计算. 但是, 在实际计算中可能会出现这样的情况, 即被积函数的原函数未必存在, 甚至被积函数本身都无法详尽地描述, 而代之以表格的形式给出一些离散点上的函数值. 在这些情况下, 理论上的积分式就可能完全用不上了, 必须采用数值积分. 数值积分是研究如何求出一个积分的数值, 确切地说, 是积分的近似值.

本章将介绍常用的一些数值积分公式及其误差估计、外推原理以及数值微分方法.

7.1　数值积分的基本思想

数值积分(numerical integration)的基本思想就是如何求积分的近似值. 任何一个能够近似定积分$\int_a^b f(x)\mathrm{d}x$ 的数值表达式称为**数值积分公式**或**求积公式**(integration formula). 通常用被积函数值的一种线性组合来逼近所求积分, 即

$$I(f)=\int_a^b f(x)\mathrm{d}x \approx I_n(f)=A_0f(x_0)+A_1f(x_1)+\cdots+A_nf(x_n), \tag{7.1.1}$$

其中$x_0,x_1,\cdots,x_n$称为**求积节点**(quadrature nodes), $A_0,A_1,\cdots,A_n$为相应于这些积分点的n个权(weight), 称为**积分系数**. 有时, 式(7.1.1)右端还可能出现被积函数的导数. 将这类数值方法称为**数值积分法**.

例如, 用区间端点函数值的算术平均值的组合来近似, 得到**梯形公式**(trapezoidal rule)

$$\int_a^b f(x)\mathrm{d}x \approx \frac{b-a}{2}[f(a)+f(b)]. \tag{7.1.2}$$

那么, 如何评价一个数值积分公式的好坏呢? 最直观的方法是考虑积分近似值与准确值之间的误差, 误差越小, 说明逼近程度越好. 然而, 由于积分准确值难以求得, 只能从理论上来估计积分的误差, 而且这也是比较困难的. 从另一个角度来看, 如梯形公式(7.1.2), 该求积公式对一次多项式都是精确成立的, 但是对于二次, 甚至更高次多项式, 利用该求积公式就不是精确的了. 由于数值积分公式得到的值都是近似的, 为了使得一个积分公式具有较高的实用价值, 自然希望它能对尽可能多的函数都能准确成立. 因此, 下面给出代数精度(algebraic precision)的概念.

定义7.1.1　若求积公式(7.1.1)对$f(x) = x^i (i = 0, 1, \cdots, m)$都能精确成立, 而对$f(x) = x^{m+1}$不能精确成立, 则称该求积公式具有$\boldsymbol{m}$**次代数精度**.

根据定义7.1.1, 梯形公式(7.1.2)具有一次代数精度. 求积公式的代数精度越高, 就会对越多的代数多项式精确成立, 那么可以说, 该求积公式的逼近程度也越好.

例7.1.1　确定求积公式

$$\int_0^1 f(x)\mathrm{d}x \approx A_0 f(0) + A_1 f\left(\frac{1}{2}\right) + A_2 f(1),$$

使其具有最高的代数精度.

解　根据题意, 由于求积公式中含有三个待定系数, 可以假设对$f(x) = 1, x, x^2$都精确成立, 因此有

$$\begin{cases} A_0 + A_1 + A_2 = \displaystyle\int_0^1 1\mathrm{d}x = 1, \\ \dfrac{1}{2}A_1 + A_2 = \displaystyle\int_0^1 x\mathrm{d}x = \dfrac{1}{2}, \\ \dfrac{1}{4}A_1 + A_2 = \displaystyle\int_0^1 x^2\mathrm{d}x = \dfrac{1}{3}, \end{cases}$$

解得

$$A_0 = \frac{1}{6}, \quad A_1 = \frac{2}{3}, \quad A_2 = \frac{1}{6}.$$

由此可得求积公式

$$\int_0^1 f(x)\mathrm{d}x \approx \frac{1}{6}f(0) + \frac{2}{3}f\left(\frac{1}{2}\right) + \frac{1}{6}f(1).$$

当$f(x) = x^3$时,

$$\int_0^1 x^3\mathrm{d}x = \frac{1}{4} = \frac{2}{3}\left(\frac{1}{2}\right)^3 + \frac{1}{6},$$

所以对x^3也是精确成立的. 当$f(x) = x^4$时,

$$\int_0^1 x^4\mathrm{d}x = \frac{1}{5} \neq \frac{2}{3}\left(\frac{1}{2}\right)^4 + \frac{1}{6},$$

故求积公式对x^4不能精确成立. 因此, 所得公式具有3次代数精度.

7.2　插值型积分公式

下面要推导出形如式(7.1.1)的求积公式, 其中$x_0, x_1, \cdots, x_n$被认为是事先给定的$[a, b]$ 内互不相同的节点, 即$a \leqslant x_0 < x_1 < \cdots < x_n \leqslant b$. 为了确定求积系数$A_0, A_1, \cdots, A_n$, 可以有以下两种途径:

(1) 取多项式$f(x)=1,x,x^2,\cdots,x^n$代入求积公式(7.1.1), 使得$\int_a^b f(x)\mathrm{d}x=I_n(f)$, 这样由解$A_0,A_1,\cdots,A_n$的$n+1$个方程组来确定求积系数.

(2) 对$f(x)$在$n+1$个节点处的插值多项式进行积分, 并将结果表示成式(7.1.1)的形式.

这两种途径将得到相同的求积公式, 称为**插值型积分公式**. 对于第一种途径, 这里将不再介绍, 具体可以参考例7.1.1. 下面着重介绍第二种途径.

首先, 在节点$x_0,x_1,\cdots,x_n$处构造$f(x)$的Lagrange插值多项式

$$L_n(x)=\sum_{i=0}^{n}f(x_i)l_i(x),$$

其中

$$l_i(x)=\prod_{\substack{k=0\\k\neq i}}^{n}\frac{x-x_k}{x_i-x_k},\quad i=0,1,\cdots,n$$

为Lagrange基函数, 则得到

$$\int_a^b f(x)\mathrm{d}x\approx\int_a^b L_n(x)\mathrm{d}x=\sum_{i=0}^{n}f(x_i)\int_a^b l_i(x)\mathrm{d}x=\sum_{i=0}^{n}A_if(x_i),\tag{7.2.1}$$

其中

$$A_i=\int_a^b l_i(x)\mathrm{d}x,\quad i=0,1,\cdots,n.\tag{7.2.2}$$

这里, 求积系数A_i由Lagrange基函数积分得到, 而与被积函数无关. 因此, 由式(7.2.1)给出的求积公式称为**插值型求积公式**.

另外, 由Lagrange插值多项式的余项公式得到求积公式的余项为

$$R_n[f]=\int_a^b f(x)\mathrm{d}x-\sum_{i=0}^{n}A_if(x_i)=\int_a^b\frac{f^{(n+1)}(\xi)}{(n+1)!}\omega_{n+1}(x)\mathrm{d}x,\tag{7.2.3}$$

其中$\xi\in(a,b)$, 并且依赖于x,

$$\omega_{n+1}(x)=(x-x_0)(x-x_1)\cdots(x-x_n).$$

因为$n+1$个节点的插值多项式对小于等于n次的多项式都是精确成立的, 因此, $n+1$个节点的插值型求积公式至少具有n次代数精度. 反之也成立, 于是有如下定理:

定理7.2.1 数值求积公式(7.1.1)是插值型的充分必要条件是它至少具有n次代数精度.

证明 如果求积公式是插值型的, 则

$$R_n[f]=\int_a^b\frac{f^{(n+1)}(\xi)}{(n+1)!}\omega_{n+1}(x)\mathrm{d}x.$$

因此, 当$f(x)=1,x,x^2,\cdots,x^n$时, $R_n[f]=0$, 所以它至少具有n次代数精度.

反之, 若求积公式至少有n次代数精度, 则考虑$f(x)=l_i(x)$, 因为$l_i(x)$是n次多项式, 故数值积分公式是精确成立的, 因此有

$$\int_a^b l_i(x)\mathrm{d}x=\sum_{k=0}^{n}A_k l_i(x_k)=A_i,\quad i=0,1,\cdots,n,$$

这就是插值型求积公式的系数. 定理得证. □

最后, 举例介绍一下构造插值型求积公式的具体步骤.

例7.2.1　计算下列插值型求积公式:

$$\int_0^1 f(x)\mathrm{d}x\approx A_0 f(0)+A_1 f\left(\frac{1}{2}\right)+A_2 f(1),$$

并确定其代数精度.

解　这里给出的节点为$x_0=0$, $x_1=\dfrac{1}{2}$, $x_2=1$, 由式(7.2.2)得

$$A_0=\int_0^1 l_0(x)\mathrm{d}x=\int_0^1\frac{(x-\frac{1}{2})(x-1)}{(0-\frac{1}{2})(0-1)}\mathrm{d}x=\frac{1}{6},$$

$$A_1=\int_0^1 l_1(x)\mathrm{d}x=\int_0^1\frac{(x-0)(x-1)}{(\frac{1}{2}-0)(\frac{1}{2}-1)}\mathrm{d}x=\frac{2}{3},$$

$$A_2=\int_0^1 l_2(x)\mathrm{d}x=\int_0^1\frac{(x-0)(x-\frac{1}{2})}{(1-0)(1-\frac{1}{2})}\mathrm{d}x=\frac{1}{6}.$$

因此, 插值型求积公式为

$$\int_0^1 f(x)\mathrm{d}x\approx\frac{1}{6}f(0)+\frac{2}{3}f\left(\frac{1}{2}\right)+\frac{1}{6}f(1),$$

并且至少具有2次代数精度. 而由例7.1.1, 该求积公式最高具有3次代数精度.

例7.1.1和例7.2.1告诉我们, 利用前面两种途径得到的插值型积分公式是相同的.

7.3　Newton-Cotes公式

7.3.1　Newton-Cotes公式的推导

Newton-Cotes积分公式是插值型积分公式中一个典型的例子. 它是取等距节点作为插值节点, 首先n等分区间$[a,b]$, 再将分点取为节点, 即$x_i=a+ih\ (i=0,1,\cdots,n)$, 步长$h=\dfrac{b-a}{n}$. 作变换$x=a+th$, 则由式(7.2.2)得到求积系数为

$$A_i=\int_a^b l_i(x)\mathrm{d}x=h\int_0^n\prod_{\substack{k=0\\k\neq i}}^{n}\frac{t-k}{i-k}\mathrm{d}t=(b-a)C_i^{(n)},$$

其中

$$C_i^{(n)} = \frac{(-1)^{n-i}}{ni!(n-i)!}\int_0^n \prod_{\substack{k=0\\k\neq i}}^{n}(t-k)\mathrm{d}t, \quad i=0,1,\cdots,n. \tag{7.3.1}$$

因此, 得到Newton-Cotes公式为

$$\int_a^b f(x)\mathrm{d}x \approx (b-a)\sum_{i=0}^{n} C_i^{(n)} f(x_i),$$

其中$C_i^{(n)}$称为**Cotes系数**(表7.1). 从式(7.3.1)中可以看到, 右端是关于t的一个多项式的积分, 所以计算并不复杂.

表7.1 Cotes系数

n	$C_i^{(n)}$								
1	$\frac{1}{2}$	$\frac{1}{2}$							
2	$\frac{1}{6}$	$\frac{2}{3}$	$\frac{1}{6}$						
3	$\frac{1}{8}$	$\frac{3}{8}$	$\frac{3}{8}$	$\frac{1}{8}$					
4	$\frac{7}{90}$	$\frac{16}{45}$	$\frac{2}{15}$	$\frac{16}{45}$	$\frac{7}{90}$				
5	$\frac{19}{288}$	$\frac{25}{96}$	$\frac{25}{144}$	$\frac{25}{144}$	$\frac{25}{96}$	$\frac{19}{288}$			
6	$\frac{41}{840}$	$\frac{9}{35}$	$\frac{9}{280}$	$\frac{34}{105}$	$\frac{9}{280}$	$\frac{9}{35}$	$\frac{41}{840}$		
7	$\frac{751}{17280}$	$\frac{3577}{17280}$	$\frac{1323}{17280}$	$\frac{2989}{17280}$	$\frac{2989}{17280}$	$\frac{1323}{17280}$	$\frac{3577}{17280}$	$\frac{751}{17280}$	
8	$\frac{989}{28350}$	$\frac{5888}{28350}$	$\frac{-928}{28350}$	$\frac{10496}{28350}$	$\frac{-4540}{28350}$	$\frac{10496}{28350}$	$\frac{-928}{28350}$	$\frac{5888}{28350}$	$\frac{989}{28350}$

下面看一下几个常用的Newton-Cotes公式.

当$n=1$时, 求得系数$C_0^{(1)} = C_1^{(1)} = \frac{1}{2}$, 因此有

$$\int_a^b f(x)\mathrm{d}x \approx \frac{b-a}{2}[f(a)+f(b)],$$

即为**梯形公式**(图7.1(a)). 其几何意义就是用图中的直边梯形的面积来代替以$y=f(x)$为曲边的曲边梯形的面积.

当$n=2$时, 求得系数$C_0^{(2)} = \frac{1}{6}$, $C_1^{(2)} = \frac{4}{6}$, $C_2^{(2)} = \frac{1}{6}$, 因此有

$$\int_a^b f(x)\mathrm{d}x \approx \frac{b-a}{6}\left[f(a)+4f\left(\frac{a+b}{2}\right)+f(b)\right],$$

称为Simpson公式(图7.1(b)). 其几何意义就是用抛物线所围成的曲边梯形的面积来代替以$y=f(x)$为曲边的曲边梯形的面积.

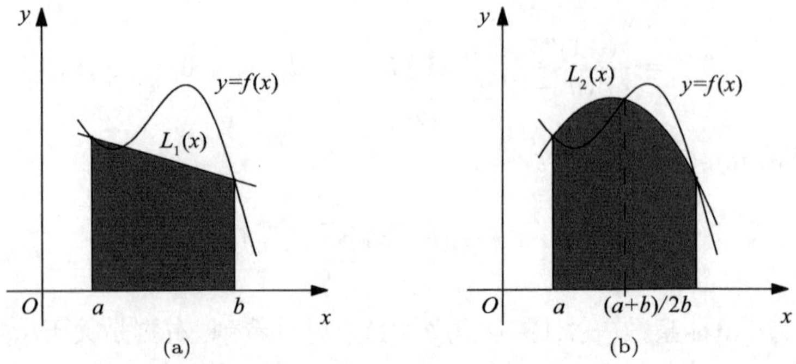

图7.1　梯形公式(a)及Simpson公式(b)

梯形公式非常简单, 可以精确求得线性函数的积分, 而Simpson公式可以精确求出三次函数的积分, 所以具有3次代数精度(容易验证, $f(x) = x^3$代入Simpson公式是精确成立的).

当$n = 3$时, 称为**Simpson$\frac{3}{8}$法则**:

$$\int_a^b f(x)\mathrm{d}x \approx \frac{b-a}{8}\Big[f(x_0) + 3f(x_1) + 3f(x_2) + f(x_3)\Big],$$

其中$x_i = a + i(b-a)/3\ (i = 0, 1, 2, 3)$.

当$n = 4$时, 称为**Cotes公式**:

$$\int_a^b f(x)\mathrm{d}x \approx \frac{b-a}{90}\Big[7f(x_0) + 32f(x_1) + 12f(x_2) + 32f(x_3) + 7f(x_4)\Big],$$

其中$x_i = a + i(b-a)/4\ (i = 0, 1, 2, 3, 4)$.

例7.3.1　用Newton-Cotes公式计算积分($n = 1, 2, \cdots, 12$)

$$\int_0^1 \frac{4}{1+x^2}\mathrm{d}x = \pi.$$

解

$$I_1(f) = \frac{1}{2}\Big(\frac{4}{1+0^2} + \frac{4}{1+1^2}\Big) = 3,$$
$$I_2(f) = \frac{1}{6}\Big(\frac{4}{1+0^2} + 4\frac{4}{1+(\frac{1}{2})^2} + \frac{4}{1+1^2}\Big) \approx 3.13333333333,$$
$$\cdots\cdots$$

所求积分公式的近似值如表7.2所示.

由表7.2可以看出, 当n比较大时, Newton-Cotes求积的结果反而变差了. 这是因为, 当n较大时, Newton-Cotes公式的求积系数有正有负, 这时由于互相抵消会丢失不少有效数字, 因而计算结果的误差也增大, 所以高阶Newton-Cotes公式一般是不用的.

表7.2 计算结果

n	近似值$I_n(f)$	n	近似值$I_n(f)$
1	3.000 000 000 00	7	3.141 579 302 56
2	3.133 333 333 33	8	3.141 592 673 87
3	3.138 461 538 46	9	3.141 592 696 19
4	3.142 117 647 06	10	3.141 592 749 91
5	3.141 878 417 93	11	3.141 592 714 22
6	3.141 570 855 67	12	3.141 592 644 15

7.3.2 Newton-Cotes公式的余项估计

插值型求积公式的余项是利用插值多项式的余项积分后得到的，具体形式见式(7.2.3). 下面讨论一下Newton-Cotes公式的余项. 首先对梯形公式和Simpson公式的余项作一个推导.

梯形公式的代数精度为1次，所以由式(7.2.3)得到

$$R_1[f]=\int_a^b\frac{f''(\xi)}{2}(x-a)(x-b)\mathrm{d}x.$$

因为$(x-a)(x-b)<0$, 利用积分中值定理有

$$R_1[f]=\frac{f''(\eta)}{2}\int_a^b(x-a)(x-b)\mathrm{d}x=-\frac{(b-a)^3}{12}f''(\eta),\quad \eta\in(a,b).$$

对Simpson公式，因为它的代数精度是3次. 考虑在节点$x_0=a, x_1=\dfrac{a+b}{2}, x_2=b$处满足插值条件

$$H_3(x_i)=f(x_i),\ i=0,1,2,\quad H_3'(x_1)=f'(x_1)$$

的三次Hermite插值多项式$H_3(x)$(见式(5.5.9)), 求得$H_3(x)$在$[a,b]$上的积分为

$$\begin{aligned}\int_a^b H_3(x)\mathrm{d}x&=\frac{b-a}{6}\left[H_3(a)+4H_3\left(\frac{a+b}{2}\right)+H_3(b)\right]\\&=\frac{b-a}{6}\left[f(a)+4f\left(\frac{a+b}{2}\right)+f(b)\right],\end{aligned}$$

即对$H_3(x)$, Simpson公式是精确成立的. 于是由式(5.5.10)和积分中值定理得

$$\begin{aligned}R_2[f]=\int_a^b(f(x)-H_3(x))\mathrm{d}x&=\int_a^b\frac{f^{(4)}(\xi)}{4!}(x-a)\left(x-\frac{a+b}{2}\right)^2(x-b)\mathrm{d}x\\&=\frac{f^{(4)}(\eta)}{4!}\int_a^b(x-a)\left(x-\frac{a+b}{2}\right)^2(x-b)\mathrm{d}x\\&=-\frac{b-a}{180}\left(\frac{b-a}{2}\right)^4f^{(4)}(\eta),\quad \eta\in(a,b).\end{aligned}$$

对一般的n, Newton-Cotes公式至少具有n次代数精度. 特别地, 当n为偶数时, 至少具有$n+1$次代数精度. 因此, 对于Newton-Cotes公式的余项, 有如下的定理:

定理7.3.1 若$f(x)\in C^{n+2}[a,b]$, 则Newton-Cotes公式的余项为

$$R_n[f]=\begin{cases}\dfrac{f^{(n+1)}(\eta)}{(n+1)!}\displaystyle\int_a^b \omega_{n+1}(x)\mathrm{d}x, & n\text{为奇数},\\[2ex] \dfrac{f^{(n+2)}(\eta)}{(n+2)!}\displaystyle\int_a^b \Big(x-\frac{a+b}{2}\Big)\omega_{n+1}(x)\mathrm{d}x, & n\text{为偶数}.\end{cases}$$

7.3.3 Newton-Cotes公式的数值稳定性

稳定性是指$f(x_i)$的误差对积分公式的影响. 因为$f(x)$在节点x_i处的准确值是很难求出的, 所以实际计算时是用它的近似值$\overline{f}_i$来代替, $f(x_i)=\overline{f}_i+\varepsilon_i$. 而数值积分公式是关于$f(x_i)$的和式, 所以如果函数有误差, 则和式的误差是否会增长, 这是很关键的. 具体定义如下:

定义7.3.1 对任意给定的 $\varepsilon>0$, 存在$\delta>0$, 当$|f(x_i)-\overline{f}_i|\leqslant\delta\ (i=0,1,\cdots,n)$时, 有$|I_n(f)-I_n(\overline{f})|\leqslant\varepsilon$, 则称求积公式(7.2.1)为**数值稳定的**.

对于一般的插值型求积公式, 有

$$|I_n(f)-I_n(\overline{f})|=\left|\sum_{i=0}^{n}A_i(f(x_i)-\overline{f}_i)\right|\leqslant\delta\sum_{i=0}^{n}|A_i|.$$

如果系数$A_i\ (i=0,1,\cdots,n)$都是正的, 则

$$\sum_{i=0}^{n}|A_i|=\sum_{i=0}^{n}A_i=\int_a^b\sum_{i=0}^{n}l_i(x)\mathrm{d}x=b-a,$$

所以

$$|I_n(f)-I_n(\overline{f})|\leqslant\delta(b-a)=\varepsilon.$$

因此, 对于求积系数为正的插值型求积公式是数值稳定的. 然而, 对于Newton-Cotes公式, 当$n=8$时, 系数出现负数, 所以它是数值不稳定的.

7.4 复化求积公式

Newton-Cots公式是通过等距节点插值得到的, 求积系数的计算也比较方便, 但是, 当$n\geqslant 8$时是不稳定的. 如果采用低阶方法, 则由于区间长度太大, 精度又达不到要求. 因此, 为了提高精度, 可以先将积分区间细分, 通常是等分成若干个子区间, 然后在每个子区间上用低阶的求积公式, 这样组合而成的求积公式称为**复化求积公式**.

7.4.1 复化梯形公式

首先将区间$[a,b]$分成n等份, 节点$x_i = a + ih \left(h = \dfrac{b-a}{n}, i = 0,1,\cdots,n\right)$. 然后在每个子区间$[x_i, x_{i+1}]$ $(i = 0,1,\cdots,n-1)$上采用梯形公式, 最后相加得到

$$\int_a^b f(x)\mathrm{d}x = \sum_{i=0}^{n-1}\int_{x_i}^{x_{i+1}} f(x)\mathrm{d}x \approx \sum_{i=0}^{n-1}\frac{h}{2}[f(x_i)+f(x_{i+1})].$$

记

$$T_n = \frac{h}{2}\sum_{i=0}^{n-1}[f(x_i)+f(x_{i+1})] = h\Big[\frac{1}{2}f(a) + \sum_{i=1}^{n-1}f(x_i) + \frac{1}{2}f(b)\Big], \tag{7.4.1}$$

称为**复化梯形公式**(composite trapezoidal rule). 它的几何意义就是先将积分区间等分, 然后对每个子区间用梯形公式计算. 也就是说, 用图7.2中的折边梯形的面积来近似代替曲边梯形的面积.

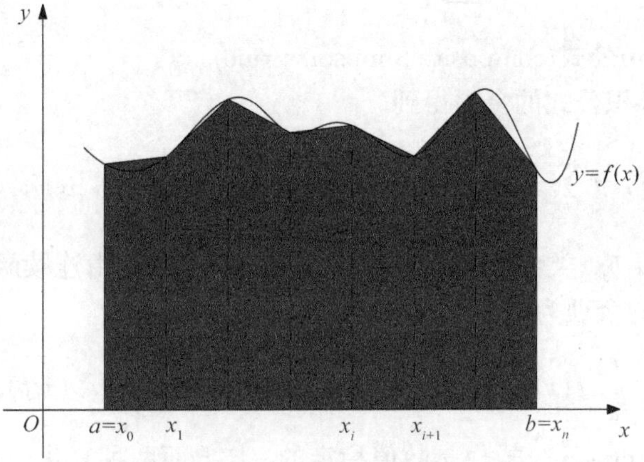

图7.2 复化梯形公式

下面讨论一下复化梯形公式的余项. 因为

$$\int_{x_i}^{x_{i+1}} f(x)\mathrm{d}x - \frac{h}{2}[f(x_i)+f(x_{i+1})] = -\frac{h^3}{12}f''(\xi_i), \quad \xi_i \in (x_i, x_{i+1}),$$

假设$f(x) \in C^2[a,b]$, 由闭区间上连续函数的性质知

$$\min_{0\leqslant i\leqslant n-1} f''(\xi_i) \leqslant \frac{1}{n}\sum_{i=0}^{n-1} f''(\xi_i) \leqslant \max_{0\leqslant i\leqslant n-1} f''(\xi_i).$$

因此, 必存在$\xi \in (a,b)$, 使得

$$f''(\xi) = \frac{1}{n}\sum_{i=0}^{n-1} f''(\xi_i).$$

综上, 得到复化梯形公式的余项为

$$\int_a^b f(x)\mathrm{d}x - T_n = -\frac{(b-a)h^2}{12}f''(\xi), \quad \xi \in (a,b).$$

此外, T_n的求积系数都为正, 故复化梯形公式是数值稳定的.

7.4.2 复化Simpson公式

同复化梯形公式的思想一样, 先将区间 $[a,b]$ 分成 n 等份, 在每个子区间 $[x_i, x_{i+1}]$ $(i=0,1,\cdots,n-1)$上采用Simpson公式, 则可以得到

$$\int_a^b f(x)\mathrm{d}x = \sum_{i=0}^{n-1}\int_{x_i}^{x_{i+1}} f(x)\mathrm{d}x \approx \sum_{i=0}^{n-1}\frac{h}{6}\Big[f(x_i)+4f(x_{i+\frac{1}{2}})+f(x_{i+1})\Big],$$

其中$x_{i+\frac{1}{2}}$表示区间$[x_i, x_{i+1}]$的中点, 即$x_{i+\frac{1}{2}} = x_i + \frac{1}{2}h$.

记

$$S_n = \frac{h}{6}\sum_{i=0}^{n-1}\Big[f(x_i)+4f(x_{i+\frac{1}{2}})+f(x_{i+1})\Big], \tag{7.4.2}$$

称为**复化Simpson公式**(composite Simpson's rule).

由Simpson求积公式的余项得到

$$\int_a^b f(x)\mathrm{d}x - S_n = \sum_{i=0}^{n-1}\Big(-\frac{h^5}{2880}\Big)f^{(4)}(\xi_i) = -\frac{h^5}{2880}\sum_{i=0}^{n-1}f^{(4)}(\xi_i), \quad \xi_i \in (x_i, x_{i+1}).$$

假设$f(x) \in C^4[a,b]$, 类似于复化梯形公式的余项估计, 由连续函数的性质可得复化Simpson 公式的余项为

$$\int_a^b f(x)\mathrm{d}x - S_n = -\frac{(b-a)h^4}{2880}f^{(4)}(\xi), \quad \xi \in (a,b).$$

显然, 复化Simpson公式也是数值稳定的. 与上面两种复化公式类似地, 可以建立其他的复化求积公式.

例7.4.1 用复化梯形公式和复化Simpson公式计算积分$\int_0^1 \frac{4}{1+x^2}\mathrm{d}x$, 并且估计其误差.

解 利用复化梯形公式(7.4.1)计算得

$$T_1 = (1-0)\Big[\frac{1}{2}f(x_0)+\frac{1}{2}f(x_1)\Big] = (1-0)\Big[\frac{2}{1+0^2}+\frac{2}{1+1^2}\Big] = 3,$$

$$T_2 = \frac{1-0}{2}\Big[\frac{1}{2}f(x_0)+f(x_1)+\frac{1}{2}f(x_2)\Big] = \frac{1-0}{2}\Big[\frac{2}{1+0^2}+\frac{4}{1+(\frac{1}{2})^2}+\frac{2}{1+1^2}\Big] = 3.1,$$

$$\begin{aligned} T_3 &= \frac{1-0}{3}\Big[\frac{1}{2}f(x_0)+f(x_1)+f(x_2)+\frac{1}{2}f(x_3)\Big] \\ &= \frac{1-0}{3}\Big[\frac{2}{1+0^2}+\frac{4}{1+(\frac{1}{3})^2}+\frac{4}{1+(\frac{2}{3})^2}+\frac{2}{1+1^2}\Big] = 3.123076923076923, \end{aligned}$$

……

再由复化Simpson公式(7.4.2)得到

$$S_1 = \frac{1-0}{6}\left[f(x_0)+4f(x_{\frac{1}{2}})+f(x_1)\right]$$
$$= \frac{1-0}{6}\left[\frac{4}{1+0^2}+\frac{16}{1+(\frac{1}{2})^2}+\frac{4}{1+1^2}\right] = 3.133333333333333,$$
$$S_2 = \frac{1-0}{12}\left[f(x_0)+4f(x_{\frac{1}{2}})+f(x_1)+f(x_1)+4f(x_{\frac{3}{2}})+f(x_2)\right]$$
$$= \frac{1-0}{12}\left[\frac{4}{1+0^2}+\frac{16}{1+(\frac{1}{4})^2}+\frac{4}{1+(\frac{1}{2})^2}+\frac{4}{1+(\frac{1}{2})^2}+\frac{16}{1+(\frac{3}{4})^2}+\frac{4}{1+1^2}\right]$$
$$= 3.141568627450981,$$

......

对于较大的n, 可以通过MATLAB程序得到, 如表7.3所示.

表7.3 计算结果

n	复化梯形公式T_n	误差	复化Simpson公式S_n	误差
1	3	1.4×10^{-1}	3.133 333 333 33	8.3×10^{-3}
2	3.100 000 000 00	4.1×10^{-2}	3.141 568 627 45	2.4×10^{-5}
3	3.123 076 923 07	1.8×10^{-2}	3.141 591 780 93	8.7×10^{-7}
4	3.131 176 470 59	1.0×10^{-2}	3.141 592 502 46	1.5×10^{-7}
5	3.134 926 113 81	6.7×10^{-3}	3.141 592 613 94	3.9×10^{-8}
6	3.136 963 066 47	4.6×10^{-3}	3.141 592 640 30	1.3×10^{-8}
7	3.138 191 309 91	3.4×10^{-3}	3.141 592 648 32	5.3×10^{-9}
8	3.138 988 494 49	2.6×10^{-3}	3.141 592 651 22	2.3×10^{-9}
9	3.139 535 044 15	2.0×10^{-3}	3.141 592 652 42	1.2×10^{-9}
10	3.139 925 988 91	1.7×10^{-3}	3.141 592 652 97	6.2×10^{-10}
11	3.140 215 244 24	1.4×10^{-3}	3.141 592 653 24	3.5×10^{-10}
12	3.140 435 246 84	1.1×10^{-3}	3.141 592 653 38	2.1×10^{-10}

从表7.3中可以看出, 复化梯形公式的收敛非常慢, 而复化Simpson公式则快得多. 但是与Newton-Cotes公式不同的是, 虽然复化梯形公式的收敛速度很慢, 但还是收敛的.

下面来估计误差. 由前面的余项公式, 首先求出函数$f(x)=\dfrac{4}{1+x^2}$的高阶导数,

$$f'(x)=\frac{-8x}{(1+x^2)^2},\quad f''(x)=\frac{8(3x^2-1)}{(1+x^2)^3},$$
$$f'''(x)=\frac{96x(1-x^2)}{(1+x^2)^4},\quad f^{(4)}(x)=\frac{96(5x^4-10x^2+1)}{(1+x^2)^5}.$$

然后由复化梯形公式和复化Simpson公式的余项公式得到

$$\left|\int_0^1 f(x)\mathrm{d}x - T_n\right| \leqslant \frac{1}{12n^2}\max_{0\leqslant\xi\leqslant1}|f''(\xi)| = \frac{1}{6n^2},$$
$$\left|\int_0^1 f(x)\mathrm{d}x - S_n\right| \leqslant \frac{1}{2880n^4}\max_{0\leqslant\xi\leqslant1}|f^{(4)}(\xi)| = \frac{1}{240n^4}.$$

7.5 Romberg算法

7.5.1 区间逐次分半法

复化求积公式对精度的提高有很大的帮助, 然而, 利用余项来估计步长, 这是非常不方便的, 因为在很多情况下, 被积函数的导数的界很难估计. 那么如何选择合适的步长, 才能使得精度达到要求, 而且计算量又是最少的?

事实上, 在实际计算中, 若精度不够, 可将步长改变, 这种计算时采用变步长的求积方法也叫做**区间逐次分半法**.

设区间$[a,b]$分为n等份, 节点为x_i $(i=0,1,\cdots,n)$, 区间长度为$h=\dfrac{b-a}{n}$. 若对每个子区间再等分, 并记中点为$x_{i+\frac{1}{2}}$, 则此时区间的长度变为$\dfrac{h}{2}$, 用复化梯形公式计算$[x_i,x_{i+1}]$上的积分

$$\int_{x_i}^{x_{i+1}} \mathrm{d}x \approx \frac{h}{4}\Big[f(x_i)+2f(x_{i+\frac{1}{2}})+f(x_{i+1})\Big].$$

然后将每个子区间累加得到

$$T_{2n}=\frac{h}{4}\sum_{i=0}^{n-1}\Big[f(x_i)+f(x_{i+1})\Big]+\frac{h}{2}\sum_{i=0}^{n-1}f(x_{i+\frac{1}{2}})=\frac{T_n}{2}+\frac{h}{2}\sum_{i=0}^{n-1}f(x_{i+\frac{1}{2}}). \qquad (7.5.1)$$

由此可以看出, 当步长为h时, 精度达不到要求, 那么可以选择$\dfrac{h}{2}$作为步长, 并且此时计算的公式T_{2n}可通过递推求得, 而不必利用求积公式重新计算.

具体可以参考图7.3. 区间逐次分半法的几何意义是先用两点梯形公式; 如果精度不够, 再取中点, 分别利用梯形公式; 若精度还不够, 则继续将每个区间二等分, 然后再使用梯形公式; 一直下去, 就得到梯形法的递推公式.

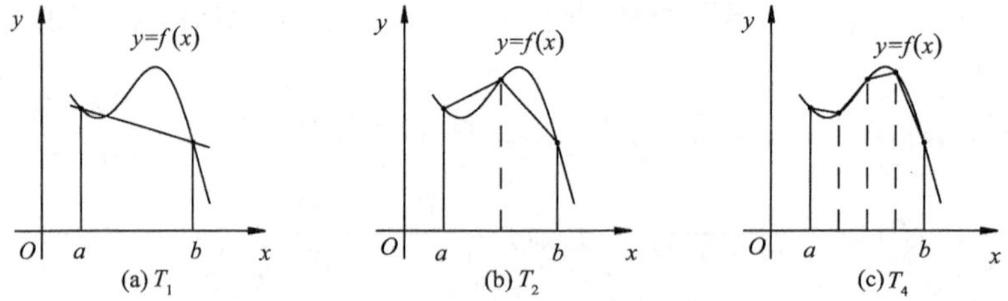

图7.3 梯形法递推

例7.5.1 计算积分$\displaystyle\int_0^{\pi}\sin x\mathrm{d}x$的值.

解

$$T_1=\frac{\pi}{2}\Big(\sin 0+\sin\pi\Big)=0,$$

$$T_2=\frac{1}{2}\Big(T_1+\pi\sin\frac{\pi}{2}\Big)=1.57079633,$$

$$T_4 = \frac{1}{2}\left[T_2 + \frac{\pi}{2}\left(\sin\frac{\pi}{4} + \sin\frac{3\pi}{4}\right)\right] = 1.89611890,$$
$$T_8 = \frac{1}{2}\left[T_4 + \frac{\pi}{4}\left(\sin\frac{\pi}{8} + \sin\frac{3\pi}{8} + \sin\frac{5\pi}{8} + \sin\frac{7\pi}{8}\right)\right] = 1.97423160.$$

由此可见, 利用梯形法递推公式可以提高精度, 但是收敛的速度太慢. 当二等分次数增加时, 节点数是随着次数指数增长的, 因而计算量会非常大.

下面来研究一下余项. 因为复化梯形公式的余项

$$I(f) - T_n = -\frac{b-a}{12}h^2 f''(\xi), \quad \xi \in (a, b),$$

所以

$$I(f) - T_{2n} = -\frac{b-a}{12}\left(\frac{h}{2}\right)^2 f''(\overline{\xi}), \quad \overline{\xi} \in (a, b).$$

如果$f''(\xi) \approx f''(\overline{\xi})$, 则$\dfrac{I(f) - T_n}{I(f) - T_{2n}} \approx 4$, 即

$$I(f) \approx T_{2n} + \frac{1}{3}(T_{2n} - T_n). \tag{7.5.2}$$

式(7.5.2)可以看成当$I \approx T_{2n}$近似时, $R[f] = \dfrac{1}{3}(T_{2n} - T_n)$. 用先后两次区间逐次分半法的结果$T_n$, T_{2n} 来估计误差并确定步长, 这样复化梯形公式分次与被积函数的导数没有直接关系.

同样地, 利用复化Simpson公式余项

$$I(f) - S_n = -\frac{b-a}{180}\left(\frac{h}{2}\right)^4 f^{(4)}(\xi), \quad \xi \in (a, b),$$

所以

$$I(f) - S_{2n} = -\frac{b-a}{180}\left(\frac{h}{4}\right)^4 f^{(4)}(\overline{\xi}), \quad \overline{\xi} \in (a, b).$$

如果$f^{(4)}(\xi) \approx f^{(4)}(\overline{\xi})$, 则$\dfrac{I(f) - S_n}{I(f) - S_{2n}} \approx 16$, 即

$$I(f) \approx S_{2n} + \frac{1}{15}(S_{2n} - S_n). \tag{7.5.3}$$

式(7.5.2)可以看成当$I \approx S_{2n}$近似时, $R[f] = \dfrac{1}{15}(S_{2n} - S_n)$. 用先后两次区间逐次分半法的结果$S_n$, S_{2n} 来估计误差并确定步长, 这样复化Simpson公式的余项与被积函数的导数也没有直接关系.

例7.5.2 计算曲线$\dfrac{x^2}{4} + y^2 = 1$的周长, 使其结果具有5位有效数字.

解 由数学分析的知识可知,

$$I = 4\int_0^{\frac{\pi}{2}} \sqrt{x_\theta'^2 + y_\theta'^2}\,\mathrm{d}\theta = 4\int_0^{\frac{\pi}{2}} \sqrt{1 + 3\sin^2\theta}\,\mathrm{d}\theta.$$

因为

$$\frac{\pi}{2} < \frac{I}{4} = \int_0^{\frac{\pi}{2}} \sqrt{1 + 3\sin^2\theta}\mathrm{d}\theta < 2 \cdot \frac{\pi}{2},$$

于是$\frac{I}{4}$有一位整数. 又由于要求计算结果有5位有效数字, 故

$$R[f] < \frac{1}{2} \times 10^{1-5}.$$

用变步长的复化梯形公式计算, 有如下结果(表7.4):

表7.4 计算结果

i	T_{2^i}	$\frac{1}{3}(T_{2^i} - T_{2^{i-1}})$
0	2.35619445	
1	2.41992078	0.0212421
2	2.42210310	0.00072744
3	2.42211206	0.000002986

因此, 取$\frac{I}{4} \approx T_{2^3} = T_8 = 2.4221$, $I \approx 9.6884$.

7.5.2 Romberg算法

首先将式(7.5.2)改写成

$$I(f) \approx \frac{4}{3}T_{2n} - \frac{1}{3}T_n = \widetilde{T}_n,$$

新的计算值$\widetilde{T}_n$由T_n, T_{2n}线性组合, 并且

$$I(f) \approx \widetilde{T}_n = \frac{4T_{2n} - T_n}{4 - 1} = S_n \tag{7.5.4}$$

刚好是复化Simpson公式. 从式(7.5.4)可以看到, 通过对低阶求积公式的合理组合, 可以得到一个高阶的求积公式, 称为**外推法**, 也叫做**Richardson外推法**.

将$S_n = \frac{4T_{2n} - T_n}{4 - 1}$称为**Simpson序列**. 同理, 将$C_n = \frac{4^2 S_{2n} - S_n}{4^2 - 1}$称为**Cotes序列**, 将$R_n = \frac{4^3 C_{2n} - C_n}{4^3 - 1}$称为**Romberg序列**, $\cdots$ 如此继续下去, 得到Romberg算法.

一般地, 记$T_{k,0}$ $(k = 0, 1, \cdots)$表示将区间k次二分后的梯形值, 按递推公式(7.5.1)计算得到; $T_{k,m}$ $(m = 0, 1, \cdots, k)$表示序列$T_{k,0}$外推m次后的值, 则外推原理改写成

$$T_{k,m} = \frac{4^m T_{k+1,m-1} - T_{k,m-1}}{4^m - 1}. \tag{7.5.5}$$

计算过程如下:

(1) 首先取$k = 0$, $h = b - a$, 求$T_{0,0} = \frac{h}{2}[f(a) + f(b)]$;

(2) 利用递推式(7.5.1)计算$T_{1,0}, T_{2,0}, \cdots$, 每计算一次, 步长h减半;

(3) 由式(7.5.5)逐个计算出第k行的其余各个元素$T_{k-m,m}$ $(m=1,2,\cdots,k)$;

(4) 若$|T_{0,k-1}-T_{0,k}|<\varepsilon$(预先给定的精度), 则终止计算, 积分近似值等于$T_{0,k}$; 否则$k+1$, 转(2)继续计算.

由上述过程得到如下的Romberg序列表7.5.

表7.5 Romberg序列

k	h	$T_{k,0}$	$T_{k-1,1}$	$T_{k-2,2}$	$T_{k-3,3}$	$T_{k-4,4}$	$\cdots$
0	$b-a$	$T_{0,0}$					
1	$\frac{b-a}{2}$	$T_{1,0}$	$T_{0,1}$				
2	$\frac{b-a}{4}$	$T_{2,0}$	$T_{1,1}$	$T_{0,2}$			
3	$\frac{b-a}{8}$	$T_{3,0}$	$T_{2,1}$	$T_{1,2}$	$T_{0,3}$		
4	$\frac{b-a}{16}$	$T_{4,0}$	$T_{3,1}$	$T_{2,2}$	$T_{1,3}$	$T_{0,4}$	
$\vdots$	$\vdots$	$\vdots$	$\vdots$	$\vdots$	$\vdots$	$\vdots$	$\ddots$

例7.5.3 用Romberg算法计算例7.5.1中的积分$\int_0^{\pi}\sin x\mathrm{d}x$.

解 首先计算$T_{k,0}$ $(k=0,1,\cdots,5)$, 由式(7.5.1)得

$$T_{0,0}=\frac{\pi}{2}[\sin 0+\sin\pi]=0,$$

$$T_{1,0}=\frac{T_{0,0}}{2}+\frac{\pi}{2}\sin\frac{\pi}{2}=1.57079633,$$

$$T_{2,0}=\frac{T_{1,0}}{2}+\frac{\pi}{4}\left[\sin\frac{\pi}{4}+\sin\frac{3\pi}{4}\right]=1.89611890,$$

$$T_{3,0}=\frac{T_{2,0}}{2}+\frac{\pi}{8}\left[\sin\frac{\pi}{8}+\sin\frac{3\pi}{8}+\sin\frac{5\pi}{8}+\sin\frac{7\pi}{8}\right]=1.97423160,$$

$$T_{4,0}=\frac{T_{3,0}}{2}+\frac{\pi}{16}\sum_{i=0}^{7}\sin\frac{2i+1}{16}\pi=1.99357034,$$

$$T_{5,0}=\frac{T_{4,0}}{2}+\frac{\pi}{32}\sum_{i=0}^{15}\sin\frac{2i+1}{32}\pi=1.99839336.$$

再由式(7.5.5)计算接下来的值.

$$T_{0,1}=\frac{4T_{1,0}-T_{0,0}}{4-1}=2.09439510,$$

$$T_{1,1}=\frac{4T_{2,0}-T_{1,0}}{4-1}=2.00455975,\quad T_{0,2}=\frac{4^2T_{1,1}-T_{0,1}}{4^2-1}=1.99857073,$$

$$T_{2,1}=\frac{4T_{3,0}-T_{2,0}}{4-1}=2.00026917,\quad T_{1,2}=\frac{4^2T_{2,1}-T_{1,1}}{4^2-1}=1.99998313,$$

$$T_{3,1}=\frac{4T_{4,0}-T_{3,0}}{4-1}=2.00001659,\quad T_{2,2}=\frac{4^2T_{3,1}-T_{2,1}}{4^2-1}=1.99999975,$$

$$T_{4,1}=\frac{4T_{5,0}-T_{4,0}}{4-1}=2.00000103,\quad T_{3,2}=\frac{4^2T_{4,1}-T_{3,1}}{4^2-1}=2.00000000,\quad\cdots$$

最后得到如表7.6所示的计算结果.

表7.6　计算结果

k	$T_{k,0}$	$T_{k-1,1}$	$T_{k-2,2}$	$T_{k-3,3}$	$T_{k-4,4}$	$T_{k-5,5}$
0	0					
1	1.57079633	2.09439510				
2	1.89611890	2.00455975	1.99857073			
3	1.97423160	2.00026917	1.99998313	2.00000555		
4	1.99357034	2.00001659	1.99999975	2.00000001	1.99999999	
5	1.99839336	2.00000103	2.00000000	2.00000000	2.00000000	2.00000000

从表7.6中可以看到, 用Romberg算法到$k=3$就可以达到精度10^{-6}, 而在例7.5.1中却只有10^{-2}.

7.6　Gauss型求积公式

7.6.1　Gauss型求积思想

Newton-Cotes公式是通过取等距节点的Lagrange插值多项式积分得到的, 而且这样得到的求积公式至少具有n次代数精度. 节点的这个限定条件多少都会对逼近精度有所影响. 例如, 在图7.4中给出用梯形公式来逼近函数的积分. 利用梯形公式来求解定积分, 计算效果并不是很好, 特别是图7.4(a), 误差非常大. 如果不把节点取在区间端点, 而是取在内部, 则逼近程度就会好很多, 如图7.5所示.

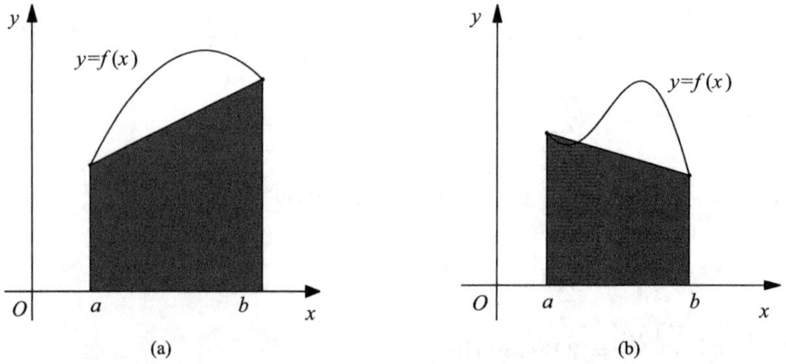

图7.4　梯形法

这样就会提出一个问题, 即如何选取合适的节点, 使得求积公式的代数精度尽可能得高. 也就是说, 如果把节点和系数都看成是未知量, 那么如何选择这些节点和系数, 才能使得求积公式具有最高代数精度, 这就是Gauss求积公式(Gauss quadrature formulas)的思想.

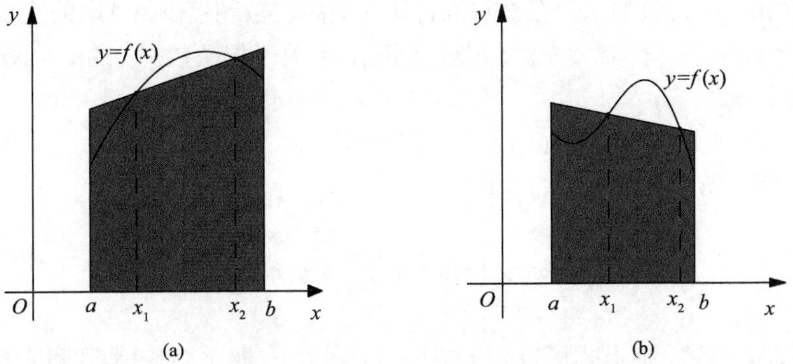

图7.5 节点取在区间内部的积分法

下面考察带权函数$\rho(x)>0$的积分

$$\int_a^b \rho(x)f(x)\mathrm{d}x.$$

可知, 相应的插值型求积公式为

$$\int_a^b \rho(x)f(x)\mathrm{d}x \approx \sum_{i=0}^{n} A_i f(x_i) = I_n(f), \tag{7.6.1}$$

其中$A_i=\displaystyle\int_a^b \rho(x)l_i(x)\mathrm{d}x$, $l_i(x)$为Lagrange基函数.

已经知道, $n+1$个节点的插值型求积公式至少具有n次代数精度, 即对次数小于等于n的多项式都是精确成立的, 那么至多又是多少呢?

事实上, 若令

$$f(x)=\omega_{n+1}^2(x)=(x-x_0)^2(x-x_1)^2\cdots(x-x_n)^2,$$

则不管系数A_i如何选取, 都有

$$I_n(f)=I_n(\omega_{n+1}^2)=\sum_{i=0}^{n} A_i\omega_{n+1}^2(x_i)=0.$$

另外, 由正交多项式的性质知

$$I(f)=I(\omega_{n+1}^2)=\int_a^b \rho(x)\omega_{n+1}^2(x)\mathrm{d}x>0.$$

因此, 求积公式$I_n(f)$对$2n+2$次多项式不能精确成立, 所以求积公式的最高代数精度只能为$2n+1$. 那么, 要使得求积公式具有最高代数精度$2n+1$次, 系数A_i和节点x_i都应该满足什么条件呢?

定理7.6.1 插值型求积公式(7.6.1)具有最高代数精度$2n+1$次的充要条件是求积节点$a<x_0<x_1<\cdots<x_n<b$是区间$[a,b]$上关于权函数$\rho(x)$的$n+1$次正交多项式的$n+1$个根.

证明 先证必要性. 设$q(x)\in P_n$, 则$f(x)=q(x)\omega_{n+1}(x)\in P_{2n+1}$, 因为代数精度为$2n+1$次, 所以$I(f)=I_n(f)$, 即

$$\int_a^b \rho(x)q(x)\omega_{n+1}(x)\mathrm{d}x=\sum_{i=0}^n A_i q(x_i)\omega_{n+1}(x_i)=0.$$

用内积语言来描述, 则上式可以表示成$(\omega_{n+1},q)=0$, 即$\omega_{n+1}(x)$是区间$[a,b]$上关于权函数$\rho(x)$的$n+1$次正交多项式.

再证充分性. 设$f(x)\in P_{2n+1}$, 则

$$I(f)-I_n(f)=\int_a^b \rho(x)f(x)\mathrm{d}x-\sum_{i=0}^n A_i f(x_i)=\int_a^b \rho(x)\Big[f(x)-\sum_{i=0}^n l_i(x)f(x_i)\Big]\mathrm{d}x.$$

利用插值余项的差商表示得到

$$I(f)-I_n(f)=\int_a^b \rho(x)f[x_0,x_1,\cdots,x_n,x]\omega_{n+1}(x)\mathrm{d}x.$$

因为$f(x)\in P_{2n+1}$, 所以$f[x_0,x_1,\cdots,x_n,x]\in P_n$. 由正交性可知, 上式右端为零. 因此, 求积公式对$2n+1$次多项式是精确成立的. □

当求积节点取作 $n+1$ 次正交多项式的零点时, 相应的求积公式 (7.6.1) 具有最高代数精度 $2n+1$ 次, 称所得的积分公式为 **Gauss 型求积公式**, 并称其节点为 **Gauss 节点**.

例7.6.1 在区间$[0,1]$上, 求关于权函数$\sqrt{x}$的两个节点的Gauss型求积公式.

解 方法一 设两个节点为x_0,x_1, 系数为A_0,A_1, 因为Gauss求积公式的代数精度为3, 所以求积公式对$f(x)=1,x,x^2,x^3$都是精确成立的, 于是有

$$\begin{cases} A_0\cdot 1+A_1\cdot 1=\displaystyle\int_0^1\sqrt{x}\mathrm{d}x=\frac{2}{3},\\ A_0\cdot x_0+A_1\cdot x_1=\displaystyle\int_0^1 x\sqrt{x}\mathrm{d}x=\frac{2}{5},\\ A_0\cdot x_0^2+A_1\cdot x_1^2=\displaystyle\int_0^1 x^2\sqrt{x}\mathrm{d}x=\frac{2}{7},\\ A_0\cdot x_0^3+A_1\cdot x_1^3=\displaystyle\int_0^1 x^3\sqrt{x}\mathrm{d}x=\frac{2}{9}.\end{cases}$$

由代数学可知, 此方程有唯一解

$$x_0=0.28995,\quad x_1=0.82116,\quad A_0=0.27756,\quad A_1=0.38911.$$

方法二 利用定理7.6.1, 设$\omega_2(x)=(x-x_0)(x-x_1)$, 由正交性知

$$\begin{cases}\displaystyle\int_0^1\sqrt{x}\omega_2(x)\mathrm{d}x=0,\\ \displaystyle\int_0^1\sqrt{x}x\omega_2(x)\mathrm{d}x=0,\end{cases}\quad\text{即}\begin{cases}\dfrac{2}{7}-\dfrac{2}{5}(x_0+x_1)+\dfrac{2}{3}x_0x_1=0,\\ \dfrac{2}{9}-\dfrac{2}{7}(x_0+x_1)+\dfrac{2}{5}x_0x_1=0,\end{cases}$$

解得$x_0=0.28995$, $x_1=0.82116$, 而

$$A_0=\int_0^1\sqrt{x}\frac{x-x_1}{x_0-x_1}\mathrm{d}x=0.27756,\quad A_1=\int_0^1\sqrt{x}\frac{x-x_0}{x_1-x_0}\mathrm{d}x=0.38911,$$

于是所求Gauss型求积公式为

$$\int_0^1\sqrt{x}f(x)\mathrm{d}x\approx 0.27756f(0.28995)+0.38911f(0.82116).$$

7.6.2 Gauss型求积的误差估计和稳定性分析

以Gauss节点x_i为二重节点, 得到$f(x)$的Hermite插值多项式$H_{2n+1}(x)\in P_{2n+1}$, 即满足

$$H_{2n+1}(x_i)=f(x_i),\quad H'_{2n+1}(x_i)=f'(x_i),\quad i=0,1,\cdots,n.$$

假如$f(x)\in C^{2n+2}[a,b]$, 由插值多项式的余项公式得到

$$f(x)=H_{2n+1}(x)+\frac{f^{(2n+2)}(\xi)}{(2n+2)!}\omega_{n+1}^2(x),\quad \xi\in(a,b).$$

对上式两边加权积分得

$$\int_a^b\rho(x)f(x)\mathrm{d}x=\int_a^b\rho(x)H_{2n+1}(x)\mathrm{d}x+\int_a^b\rho(x)\frac{f^{(2n+2)}(\xi)}{(2n+2)!}\omega_{n+1}^2(x)\mathrm{d}x.\tag{7.6.2}$$

因为$H_{2n+1}(x)\in P_{2n+1}$, 故求积公式对$H_{2n+1}(x)$是精确的, 所以有

$$\int_a^b\rho(x)H_{2n+1}(x)\mathrm{d}x=\sum_{i=0}^n A_iH_{2n+1}(x_i)=\sum_{i=0}^n A_if(x_i).$$

再对式(7.6.2)右端的第二个积分利用积分中值定理, 得到Gauss型求积公式的误差为

$$R_n[f]=I(f)-I_n(f)=\frac{f^{(2n+2)}(\eta)}{(2n+2)!}\int_a^b\rho(x)\omega_{n+1}^2(x)\mathrm{d}x,\quad \eta\in(a,b).$$

下面讨论 Gauss 型求积公式的数值稳定性. 因为 $l_j(x)$ $(j=0,1,\cdots,n)$ 为 Lagrange 基函数, $l_j^2(x)>0$, 并且为 $2n$ 次多项式, 所以有

$$0<\int_a^b\rho(x)l_j^2(x)\mathrm{d}x=\sum_{i=0}^n A_il_j^2(x_i)=A_j,\quad j=0,1,\cdots,n.$$

可知, Gauss型求积公式的系数都大于零, 这表明Gauss型求积公式是数值稳定的.

7.6.3 几种常见的Gauss型求积公式

1. Gauss-Legendre公式

区间为$[-1,1]$, 权函数$\rho(x) = 1$ 对应的正交多项式为Legendre多项式$P_{n+1}(x)$, Gauss 点即为Legendre 多项式的零点(求积节点和求积系数如表7.7所示), 则相应的求积公式称为**Gauss-Legendre 求积公式**, 并且有余项

$$R_n[f] = \frac{2^{2n+3}[(n+1)!]^4}{[(2n+2)!]^3(2n+3)} f^{(2n+2)}(\eta), \quad \eta \in (-1,1).$$

表7.7　节点和系数

n	x_i	A_i
0	0	2
1	± 0.577 350 269 2	1
2	± 0.774 596 669 2	0.555 555 555 6
	0	0.888 888 888 9
3	± 0.861 136 311 6	0.347 854 845 1
	± 0.339 981 043 6	0.652 145 154 9
4	± 0.906 179 845 9	0.236 926 885 1
	± 0.538 469 310 1	0.478 628 670 5
	0	0.568 888 888 9
5	± 0.932 469 514 2	0.171 324 492 4
	± 0.661 209 386 5	0.360 761 573 0
	± 0.238 619 186 1	0.467 913 934 6
6	± 0.949 107 912 3	0.129 484 966 2
	± 0.741 531 185 6	0.279 705 391 5
	± 0.405 845 151 4	0.381 830 050 5
	0	0.417 959 183 7
7	± 0.960 289 856 5	0.101 228 536 3
	± 0.796 666 477 4	0.222 381 034 5
	± 0.525 532 409 9	0.313 706 645 9
	± 0.183 434 642 5	0.362 683 783 4

因为权函数恒为常数1, 所以Gauss-Legendre求积公式可以推广到一般的积分区间$[a,b]$, 只要通过变量代换

$$x = \frac{b-a}{2}t + \frac{a+b}{2}$$

就可以得到对应的求积公式

$$\int_a^b f(x)\mathrm{d}x = \frac{b-a}{2}\int_{-1}^1 f\left(\frac{b-a}{2}t + \frac{a+b}{2}\right)\mathrm{d}t.$$

例7.6.2　用Gauss-Legendre求积公式计算积分$\int_0^1 \frac{4}{1+x^2}\mathrm{d}x$.

解 首先通过变量代换将积分区间换成$[-1,1]$, 即

$$\int_0^1 \frac{4}{1+x^2}\mathrm{d}x = \int_{-1}^1 \frac{8}{4+(t+1)^2}\mathrm{d}t.$$

由表7.7中的系数和求积节点得到下面几个结果:

$$I_0 = 2 \times \frac{8}{4+(0+1)^2} = 3.2000000000,$$

$$I_1 = \frac{8}{4+(-0.5773502692+1)^2} + \frac{8}{4+(0.5773502692+1)^2} = 3.1475409836,$$

$$I_2 = 0.5555555556\left[\frac{8}{4+(-0.7745966692+1)^2} + \frac{8}{4+(0.7745966692+1)^2}\right]$$

$$+0.8888888889\frac{8}{4+(0+1)^2} = 3.1410681401,$$

$$I_4 = 0.2369268851\left[\frac{8}{4+(-0.9061798459+1)^2} + \frac{8}{4+(0.9061798459+1)^2}\right]$$

$$+0.4786286705\left[\frac{8}{4+(-0.5384693101+1)^2} + \frac{8}{4+(0.5384693101+1)^2}\right]$$

$$+0.5688888889\frac{8}{4+(0+1)^2} = 3.1415926400.$$

从例7.6.2中可以看出, Gauss求积收敛的速度比较快, 五点公式的结果与准确值就已经非常接近了, 这也是Gauss求积公式最大的优点.

2. Gauss-Chebyshev求积公式

区间为 $[-1,1]$, 权函数 $\rho(x) = 1/\sqrt{1-x^2}$ 对应的正交多项式为 Chebyshev 多项式 $T_{n+1}(x)$, Gauss 点为 Chebyshev 多项式的零点, 即

$$x_i = \cos\left[\frac{2i+1}{2(n+1)}\pi\right], \quad i = 0, 1, \cdots, n,$$

系数$A_i = \dfrac{\pi}{n+1}$ $(i = 0, 1, \cdots, n)$, 所以得到求积公式

$$I_{n+1}(f) = \frac{\pi}{n+1}\sum_{i=0}^{n} f\left(\cos\left[\frac{2i+1}{2(n+1)}\pi\right]\right)$$

称为**Gauss-Chebyshev求积公式**, 余项为

$$R_n[f] = \frac{2\pi}{2^{2(n+1)}(2n+2)!}f^{(2n+2)}(\eta), \quad \eta \in (-1,1).$$

因为被积函数中包含因子$1/\sqrt{1-x^2}$, 该函数在积分区间的端点处无界, 因此, 属于奇异积分. 这类积分通常是用极限来定义的, 因此, 往往无法直接利用常义的积分

公式. 但是可以通过一些变换将其转化成常义积分, 或者将被积函数中带有奇性的函数作为权函数, 利用Gauss积分法则得到的求积公式称为奇异积分的Gauss型求积公式. Gauss-Chebyshev求积公式就是通过这样的思想得到的.

3. Gauss-Laguerre求积公式

区间为$[0,+\infty)$, 权函数$\rho(x) = \mathrm{e}^{-x}$, 这也属于奇异积分, 因为积分区间无界, 所以也叫无穷积分. 相应的正交多项式为Laguerre多项式$L_{n+1}(x)$, 将Laguerre多项式的零点作为求积节点(求积节点和求积系数如表7.8所示), 得到的求积公式称为**Gauss-Laguerre求积公式**, 其余项为

$$R_n[f] = \frac{[(n+1)!]^2}{(2n+2)!} f^{(2n+2)}(\eta), \quad \eta \in (0,+\infty).$$

4. Gauss-Hermite求积公式

区间为 $(-\infty,+\infty)$, 权函数 $\rho(x) = \mathrm{e}^{-x^2}$, 相应的正交多项式为 Hermite 多项式 $H_{n+1}(x)$, 将 Hermite 多项式的零点作为求积节点(求积节点和求积系数如表 7.9 所示), 得到的求积公式称为 **Gauss-Hermite 求积公式**, 其余项为

$$R_n[f] = \frac{\sqrt{\pi}(n+1)!}{2^{n+1}(2n+2)!} f^{(2n+2)}(\eta), \quad \eta \in (-\infty,+\infty).$$

方法评述　优点如下:

(1) Gauss型求积公式具有最高代数精度, 即$n+1$个节点的求积公式具有$2n+1$次代数精度;

表7.8　节点和系数

n	x_i	A_i
0	1	1
1	0.585 786 437 6	0.853 553 390 6
	3.414 213 562 4	0.146 446 609 4
2	0.415 774 556 8	0.711 093 009 9
	2.294 280 360 3	0.278 517 733 6
	6.289 945 082 9	0.010 389 256 5
3	0.322 547 689 6	0.603 154 104 3
	1.745 761 101 2	0.357 418 692 4
	4.536 620 296 9	0.038 887 908 5
	9.395 070 912 3	0.000 539 294 7
4	0.263 560 319 7	0.521 755 610 6
	1.413 403 059 1	0.398 666 811 1
	3.596 425 771 0	0.075 942 449 7
	7.085 810 005 9	0.003 611 758 7
	12.640 800 844 3	0.000 023 370 0

表7.9 节点和系数

n	x_i	A_i
0	0	1.772 453 850 9
1	± 0.707 106 781 2	0.886 226 925 5
2	± 1.224 744 871 4	0.295 408 975 2
	0	1.181 635 900 6
3	± 1.650 680 123 9	0.081 312 835 5
	± 0.524 647 623 3	0.804 914 090 0
4	± 2.020 182 870 5	0.019 953 242 0
	± 0.958 572 464 6	0.393 619 323 2
	0	0.945 308 720 5
5	± 2.350 604 973 7	0.004 530 009 9
	± 1.335 849 074 0	0.157 067 320 3
	± 0.436 077 411 9	0.724 629 595 2
6	± 2.651 961 356 8	0.000 971 781 2
	± 1.673 551 628 8	0.054 515 582 8
	± 0.816 287 882 9	0.425 607 252 6
	0	0.810 264 617 6
7	± 2.930 637 420 3	0.000 199 604 1
	± 1.981 656 756 7	0.017 077 983 0
	± 1.157 193 712 4	0.207 802 325 8
	± 0.381 186 990 2	0.661 147 012 6

(2) Gauss型求积公式是数值稳定的且收敛速度较快.

缺点如下:

(1) 求积公式是以正交多项式的零点作为求积节点的, 求积系数的计算比较复杂;

(2) 当n改变时, A_i, x_i要重新计算, 并且为无理数, 这在某种程度上使得Gauss型求积公式的应用受到了一定的限制.

7.7 数值微分

数值微分(numerical differentiation)就是利用一些已知点上的函数值来近似计算函数在某点的导数值. 主要有两种方法, 一种是利用差商来构造数值微分公式; 另一种是利用插值多项式来求数值微分.

7.7.1 差商型数值微分

根据导数的定义, $f(x)$在某点x_0的导数值$f'(x_0)$可以用差商来近似, 即

$$\begin{cases} f'(x_0) \approx \dfrac{f(x_0+h)-f(x_0)}{h}, \\ f'(x_0) \approx \dfrac{f(x_0)-f(x_0-h)}{h}, \\ f'(x_0) \approx \dfrac{f(x_0+h)-f(x_0-h)}{2h}, \end{cases} \tag{7.7.1}$$

其中h为一个增量, 也称为步长. 在数值微分中, 上述三个公式分别称为**向前差商**(forward-difference)数值微分公式、**向后差商**(back-difference)数值微分公式和**中心差商**(midpoint-difference)数值微分公式.

记

$$G(h) = \frac{f(x_0+h)-f(x_0-h)}{2h},$$

则中心差商公式也称为**中点公式**(midpoint rule). 在一定的条件下, 它们的误差可以利用函数在$x = x_0$处作Taylor展开,

$$f(x_0+h) = f(x_0) + hf'(x_0) + \frac{h^2}{2}f''(x_0) + \frac{h^3}{6}f'''(x_0+\theta_1 h), \quad 0 < \theta_1 < 1,$$

$$f(x_0-h) = f(x_0) - hf'(x_0) + \frac{h^2}{2}f''(x_0) - \frac{h^3}{6}f'''(x_0-\theta_2 h), \quad 0 < \theta_2 < 1,$$

则当$|f'''(x)| \leqslant M$时,

$$|f'(x_0) - G(h)| < \frac{h^2}{6}M.$$

可知, 向前差商数值微分公式和向后差商数值微分公式的误差阶为$O(h)$, 而中点公式的误差阶可以提高到$O(h^2)$.

7.7.2 插值型数值微分

已知函数$y = f(x)$在$x_0, x_1, \cdots, x_n$处的函数值$f(x_0), f(x_1), \cdots, f(x_n)$, 构造相应的插值多项式, 记为$P_n(x)$, 那么可以用$P_n(x)$的导数值近似函数$f(x)$的导数值, 即

$$f^{(k)}(x) \approx P_n^{(k)}(x), \quad k = 1, 2, \cdots, n.$$

1. 两点公式

当$n = 1$时, 已知两节点x_0, x_1处的函数值$f(x_0), f(x_1)$, 作一次Lagrange插值

$$P_1(x) = \frac{x-x_1}{x_0-x_1}f(x_0) + \frac{x-x_0}{x_1-x_0}f(x_1),$$

求导后有

$$f'(x) \approx P_1'(x) = \frac{f(x_1)-f(x_0)}{x_1-x_0}.$$

另外, 根据插值余项公式有

$$f'(x) - P_1'(x) = \frac{f''(\xi)}{2!}\omega_2'(x) + \frac{\omega_2(x)}{2!}\frac{\mathrm{d}}{\mathrm{d}x}f''(\xi), \quad \xi \in (x_0, x_1),$$

其中$\omega_2(x)=(x-x_0)(x-x_1)$, 而$\xi$为与$x$有关的未知函数, 故上式右端第二项的导数是无法求得的. 因此, 只考虑在节点处的导数值, 记$x_1-x_0=h$, 于是得到下面带余项的两点公式:

$$\begin{cases} f'(x_0)=\dfrac{f(x_1)-f(x_0)}{h}-\dfrac{h}{2}f''(\xi_0), \\ f'(x_1)=\dfrac{f(x_1)-f(x_0)}{h}+\dfrac{h}{2}f''(\xi_1). \end{cases}$$

2. 三点公式

当$n=2$时, 已知x_0,x_1,x_2处的函数值$f(x_0),f(x_1),f(x_2)$, 作二次Lagrange插值

$$P_2(x)=\frac{(x-x_1)(x-x_2)}{(x_0-x_1)(x_0-x_2)}f(x_0)+\frac{(x-x_0)(x-x_2)}{(x_1-x_0)(x_1-x_2)}f(x_1)+\frac{(x-x_0)(x-x_1)}{(x_2-x_0)(x_2-x_1)}f(x_2),$$

不妨设$x_i=x_0+ih\ (i=0,1,2)$, 则有

$$\begin{cases} f'(x_0)=\dfrac{1}{2h}[-3f(x_0)+4f(x_1)-f(x_2)]+\dfrac{h^2}{3}f'''(\xi_0), \\ f'(x_1)=\dfrac{1}{2h}[-f(x_0)+f(x_2)]-\dfrac{h^2}{6}f'''(\xi_1), \\ f'(x_2)=\dfrac{1}{2h}[f(x_0)-4f(x_1)+3f(x_2)]+\dfrac{h^2}{3}f'''(\xi_2) \end{cases}$$

和

$$\begin{cases} f''(x_0)=\dfrac{f(x_0)-2f(x_1)+f(x_2)}{h^2}-hf'''(\xi_0)+\dfrac{h^2}{6}f^{(4)}(\eta_0), \\ f''(x_1)=\dfrac{f(x_0)-2f(x_1)+f(x_2)}{h^2}-\dfrac{h^2}{12}f^{(4)}(\eta_1), \\ f''(x_2)=\dfrac{f(x_0)-2f(x_1)+f(x_2)}{h^2}+hf'''(\xi_2)+\dfrac{h^2}{6}f^{(4)}(\eta_2). \end{cases}$$

例7.7.1 已知函数$f(x)=\sqrt{x}$的下列数值(表7.10), 试用三点公式求$f'(2)$的近似值, 并比较步长h分别取1, 0.1和0.01的计算结果.

表7.10

x	1.00	1.90	1.99	2.00	2.01	2.10	3.00
$f(x)$	1.0000	1.3784	1.4107	1.4142	1.4177	1.4491	1.7321

解 当$h=1$时, 取$x_0=1,\ x_1=2,\ x_2=3$, 则有

$$f'(2)\approx\frac{1}{2}[-\sqrt{1}+\sqrt{3}]=0.3661.$$

当$h=0.1$时, 取$x_0=1.9,\ x_1=2,\ x_2=2.1$, 则有

$$f'(2)\approx\frac{1}{0.2}[-\sqrt{1.9}+\sqrt{2.1}]=0.3535.$$

当$h=0.01$时, 取$x_0=1.99,\ x_1=2,\ x_2=2.01$, 则有

$$f'(2)\approx\frac{1}{0.02}[-\sqrt{1.99}+\sqrt{2.01}]=0.3500.$$

计算出真值$f'(2)=0.3536$.

可以发现, 在例7.7.1中, 当h取0.1时, 最接近真值. 从理论上来说, h越小, 近似程度越好. 但事实上, h越小, 舍入误差就越大, 而数值微分对舍入误差是非常敏感的. 因此, 在使用数值微分公式时要特别注意误差的分析. 另外, 两点、三点公式也只能给出节点处的导数值, 对于非节点处的导数值因为难以估计误差, 所以一般不用. 下面给出另外一种数值微分公式, 可以求出非节点处的导数值以及二阶、三阶导数值.

7.7.3 样条函数微分公式

利用函数 $f(x)$ 的三次样条插值 $S(x)$ 也可以建立相应的数值微分公式. 假设 $S''(x_i)=M_i\ (i=0,1,\cdots,n)$, $h_i=x_{i+1}-x_i$, 当 $x\in[x_i,x_{i+1}]$ 时, 得到

$$\begin{cases} f'(x)\approx -M_i\dfrac{(x_{i+1}-x)^2}{2h_i}+M_{i+1}\dfrac{(x-x_i)^2}{2h_i}+\dfrac{y_{i+1}-y_i}{h_i}-\dfrac{h_i}{6}(M_{i+1}-M_i), \\ f''(x)\approx M_i\dfrac{x_{i+1}-x}{h_i}+M_{i+1}\dfrac{x-x_i}{h_i}, \\ f'''(x)\approx \dfrac{M_{i+1}-M_i}{h_i}, \end{cases} \tag{7.7.2}$$

并且有余项估计

$$\|f^{(k)}(x)-S^{(k)}(x)\|_\infty = O(h^{4-k}),\quad k=0,1,2,3,$$

其中$h=\max\limits_{1\leqslant i\leqslant n} h_i$.

例7.7.2 利用样条函数计算$f(x)=\ln x$在$x=3.5$处的一阶、二阶导数值, 已知下列数值:

$$x_0=1, y_0=0;\quad x_1=3, y_1=1.098612;\quad x_2=4, y_2=1.386294.$$

解 由$f'(x)=\dfrac{1}{x}$知$S'(1)=1$, $S'(4)=0.25$. 首先计算系数h_j, μ_j, λ_j, d_j.

$$\begin{aligned} &h_0=2,\quad h_1=1,\\ &\lambda_1=\frac{1}{3},\quad \mu_1=1-\lambda_1=\frac{2}{3},\\ &d_1=2\Big(y_2-y_1-\frac{y_1-y_0}{2}\Big)=-0.523248,\\ &d_0=-1.352082,\quad d_2=-0.226092. \end{aligned}$$

解方程组

$$\begin{bmatrix} 2 & 1 & 0 \\ \dfrac{2}{3} & 2 & \dfrac{1}{3} \\ 0 & 1 & 2 \end{bmatrix}\begin{bmatrix} M_0 \\ M_1 \\ M_2 \end{bmatrix}=\begin{bmatrix} -1.352082 \\ -0.523248 \\ -0.226092 \end{bmatrix}$$

得到

$$M_0 = -0.664417, \quad M_1 = -0.023248, \quad M_2 = -0.101422,$$

所以由方程组(7.7.2)得

$$f'(3.5) \approx 0.290939, \quad f''(3.5) \approx -0.056523.$$

真值为$f'(3.5) = 0.285714$, $f''(3.5) = -0.081632$.

7.8 数值实验

7.8.1 MATLAB自带积分函数

MATLAB有许多用来计算积分的函数, 分为符号积分函数和数值积分函数. int函数用来计算函数的积分, 是符号积分, 而非数值积分. 也就是说, 如果一个函数的原函数存在, 则MATLAB可以通过int函数返回函数的积分值, 具体有如下几种形式: int(f), int(f,x), int(f,a,b)和int(f,x,a,b). 例如,

```
>> syms x t
>> f = 6*x^2 + x*t^2;
>> int(f)              % 计算符号表达式f的不定积分，默认的变量为“x”
ans =
(x^2*(t^2 + 4*x))/2
>> int(f,t)            % 计算表达式f对自变量t的不定积分
ans =
(t*x*(t^2 + 18*x))/3
>> int(f,x,0,1)        % 计算表达式f对自变量x从0到1上的定积分
ans =
t^2/2 + 2
```

MATLAB 提供了很多用来计算数值积分的函数, 如trapz (梯形公式), quad (自适应Simpson 积分), quadl (自适应Lobatto 积分) 和quadgk (自适应Gauss-Kronro 积分) 等. 这里着重介绍自适应Simpson 积分函数quad.

前面提到可以用复化求积公式来提高计算精度, 但是复化积分通常用于被积函数值变化不太大的积分. 如果一个函数在某子区间内的函数值变化很剧烈, 而在其他地方变化平缓, 那么在变化剧烈的区间内节点数n的取值要比较大, 才能使得积分公式的精度比较好. 但是这样一来, 工作量就会增大. 为了既能节省工作量, 又能达到所要求的精度, 可以采用自适应求积方法.

自适应Simpson积分方法的思想如下: 先以积分区间作为积分步长, 应用 Simpson 公式求出近似值; 如果没有达到所要求的精度, 那么将区间二等分, 在两个子区

间上分别应用Simpson公式得到近似值; 如果还是没有达到精度要求, 那么再将每个子区间二等分; 如此一直下去, 直到达到精度要求. 具体过程这里将不再叙述, 有兴趣的读者可以参考数值分析相关书籍.

quad函数可以达到上面的要求, 它的一般格式为quad('funfcn',a,b), 其中'funfcn'为函数名, a为积分下限, b为积分上限. 例如,

```
>> funfcn = @(x) 4./(1+x.^2);    % 创建函数句柄
>> quad('funfcn',0,1)
ans =
   3.141592682924567
```

也可以是如下的格式: quad('funfcn',a,b,tol), 其中第4个参数tol表示绝对误差限, 如果缺省, 则默认为10^{-6}.

7.8.2 复化求积公式

这里将介绍两个简单的程序——复化梯形公式和复化Simpson公式. 由式(7.4.1)和式(7.4.2), 给出下面的M函数文件(comp_trap.m和comp_simpson.m).

```
function T_n = comp_trap(f,a,b,n)
%复化梯形公式, [a,b]是求积区间, f是被积函数, n是节点个数
h = (b-a)/n;
T = 0;
for i = 1:n-1
    T = T + f(a+i*h);
end
T_n = h*(f(a)/2+T+f(b)/2);
function S_n = comp_simpson(f,a,b,n)
% 复化Simpson公式, [a,b]是求积区间, f是被积函数, n是节点个数
h = (b-a)/n;
S = 0;
for i = 0:n-1
    S = S + f(a+i*h) + 4*f(a+(i+1/2)*h)+f(a+(i+1)*h);
end
S_n = h*S/6;
```

以例7.4.1为例, 在MATLAB命令窗口中输入如下命令:

```
>> format long
>> f = inline('4./(1+x.^2)','x');
>> comp_trap(f,0,1,3)
ans =
```

```
   3.123076923076923
>> comp_simpson(f,0,1,3)
ans =
   3.141591780936043
```

7.8.3 Romberg积分

由式(7.5.5)可以得到如下的程序实现:

```
function [T,quad,h] = romberg(f,a,b,tol)
% f表示被积函数, a, b分别表示积分上下限, tol表示误差限
% T表示Romberg表, quad表示求得的积分值, h表示最小的积分步长
n = 1; h = b-a; err = 1; k = 0;
T(1,1) = h*(f(a)+f(b))/2;
while(err>tol)
    k = k + 1;
    s = 0;
    for i = 0:n-1
        s = s + f(a+h*(i+1/2));
    end
    T(k+1,1) = T(k,1)/2+s*h/2;
    h = h/2;
    n = 2*n;
    for m = 1:k
        T(k+1,m+1) = (4^m*T(k+1,m) - T(k,m))/(4^m-1);
    end
    err = abs(T(k,k)-T(k+1,m+1));
end
quad = T(k+1,k+1);
```

例7.8.1 利用Romberg积分公式计算积分 $\int_0^{\pi} \sin x \mathrm{d}x$(即例7.5.3).

解 在MATLAB命令窗口中输入如下代码:

```
>> f = inline('sin(x)','x');
>> [T,quad,h]=romberg(f,0,pi,1e-6)
T =
  Columns 1 through 3
   0.000000000000000                   0                   0
   1.570796326794897   2.094395102393195                   0
```

```
   1.896118897937040   2.004559754984421   1.998570731823836
   1.974231601945551   2.000269169948388   1.999983130945986
   1.993570343772340   2.000016591047936   1.999999752454573
   1.998393360970145   2.000001033369413   1.999999996190845
  Columns 4 through 6
                   0                   0                   0
                   0                   0                   0
                   0                   0                   0
   2.000005549979671                   0                   0
   2.000000016288042   1.999999994587291                   0
   2.000000000059675   1.999999999996034   2.000000000001321
quad =
   2.000000000001321
h =
   0.098174770424681
```

此结果与表7.6是一致的.

另外, 为了减少误差积累, 可以将Romberg积分进行如下改进: 将式(7.5.5)改写为

$$T_{k,m} = T_{k+1,m-1} + \frac{T_{k+1,m-1} - T_{k,m-1}}{4^m - 1}.$$

其程序实现只需将上面的程序稍作改动即可, 这里不再赘述.

7.8.4 Gauss型积分

Gauss型求积是具有最高代数精度的求积公式, 所以在实际计算时, 如果需要较高精度, 则常常用到Gauss公式. Gauss求积公式的形式是简单的, 然而, Gauss节点和权系数却是比较难求的. 几十年来, 一直有许多学者致力于研究如何简单而有效地给出Gauss节点和权系数.

下面介绍一种给出Gauss-Legendre节点和权系数的办法(利用特征值和特征向量), 通过下面的gauss.m文件实现:

```
function [x,A] = gauss(n)
% x是Gauss节点(Legendre节点), A表示权系数, n表示节点个数
beta = .5./sqrt(1-(2*(1:n-1)).^(-2));
T = diag(beta,1) + diag(beta,-1);
[V,D] = eig(T);
x = diag(D); [x,i] = sort(x);
A = 2*V(1,i).^2;
```

Gauss节点和权系数给出以后, 建立Gauss求积公式, 其程序如下:

```
function s = gaussf(fun_f,n)
% Gauss-Legendre型求积公式, 被积函数是fun_f
[x,A] = gauss(n);
s = A*fun_f(x);
```

例如, 在主命令窗口输入(以例7.6.2为例)如下命令:

```
>> format long
>> [x,A]=gauss(3)   %求出三个节点Gauss求积的节点和系数
x =
  -0.774596669241484
                   0
   0.774596669241483
A =
   0.555555555555555   0.888888888888889   0.555555555555556
>> fun_f = inline('8./(4+(x+1).^2)');  % 将[0,1]区间转化到标准区间
   [-1,1]
>> sum_error=zeros(10,2);
>> for n=1:10
       sum_error(n,1)=gaussf(fun_f,n);
       sum_error(n,2)=abs(sum_error(n,1)-pi);
   end
>> sum_error  %给出节点数从1增加到10的求积结果(第一列)和误差估计(第二
   列)
sum_error =
   3.200000000000000   0.058407346410207
   3.147540983606557   0.005948330016764
   3.141068139963167   0.000524513626627
   3.141611905245807   0.000019251656013
   3.141592639884753   0.000000013705040
   3.141592611187587   0.000000042402206
   3.141592656253748   0.000000002663955
   3.141592653519119   0.000000000070674
   3.141592653588243   0.000000000001550
   3.141592653590046   0.000000000000253
```

7.8.5 数值微分

diff函数用以计算函数的微分, 它包含了符号微分和数值微分两种功能. 如果输入的是符号表达式, 那么就是符号微分; 否则, 就是数值微分. 例如,

```
>> syms x t
>> f = 6*x^2 + x*t^2;
>> diff(f)        % 计算表达式f对默认变量x的一次微分
ans =
t^2 + 12*x
>> diff(f,t)      % 计算表达式对自变量t的一次微分
ans =
2*t*x
>> diff(f,t,2)  % 对正整数n, 计算表达式对自变量t的n次微分
ans =
2*x
>> x=[1 2 4]; y=[6 9 17];
>> diff(y)    % 如果y是向量, 则计算数组元素之间的差值(即向前差分)
ans =
     3     8
>> diff(y)./diff(x) %数值微分, 近似计算x处的导数值(使用向前差商公式)
ans =
     3     4
```

由于diff函数求导数是利用向前差商公式, 这是一种低精度的数值微分方法, 并且只能估计已知节点处的导数值. 为了提高精度, 可以先对这些数据进行插值, 如样条插值, 然后对插值函数进行求导; 或者也可以对这些数据进行拟合, 如最小二乘拟合, 再对拟合曲线求导数. 举例如下:

例7.8.2　利用最小二乘拟合多项式对如表7.11所示的数据进行拟合, 求其在点2.5, 2.8 和5.5 处的导数值.

表7.11

x_0	0	1	2	3	4	5	6	7	8	9
y_0	−0.12	3.45	4.50	7.87	8.00	8.50	9.20	9.00	13.00	12.00

解　在MATLAB中输入如下命令:

```
>> x0 = [0 1 2 3 4 5 6 7 8 9];
>> y0 = [-0.12 3.45 4.50 7.87 8.00 8.50 9.20 9.00 13.00 12.00];
>> p = polyfit(x0,y0,3)
```

```
p =
    0.0331   -0.5479    3.6621   -0.0352
>> dp = polyder(p)              % 求出以p为系数的多项式的导数的系数
dp =
    0.0994   -1.0958    3.6621
>> x = [2.5 2.8 5.5];
>> dy = polyval(dp,x)         % 求出给定点处的导数值
dy =
    1.5440    1.3733    0.6427
```

应用实例——卫星轨道问题

人造地球卫星的轨道可视为平面上的椭圆，其近地点距地球表面s_1，远地点距地球表面s_2，地球半径为$r=6371\text{km}$，建立如图7.6所示的示意图.

我国第一颗人造地球卫星近地点距地球表面$s_1=439\text{km}$，远地点距地球表面$s_2=2384\text{km}$，r表示地球半径，椭圆轨道的长半轴和短半轴分别为a,b，地球位于椭圆的右焦点处，焦距为c. 由图7.6可知，上述数据存在如下关系:

$$2a=s_1+s_2+2r,\quad c=a-s_1-r.$$

由椭圆的性质$b=\sqrt{a^2-c^2}$ 可得$a=7782.5\text{km}, b=7721.5\text{km}$.

设椭圆的参数方程为

$$\begin{cases} x=a\cos t, \\ y=b\sin t, \end{cases}$$

根据曲线参数方程的弧长公式，椭圆弧长为

$$L=4\int_0^{\frac{\pi}{2}}\sqrt{a^2\sin^2 t+b^2\cos^2 t}\mathrm{d}t$$

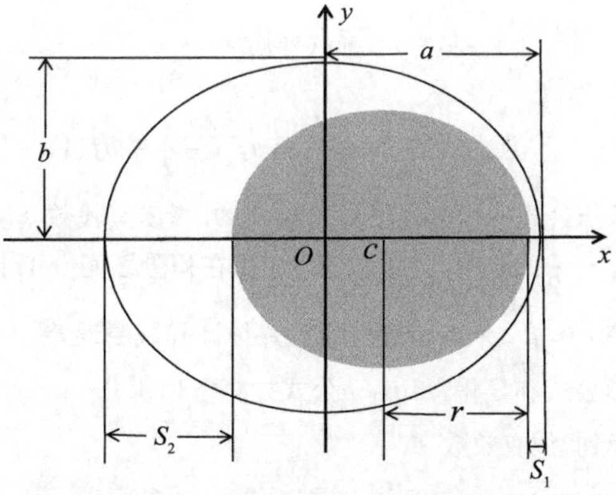

图7.6　人造地球卫星轨道示意图

由于该积分无法求得解析解, 故对其进行数值求解.

数值积分是以插值原理为基础的插值型求积公式, 当取等距节点时, 由线性和二次插值导出梯形公式和Simpson公式, 但不能保证其达到精度. 复化求积公式是为了避免高阶求积公式的不稳定性, 它具有较好的收敛性.

复化梯形公式:

$$T_n = \frac{h}{2}\left[f(x_0) + 2\sum_{i=1}^{n-1} f(x_i) + f(x_n)\right],$$

复化Simpson公式:

$$S_n = \frac{h}{6}\left[f(x_0) + 2\sum_{i=1}^{n-1} f(x_i) + 4\sum_{i=1}^{n} f(x_{i-\frac{1}{2}}) + f(x_n)\right].$$

计算得

$$T_3 \approx 4.870744099902405 \times 10^4,$$

$$S_3 \approx 4.870744099902406 \times 10^4.$$

求解结果显示, 这两种方法计算求得的结果相当接近, 我国第一颗人造地球卫星轨道的长度大约$L \approx 4.87 \times 10^4$km.

在实际计算中, 通常可采用变步长复化求积公式和基于外推方法的Romberg算法以达到所需精度.

习 题 7

(一)

1. 确定下列求积公式中的待定参数, 使其代数精度尽量高, 并指明所构造出的求积公式的代数精度:

(1) $\displaystyle\int_{-h}^{h} f(x)\mathrm{d}x \approx A_0 f(-h) + A_1 f(0) + A_2 f(h)$;

(2) $\displaystyle\int_{-2h}^{2h} f(x)\mathrm{d}x \approx A_0 f(-h) + A_1 f(0) + A_2 f(h)$;

(3) $\displaystyle\int_{-1}^{1} f(x)\mathrm{d}x \approx [f(-1) + 2f(x_1) + 3f(x_2)]/3$.

2. 计算积分

$$I(f) = \int_0^1 \frac{f(x)}{\sqrt{x}} \approx af\left(\frac{1}{5}\right) + bf(1),$$

求系数a, b, 使得上述求积公式的代数精度尽可能高, 并指出其代数精度.

3. 已知$x_0 = \dfrac{1}{4}$, $x_1 = \dfrac{1}{2}$, $x_2 = \dfrac{3}{4}$为求积节点, 求在积分区间$[0,1]$上的插值型求积公式.

4. 用Simpson公式计算$\displaystyle\int_0^1 \mathrm{e}^{x^2}\mathrm{d}x$的近似值, 并估计其截断误差.

5. 分别用复化梯形公式和复化Simpson公式计算下列积分:

(1) $\displaystyle\int_0^1 \mathrm{e}^x \mathrm{d}x$, 精确到3位有效数字;

(2) $\displaystyle\int_3^6 \frac{x}{4+x^2}\mathrm{d}x$ (用9个点上的函数值计算).

6. 用Romberg方法计算$\int_0^1 \frac{\sin x}{x}\mathrm{d}x$,使其截断误差不超过$\frac{1}{2}\times 10^{-6}$.

7. 确定x_0, x_1, A_0, A_1, 使得$\int_0^1 f(x)\mathrm{d}x \approx A_0 f(x_0) + A_1 f(x_1)$为Gauss公式, 并利用该式计算$\int_0^1 \frac{4}{1+x^2}\mathrm{d}x$的近似值.

8. 已知

$$\int_{-1}^1 f(x)\mathrm{d}x \approx \frac{5}{9}f(-\sqrt{0.6}) + \frac{8}{9}f(0) + \frac{5}{9}f(\sqrt{0.6})$$

为Gauss型求积公式.

(1) 试写出计算积分$\int_a^b g(x)\mathrm{d}x$的3点Gauss型求积公式;

(2) 应用所构造的求积公式计算积分$\int_1^3 \frac{1}{x}\mathrm{d}x$的近似值.

9. 从函数表7.12出发, 利用三点公式计算$f(x) = \frac{1}{(1+x)^2}$在各个节点处的导数值, 并估计其截断误差.

表7.12

x	1.0	1.1	1.2
$f(x)$	0.2500	0.2268	0.2066

(二)

*1. 推导下列三种矩形求积公式:

(1) $\int_a^b f(x)\mathrm{d}x = (b-a)f(a) + \frac{f'(\eta)}{2}(b-a)^2$;

(2) $\int_a^b f(x)\mathrm{d}x = (b-a)f(b) - \frac{f'(\eta)}{2}(b-a)^2$;

(3) $\int_a^b f(x)\mathrm{d}x = (b-a)f\left(\frac{a+b}{2}\right) + \frac{f''(\eta)}{24}(b-a)^3$.

2. 若用复化梯形公式计算积分$I = \int_0^1 \mathrm{e}^x\mathrm{d}x$, 问区间$[0,1]$应分多少等份, 才能使截断误差不超过$\frac{1}{2}\times 10^{-5}$? 若改用复化Simpson公式, 要达到同样的精度, 区间$[0,1]$应分多少等份?

3. 在结构动力分析中，固有频率ω与振型曲线$u(x)$之间有如下公式:

$$\omega^2 = \frac{\int_0^l q(x)u(x)\mathrm{d}x}{\int_0^l m(x)u^2(x)\mathrm{d}x},$$

其中l为梁长, m为长度质量, q为加载. 如果固定梁的$l=1, m=10\mathrm{kg/m}, q=1\mathrm{N/m}$, 测量扰度曲线5个点的数据分别如表7.13所示. 用复化梯形公式计算ω的近似值.

表7.13

x	0	$\frac{1}{4}$	$\frac{2}{4}$	$\frac{3}{4}$	1
$u(x)$	0	2.9297×10^{-10}	5.2083×10^{-10}	2.9297×10^{-10}	0
$u^2(x)$	0	8.5831×10^{-20}	2.7126×10^{-19}	8.5831×10^{-20}	0

第 8 章　常微分方程初值问题数值算法

8.1　引　　言

在工程和科学计算的许多问题中, 常常需要求解常微分方程. 然而, 在这些方程中, 仅有很少一部分能够通过初等积分法给出解析解, 这促使数学工作者从理论上去探讨它们的近似解.

近年来, 计算机技术的蓬勃发展使得微分方程数值方法这门学科日趋重要. 一方面, 借助计算机, 一些超大规模的问题和原来无法通过初等积分或渐近方法求解的问题能够得以求解; 另一方面, 借助于数值方法, 也可以简化一些问题的理论分析.

下面考虑一阶常微分方程的初值问题

$$\begin{cases} \dfrac{\mathrm{d}y}{\mathrm{d}x} = f(x,y), \quad x \in (a,b], \\ y(a) = y_0, \end{cases} \tag{8.1.1}$$

其中$f(x,y)$为关于x和y的已知函数, y_0为给定的初始值. 首先给出初值问题(8.1.1)解的存在唯一性结论.

定理8.1.1　设 $f(x,y)$ 是一个实值函数, 在 $[a,b]\times\mathbb{R}$ 上连续, 并且关于 y 满足 Lipschitz 条件, 即存在一个正常数 L, 使得对于任意 $x\epsilon[a,b]$, 均成立不等式

$$|f(x,y_1)-f(x,y_2)| \leqslant L|y_1-y_2|, \quad \forall y_1,\ y_2 \in \mathbb{R},$$

则初值问题(8.1.1)存在唯一解.

相关证明可参见微分方程理论教材. 下面的分析均假设 $f(x,y)$ 满足定理 8.1.1 的条件.

对于初值问题(8.1.1), 一般不能精确求解, 数值解法基本思想是在$[a,b]$区间中求有限个离散点(或称网格点)上解$y(x)$的近似值, 即寻找$y(x)$在一系列离散节点

$$a = x_0 < x_1 < \cdots < x_N = b$$

上的近似值$y_0, y_1, y_2, \cdots, y_N$. 相邻两个节点的间距$h_n = x_{n+1} - x_n$ $(n = 0,1,\cdots,N-1)$称为步长. 通常选取$x_0, x_1, \cdots, x_N$是等距的, 即$x_n = x_0 + nh (h = (b-a)/N, n = 0,1,\cdots,N)$. 利用数值微分、Taylor展开式或数值积分公式, 把连续的初值问题(8.1.1)转化为离散点x_n上函数值之间的离散方程来求解.

初值问题(8.1.1)的数值方法可分为以下两大类:

(1) 单步法. 计算$y(x)$在$x = x_{n+1}$处的值仅取决于x_n处的值及其导数值. 例如, Euler方法和Runge-Kutta方法.

(2) 多步法. 计算$y(x)$在$x = x_{n+1}$处的值需要用到x_{n+1}之前多个网格节点处的值及其导数值. 例如, 线性多步法.

8.2 Euler方法

Euler方法是初值问题(8.1.1)最简单的数值解法, 但是构造Euler方法的基本原理和所涉及的基本概念对一般数值方法却具有普遍意义, 因此, 首先对它进行讨论.

8.2.1 Euler方法

对于初值问题(8.1.1), 由于$y_0 = y(x_0)$已知, 根据方程(8.1.1), 可以计算出 $y'(x)$ 在 x_0 处的值

$$y'(x_0) = f(x_0, y_0).$$

若$x_1 = x_0 + h(0 < h \ll 1)$,则近似地有

$$y(x_1) \approx y_0 + hy'(x_0).$$

因此, 可以用

$$y_1 = y_0 + hy'(x_0) = y_0 + hf(x_0, y_0)$$

作为$y(x)$在点x_1处的近似值.

类似地, 利用已经计算的y_1和$f(x_1, y_1)$, 又可以计算出$y(x)$在$x_2 = x_0 + 2h$处的近似值

$$y(x_2) \approx y_2 = y_1 + hf(x_1, y_1).$$

一般地, 如果已知$y(x)$在$x_n = x_0 + nh\ (n = 0, 1, \cdots, N)$处的近似值, 则可给出计算$y(x_{n+1})$的近似公式

$$y_{n+1} = y_n + hf(x_n, y_n), \tag{8.2.1}$$

这就是离散初值问题 (8.1.1) 的 **Euler 方法**. 它可由已知的初值 y_0 出发, 逐步算出 $y_1, y_2, \cdots, y_N$, 这类形式的方程也称为**差分方程**.

Euler方法有明显的几何意义(图8.1). 初值问题(8.1.1)第一个方程的解是xOy平面上的一簇积分曲线, 而曲线上任意点(x, y)处的斜率为$f(x, y)$, 过点(x_0, y_0)的积分曲线就是初值问题(8.1.1)的解. 从初始点P_0(即点(x_0, y_0))出发, 作积分曲线$y = y(x)$在P_0

点上的切线$\overline{P_0P_1}$ (其斜率为$f(x_0,y_0)$), 与直线$x = x_1$相交于P_1点(即点(x_1,y_1)), 得到$y(x_1)$ 的近似值, 则有

$$y_1 = y_0 + (x_1 - x_0) \cdot \left.\frac{\mathrm{d}y}{\mathrm{d}x}\right|_{x=x_0} = y_0 + hf(x_0,y_0)$$

与

$$y(x_1) = y(x_0) + \int_{x_0}^{x_1} f(x,y(x))\mathrm{d}x$$

相比较可知, 这时右端的数值积分可采用左矩形公式近似.

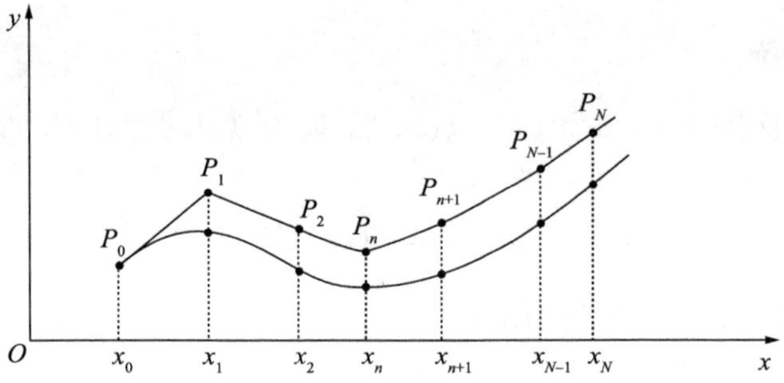

图8.1 几何意义

依此递推, 继续从P_1点出发, 作一条斜率为$f(x_1,y_1)$的直线$\overline{P_1P_2}$, 与直线$x = x_2$相交于P_2点(即点(x_2,y_2)), 得到y_2作为$y(x_2)$的近似值; $\cdots\cdots$ 如此继续下去, 直到P_N点, 得到y_N作为$y(x_N)$的近似值.

由于差分是微分的近似计算, 故Euler方法还可用差商近似代替导数的离散方法来得到. 在节点x_n处,

$$y'(x_n) = hf(x_n,y_n),$$

用向前差商$\dfrac{y(x_{n+1}) - y(x_n)}{h}$近似代替上式中的导数$y'(x_n)$, 即

$$\frac{y(x_{n+1}) - y(x_n)}{h} \approx f(x_n,y(x_n)), \tag{8.2.2}$$

$y(x_{n+1})$和$y(x_n)$ 分别用近似值y_{n+1}和y_n代入,得到

$$y_{n+1} = y_n + hf(x_n,y_n),$$

即为Euler方法(8.2.1).

如果在(8.2.2)中用向后差商代替导数, 则可得

$$y_{n+1} = y_n + hf(x_{n+1},y_{n+1}), \tag{8.2.3}$$

式(8.2.3)称为**向后Euler方法**. 因此, (8.2.1)也常称为**向前Euler方法**.

注意到向前Euler方法(8.2.1)中从y_0出发, 依次可得到$y_1, \cdots, y_N$, 这样的格式称为**显式格式**. 而向后Euler方法(8.2.3)的右端含有未知的y_{n+1}, 它实际上是关于y_n, y_{n+1}的一个方程, 当$f(x,y)$关于y是非线性函数时, 需要用迭代法求解y_{n+1}, 这样的格式称为**隐式格式**.

Euler方法还可由Taylor公式推导, 因为

$$y(x_{n+1}) = y(x_n) + hy'(x_n) + \frac{h^2}{2}y''(\xi_n) = y(x_n) + hf(x_n, y_n) + \frac{h^2}{2}y''(\xi_n),$$

其中$x_n < \xi_n < x_{n+1}$. 略去高阶项$\frac{h^2}{2}y''(\xi_n)$, 用y_n代替$y(x_n)$同样可以得到Euler方法. 上式还可以用来估计欧拉法的误差.

当假设前n步$y_n = y(x_n)$为准确时, 称$\tau_{n+1} = y(x_{n+1}) - y_{n+1}$为$x_n$节点处的**局部截断误差**, 它是由计算方法本身引起的误差. 由式(8.2.1)可知, Euler方法在节点x_n处的局部截断误差为

$$\begin{aligned}\tau_{n+1} &= y(x_{n+1}) - y_{n+1} \\ &= y(x_{n+1}) - y(x_n) - hf(x_n, y_n) \\ &= \tfrac{h^2}{2}y''(\xi_n) \quad (x_n < \xi_n < x_{n+1}) \\ &= O(h^2).\end{aligned} \tag{8.2.4}$$

如果局部截断误差为$O(h^{p+1})$, 称数值算法的精度为p **阶**. 因此, Euler方法的精度为一阶.

例8.2.1 用向前Euler方法(8.2.1), 向后Euler方法(8.2.3)求解如下初值问题:

$$\begin{cases} y'(x) = \dfrac{y + x^2 - 2}{x+1}, \quad x \in [0, 5], \\ y(0) = 2. \end{cases}$$

解 向前Euler方法公式的具体形式为

$$y_{n+1} = y_n + h\frac{y_n + x_n^2 - 2}{x_n + 1},$$

向后Euler方法公式为

$$y_{n+1} = y_n + h\frac{y_{n+1} + x_{n+1}^2 - 2}{x_{n+1} + 1},$$

可解出显式形式为

$$y_{n+1} = \frac{(x_{n+1}+1)y_n + h(x_{n+1}^2 - 2)}{x_{n+1} + 1 - h}.$$

另外, 可知其精确解为

$$y(x) = x^2 + 2x + 2 - 2(x+1)\ln(x+1).$$

取不同的步长h, 向前、向后Euler法的数值结果如表8.1所示. 这里相对误差指的是整体误差与精确解的比值. 从表8.1可以看出, 向前Euler方法与向后Euler方法有一阶收敛性.

表8.1　计算结果

h	x_n	y_n	向前Euler法		向后Euler法		
			局部截断误差	相对误差	y_n	局部截断误差	相对误差
0.2	1.0	2.1592	6.82×10^{-2}	0.0306	2.3157	8.83×10^{-2}	0.0396
	2.0	3.1697	2.39×10^{-1}	0.0701	3.6916	2.83×10^{-1}	0.0831
	3.0	5.4332	4.76×10^{-1}	0.0805	6.4563	5.46×10^{-1}	0.0925
	4.0	9.1411	7.65×10^{-1}	0.0129	10.7664	8.61×10^{-1}	0.0869
	5.0	14.406	1.09	0.0703	16.7141	1.22	0.0784
0.1	1.0	2.1912	3.63×10^{-2}	0.0163	2.2687	4.13×10^{-2}	0.0185
	2.0	3.2841	1.24×10^{-1}	0.0365	3.5437	1.35×10^{-1}	0.0397
	3.0	5.6636	2.46×10^{-1}	0.0416	6.1732	2.64×10^{-1}	0.0446
	4.0	9.5125	3.93×10^{-1}	0.0397	10.3227	4.17×10^{-1}	0.0421
	5.0	14.9386	5.60×10^{-1}	0.0361	16.0897	5.91×10^{-1}	0.0381
0.05	1.0	2.2087	1.87×10^{-2}	0.0084	2.2474	2.00×10^{-2}	0.0090
	2.0	3.3449	6.34×10^{-2}	0.0186	3.4745	6.62×10^{-2}	0.0194
	3.0	5.7845	1.25×10^{-1}	0.0212	6.0391	1.29×10^{-1}	0.0219
	4.0	9.7062	1.99×10^{-1}	0.0201	10.1110	2.05×10^{-1}	0.0217
	5.0	15.2151	2.83×10^{-1}	0.0183	15.7903	2.91×10^{-1}	0.0188

对于每步局部截断误差的累积, 即精确解在x_n处的值$y(x_n)$与Euler方法算出值y_n之差称为x_n节点处的**整体截断误差**, 记为$\varepsilon_n = y(x_n) - y_n$.

8.2.2　改进的Euler公式

前面已知对于显示格式的Euler方法(8.2.1),由Taylor公式推导可知, 其局部截断误差为

$$\tau_{n+1} = \frac{h^2}{2}y''(x_n) + O(h^3).$$

可以证明, 隐式格式的Euler方法(8.2.3)的局部截断误差为

$$\tau_{n+1} = -\frac{h^2}{2}y''(x_n) + O(h^3).$$

二者局部截断误差的主项只相差一个符号, 将(8.2.1)和(8.2.3)相加可构造出如下计算公式:

$$y_{n+1} = y_n + \frac{h}{2}[f(x_n, y_n) + f(x_{n+1}, y_{n+1})], \tag{8.2.5}$$

式(8.2.5)称为**梯形公式** (隐式的Euler方法). 它的局部截断误差为$O(h^3)$,是一个二阶方法.

式(8.2.5)也是一个隐式方法，在实际应用中常与显式格式的Euler方法(8.2.1)联立使用，用Euler方法提供迭代初值，可构造如下的迭代公式，称为改进的Euler公式:

预估：$\overline{y}_{n+1} = y_n + hf(x_n, y_n)$,

校正：$y_{n+1} = y_n + \dfrac{h}{2}[f(x_n, y_n) + f(x_{n+1}, \overline{y}_{n+1})]$,

或直接写成

$$y_{n+1} = y_n + \frac{h}{2}[f(x_n, y_n) + f(x_{n+1}, y_n + hf(x_n, y_n))], \tag{8.2.6}$$

例8.2.2 用改进的Euler方法求解例8.2.1中初值问题的数值解.

解 利用迭代公式(8.2.6)，改进的Euler方法的具体形式为

$$y_{n+1} = y_n + \frac{h}{2}\left[\frac{y_n + x_n^2 - 2}{x_n + 1} + \frac{y_n + h\frac{y_n + x_n^2 - 2}{x_n + 1} + x_{n+1}^2 - 2}{x_{n+1} + 1}\right],$$

则有如表8.2所示的数值结果.

表8.2 改进的Euler法求解例8.1

h	x_n	y_n	局部截断误差	相对误差
0.2	1.0	2.2279	5.04×10^{-3}	0.0002
	2.0	3.4051	3.23×10^{-3}	0.0009
	3.0	5.9015	8.12×10^{-3}	0.0013
	4.0	9.8921	1.35×10^{-2}	0.0014
	5.0	15.4798	1.91×10^{-2}	0.0012
0.1	1.0	2.2274	7.25×10^{-5}	0.00003
	2.0	3.4074	9.44×10^{-4}	0.00028
	3.0	5.9074	2.24×10^{-3}	0.00038
	4.0	9.9020	3.66×10^{-3}	0.00036
	5.0	15.4938	5.13×10^{-3}	0.00033
0.05	1.0	2.2274	9.72×10^{-6}	0.000004
	2.0	3.4081	2.56×10^{-4}	0.000070
	3.0	5.9091	5.91×10^{-4}	0.000100
	4.0	9.9046	9.55×10^{-4}	0.000096
	5.0	15.4975	1.33×10^{-4}	0.000086

8.3 Runge-Kutta方法

Euler方法是简单的单步法，所需的存储量小，改变步长灵活，但线性单步法最多是二阶. 本节介绍高阶单步法，主要为常用的Runge-Kutta方法.

8.3.1 Runge-Kutta方法的构造原理

在前面Euler方法的构造过程中, Taylor方法可以获得高阶截断误差, 但是Taylor方法的缺点是需要计算$f(x,y)$的偏导数. 例如, 当方程(8.1.1)的精确解$y(x)$具有$p+1$阶连续导数时, $y(x_{n+1})$在x_n处Taylor展开有

$$y(x_{n+1}) = y(x_n) + hy'(x_n) + \frac{h^2}{2!}y''(x_n) + \cdots + \frac{h^p}{p!}y^{(p)}(x_n) + \frac{h^{p+1}}{(p+1)!}y^{p+1}(\xi),$$
$$x_n \leqslant \xi \leqslant x_{n+1}.$$

利用微分方程$y' = f(x,y)$分别计算

$$y' = f, \quad y'' = f'_x + f'_y f.$$

当$p = 2$时, 用近似值y_{n+1}, y_n代替精确值$y(x_{n+1}), y(x_n)$, 忽略$\dfrac{h^3}{3!}y'''(\xi)$ 得

$$y_{n+1} = y_n + hf(x_n,y_n) + \frac{1}{2!}h^2[f'_x(x_n,y_n) + f'_y(x_n,y_n)f(x_n,y_n)], \quad n = 0,1,\cdots,N-1. \tag{8.3.1}$$

现需要计算偏导数f'_x及f'_y的值, 截断误差$\tau_{n+1} = O(h^3)$. 在一般情况下, 只有在$f(x,y)$的表达式比较简单时, 才用Taylor方法来计算.

Runge-Kutta方法的基本思想是用函数f在s个节点上值的线性组合来代替y的导数, 然后按Taylor级数展开, 确定其中的组合系数, 这样既可避免计算y的高阶导数, 又可保证差分方法具有较高的精度, 它的形式是这样的:

定义8.3.1 设s是一个正整数, 代表调用函数值f的次数, $a_{i,j}, c_i$ $(i = 2,3,\cdots,s,$ $1 \leqslant j < i)$ 和b_i $(i = 1,2,\cdots,s)$是给定的常数, 它们由局部截断误差来确定. 称

$$\begin{cases} y_{n+1} = y_n + h\displaystyle\sum_{j=1}^{s} b_j k_j, \\ k_1 = f(x_n, y_n), \\ k_2 = f(x_n + c_2 h, y_n + ha_{2,1}k_1), \\ k_3 = f(x_n + c_3 h, y_n + h(a_{3,1}k_1 + a_{3,2}k_2)), \\ \qquad\cdots\cdots \\ k_s = f(x_n + c_s h, y_n + h(a_{s,1}k_1 + \cdots + a_{s,s-1}k_{s-1})) \end{cases} \tag{8.3.2}$$

为s级的**Runge-Kutta方法**, 简称**R-K方法**.

方程(8.3.2)也可以写成如下形式:

$$y_{n+1} = y_n + h\psi(x_n, y_n, h), \tag{8.3.3}$$

其中$\psi(x_n, y_n, h) = \sum_{j=1}^{s} b_j k_j$, 这样其截断误差可表示为

$$\tau_{n+1} = y(x_{n+1}) - y(x_n) - h\psi(x_n, y(x_n), h), \tag{8.3.4}$$

即当x_n处$y_n = y(x_n)$为精确值时, 用方程(8.3.2)计算下一步值所产生的误差.

现取$s = 2$为例. 此时,

$$\psi(x_n, y(x_n), h) = b_1 f(x_n, y(x_n)) + b_2 f(x_n + c_2 h, y(x_n)) + h a_{2,1} f(x_n, y(x_n)).$$

将式(8.3.4)中各式在点(x_n, y_n)处作Taylor展开, 得到

$$\begin{aligned}\tau_{n+1} &= h f_n + \frac{h^2}{2!}(f'_{x_n} + f_n f'_{y_n}) - h[b_1 f_n + b_2(f_n + f'_{x_n} c_2 h + f'_{y_n} h a_{2,1} f_n)] + O(h^3)\\ &= (1 - b_1 - b_2) h f_n + \left(\frac{1}{2} - b_2 c_2\right) h^2 f'_{x_n} + \left(\frac{1}{2} - b_2 a_{2,1}\right) h^2 f'_{y_n} f_n + O(h^3),\end{aligned}$$

其中f_n表示$f(x_n, y_n)$, f'_{x_n}和f'_{y_n}分别表示$f'_x(x_n, y_n)$和$f'_y(x_n, y_n)$, 逐项比较, 使得h和h^2项的系数为零, 得到

$$b_1 + b_2 = 1, \quad b_2 c_2 = \frac{1}{2}, \quad b_2 a_{2,1} = \frac{1}{2}.$$

方程的个数是3, 而未知数的个数为4.

取$b_1 = 0, b_2 = 1, a_{2,1} = \frac{1}{2}, c_2 = \frac{1}{2}$, 可得差分方程

$$y_{n+1} = y_n + h f\left(x_n + \frac{1}{2}h, y_n + \frac{1}{2}h f_n\right), \tag{8.3.5}$$

称为**中点公式**.

取$b_1 = \frac{1}{4}, b_2 = \frac{3}{4}, a_{2,1} = \frac{2}{3}, c_2 = \frac{2}{3}$, 可得差分方程

$$y_{n+1} = y_n + \frac{h}{4}\left[f(x_n, y_n) + 3f\left(x_n + \frac{2}{3}h, y_n + \frac{2}{3}h f_n\right)\right], \tag{8.3.6}$$

称为**Heun公式**.

取$b_1 = \frac{1}{2}, b_2 = \frac{1}{2}, a_{2,1} = 1, c_2 = 1$时, 可得差分方程

$$y_{n+1} = y_n + \frac{h}{2}[f(x_n, y_n) + f(x_n + h, y_n + h f_n)], \tag{8.3.7}$$

式(8.3.7)就是**改进的显式Euler公式**.

以上三个方程都是典型的二级二阶显式Runge-Kutta方法.

8.3.2 常用公式

对于$s=3,4$的情况, 也可以类似地推导出相应的高阶R-K方法, 这里仅列举几个常用的公式.

(1) 三级三阶Kutta公式

$$\begin{cases} y_{n+1}=y_n+\dfrac{h}{6}[k_1+4k_2+k_3], \\ k_1=f(x_n,y_n), \\ k_2=f\left(x_n+\dfrac{1}{2}h, y_n+\dfrac{1}{2}hk_1\right), \\ k_3=f(x_n+h, y_n-hk_1+2hk_2); \end{cases}$$

(2) 三级三阶Huen公式

$$\begin{cases} y_{n+1}=y_n+\dfrac{h}{4}(k_1+3k_3), \\ k_1=f(x_n,y_n), \\ k_2=f\left(x_n+\dfrac{1}{3}h, y_n+\dfrac{1}{3}hk_1\right), \\ k_3=f\left(x_n+\dfrac{2}{3}h, y_n+\dfrac{2}{3}hk_2\right); \end{cases}$$

(3) 四级四阶古典显式Runge-Kutta公式(经典R-K公式)

$$\begin{cases} y_{n+1}=y_n+\dfrac{h}{6}(k_1+2k_2+2k_3+k_4), \\ k_1=f(x_n,y_n), \\ k_2=f\left(x_n+\dfrac{1}{2}h, y_n+\dfrac{1}{2}hk_1\right), \\ k_3=f\left(x_n+\dfrac{1}{2}h, y_n+\dfrac{1}{2}hk_2\right), \\ k_4=f(x_n+h, y_n+hk_3); \end{cases} \tag{8.3.8}$$

(4) 四级四阶显式Kutta公式

$$\begin{cases} y_{n+1}=y_n+\dfrac{h}{8}(k_1+3k_2+3k_3+k_4), \\ k_1=f(x_n,y_n), \\ k_2=f\left(x_n+\dfrac{1}{3}h, y_n+\dfrac{1}{3}hk_1\right), \\ k_3=f\left(x_n+\dfrac{2}{3}h, y_n-\dfrac{1}{3}hk_1+hk_2\right), \\ k_4=f(x_n+h, y_n+hk_1-hk_2+hk_3). \end{cases}$$

一般地, 方程(8.3.2)中的系数满足

$$\sum_{j=1}^{s} b_j=1, \quad c_i=\sum_{j=1}^{i-1} a_{i,j}, \quad i=2,3,\cdots,s,$$

并且s级R-K方法与所能达到最大阶p的关系如表8.3所示.

表8.3 R-K法s与p关系表

s	2	3	4	5	6	7	8	9	10
p	2	3	4	4	5	6	6	7	7

例8.3.1 分别用显示Euler方法($h = 0.025$)、改进的Euler方法($h = 0.05$)和经典R-K公式($h = 0.1$), 求解初值问题

$$\begin{cases} \dfrac{\mathrm{d}y}{\mathrm{d}x} = -y, \quad x \in [0,1], \\ y(0) = 1. \end{cases}$$

解 三种方法的具体算式分别如下:

显式Euler方法(h=0.025)

$$y_{n+1} = y_n + 0.025(-y_n) = 0.975y_n;$$

改进的Euler方法(h=0.05)

$$\begin{cases} \overline{y}_{n+1} = y_n + 0.05(-y_n) = 0.95y_n, \\ y_{n+1} = y_n + 0.025[(-y_n) + (-\overline{y}_{n+1})] = 0.95125y_n. \end{cases}$$

经典R-K公式(h=0.1)

$$\begin{cases} k_1 = -y_n, \\ k_2 = -(y_n + 0.05k_1) = -0.95y_n, \\ k_3 = -(y_n + 0.05k_2) = -0.9525y_n, \\ k_4 = -(y_n + 0.1k_3) = -0.9047y_n, \\ y_{n+1} = y_n + \dfrac{0.1}{6}(k_1 + 2k_2 + 2k_3 + k_4) = 0.90475y_n. \end{cases}$$

计算结果及精确解如表8.4所示.

例8.3.2 试分别利用中点公式(8.3.5)(h=0.025)、Heun公式(8.3.6)(h=0.05)和改进的显式 Euler 公式(8.3.7)(h=0.1), 求解初值问题

$$\begin{cases} y' = -y + x^2 + 1, \quad x \in [0,1], \\ y(0) = 1. \end{cases}$$

解 它的精确解是

$$y(x) = -2\mathrm{e}^{-x} + x^2 - 2x + 3.$$

表8.4 计算结果

x_n	Euler方法 ($h=0.025$)	改进的Euler方法 ($h=0.05$)	经典R-K公式 ($h=0.1$)	精确解 $y(x_n)$
0.0	1.0000000	1.0000000	1.0000000	1.00000000
0.1	0.90368789	0.90487656	0.90483750	0.90483742
0.2	0.81665180	0.81880159	0.81873090	0.81873075
0.3	0.73799835	0.74091437	0.74081842	0.74081822
0.4	0.66692017	0.67043605	0.67032029	0.67032005
0.5	0.60268768	0.60166187	0.60653093	0.60653066
0.6	0.54464156	0.54895411	0.54881193	0.54881163
0.7	0.49218598	0.49673570	0.49658562	0.49658530
0.8	0.44478251	0.44948450	0.44932929	0.44932896
0.9	0.40194457	0.40672799	0.40656999	0.40656966
1.0	0.36323244	0.36803862	0.36787977	0.36787944

计算结果列于表8.5中.

表8.5 计算结果

x_n	中点公式		Heun公式		改进的Euler公式		
	近似解	相对误差	近似解	相对误差	近似解	相对误差	精确解
0.0	1.000000	0	1.000000	0	1.000000	0	1.000000
0.1	1.000250	7.52×10^{-5}	1.000500	1.75×10^{-4}	1.000333	8.10×10^{-6}	1.000325
0.2	1.002426	1.12×10^{-4}	1.002903	3.64×10^{-4}	1.002585	4.65×10^{-5}	1.002539
0.3	1.008246	1.18×10^{-4}	1.008927	5.63×10^{-4}	1.008473	1.09×10^{-4}	1.008364
0.4	1.019262	9.75×10^{-5}	1.020129	7.69×10^{-4}	1.019551	1.91×10^{-4}	1.019360
0.5	1.036883	5.62×10^{-5}	1.037917	9.78×10^{-4}	1.037228	2.88×10^{-4}	1.036939
0.6	1.062379	2.00×10^{-6}	1.065645	1.19×10^{-3}	1.062774	3.97×10^{-4}	1.062377
0.7	1.096903	7.33×10^{-5}	1.098226	1.40×10^{-3}	1.097344	5.14×10^{-4}	1.096829
0.8	1.141497	1.55×10^{-4}	1.142944	1.60×10^{-3}	1.141979	6.37×10^{-4}	1.141342
0.9	1.197105	2.44×10^{-4}	1.198665	1.80×10^{-3}	1.197625	7.64×10^{-4}	1.196861
1.0	1.264580	3.39×10^{-4}	1.266242	2.00×10^{-3}	1.265134	8.93×10^{-4}	1.264241

R-K方法的导出利用了Tayler展开, 所以对所求的解需要有较好的光滑性, 如果解的光滑性差, 则所求的数值解可能反而不如改进的Euler方法. 当求解刚性方程时, 为了更高的精度和更好的数值稳定性, 可以构造隐式R-K方法和半隐式R-K方法.

8.3.3 步长的自动选择

在用数值方法求解微分方程的过程中, 选择恰当的步长是很重要的. 单从每一步看, 步长越小, 截断误差越小, 但在一定求解范围内所需完成的步数就越多. 步数的增加既会引起计算量的增加, 又可能造成舍入误差的严重积累. 因此, 数值求解微分方程时, 也要考虑步长的选择. 这里介绍一种常用的变步长方法, 即理查森(Richardson)外推法.

考虑经典R-K公式(8.3.8), 从节点x_n出发, 取h为步长. 求$y(x_{n+1})$的一个近似值, 记为$y_{n+1}^{(h)}$. 由于式(8.3.8)的局部截断误差为$O(h^5)$, 则

$$y(x_{n+1}) - y_{n+1}^{(h)} = ch^5 + O(h^6), \tag{8.3.9}$$

然后将步长折半, 即以$\dfrac{h}{2}$为步长, 仍从x_n出发, 经两步计算得$y(x_{n+1})$的另一个近似值$y_{n+1}^{(\frac{h}{2})}$, 其中每一步的截断误差均为$c\left(\dfrac{h}{2}\right)^5$. 因此, 有

$$y(x_{n+1}) - y_{n+1}^{(\frac{h}{2})} = 2c\left(\frac{h}{2}\right)^5 + O(h^6). \tag{8.3.10}$$

用4^2乘以式(8.3.10)的两端, 与式(8.3.9)相减整理得

$$y(x_{n+1}) = \frac{4^2 y_{n+1}^{(\frac{h}{2})} - y_{n+1}^{(h)}}{4^2 - 1} + O(h^6).$$

从上式可以看出, 若取

$$y_{n+1} = \frac{4^2 y_{n+1}^{(\frac{h}{2})} - y_{n+1}^{(h)}}{4^2 - 1} \tag{8.3.11}$$

作为 $y(x_{n+1})$ 的近似值, 则其精度显然比 $y_{n+1}^{(h)}$ 和 $y_{n+1}^{(\frac{h}{2})}$ 都要高. 这种修正的思想与 Romberg 数值积分法思想类似.

为了减少误差积累, 实际计算时, 将式(8.3.11)改写成

$$y_{n+1} = y_{n+1}^{(\frac{h}{2})} + \frac{1}{15}(y_{n+1}^{(\frac{h}{2})} - y_{n+1}^{(h)}).$$

由$y(x_{n+1}) \approx y_{n+1}$可得

$$y(x_{n+1}) - y_{n+1}^{(\frac{h}{2})} \approx \frac{1}{15}(y_{n+1}^{(\frac{h}{2})} - y_{n+1}^{(h)}),$$

这样可以通过检查步长折半前、后两次计算结果的偏差

$$\Delta = |y_{n+1}^{(\frac{h}{2})} - y_{n+1}^{(h)}|$$

来判断选取的步长是否恰当. 具体作法如下:

(1) 给定精度ε, 若$\Delta \geqslant \varepsilon$, 则反复将步长折半进行计算, 直至$\Delta < \varepsilon$为止, 取最后一步的值$y_{n+1}^{(\frac{h}{2})}$作为$y_{n+1}$;

(2) 若$\Delta < \varepsilon$, 则反复将步长加倍进行计算, 直至$\Delta \geqslant \varepsilon$, 并取上一次所得的值作为$y_{n+1}$.

从表面上来看, 这种步长的选择增加了计算工作量,但是总体考虑往往是合算的. 以上选择步长的方法适用于前面提到过的所有数值解法.

8.4 单步法的收敛性与稳定性

微分方程初值问题数值解法的基本思想是通过某种离散手段, 将微分方程转化为差分方程, 用不同的离散方法得到不同的单步法, 公式的一般形式为

$$y_{n+1} = y_n + h\varphi(x_n, y_n, h). \tag{8.4.1}$$

记$y(x_0), y(x_1), \cdots, y(x_N)$为其在离散点处的精确解, $y_0, y_1, \cdots, y_N$为其在离散点处的数值解, $\widetilde{y}_0, \widetilde{y}_1, \cdots, \widetilde{y}_N$为其在离散点处的近似解.

收敛性与稳定性是从两个不同的角度来描述微分方程数值解法的实用价值. 一个数值算法只有既快速收敛又稳定才是一个实际可行的算法.

8.4.1 单步法的收敛性

收敛性问题是考虑当步长$h \to 0$时, 所得到的数值解y_n是否收敛到方程的精确解$y(x_n)$. 具体定义如下：

定义8.4.1 若一个数值方法对于任意固定的节点$x_n = x_0 + nh$, 当$h \to 0$时, 都有$y_n \to y(x_n)$, 则称该方法为收敛的.

显然, 数值方法的收敛是指$\varepsilon_n = y(x_n) - y_n \to 0$, 对于解微分方程初值问题(8.1.1)的Euler 方法(8.2.1), 有下述估计整体截断误差的定理:

定理8.4.1 设$f(x, y)$ 关于y 满足Lipschitz 条件, L 为相应的Lipschitz 常数, 则Euler 方法(8.2.1) 的整体截断误差ε_n 满足估计式

$$|\varepsilon_n| \leqslant \mathrm{e}^{L(b-a)}|\varepsilon_0| + \frac{\mathrm{e}^{L(b-a)} - 1}{Lh}R, \quad R = \max|\tau_n|.$$

证明 由关系式(8.2.1)和式(8.2.4)可知

$$|\varepsilon_{n+1}| \leqslant |\varepsilon_n| + h|f(x_n, y(x_n)) - f(x_n, y_n)| + |\tau_n|.$$

因$f(x, y)$关于y满足Lipschitz条件, 故

$$|\varepsilon_{n+1}| \leqslant |\varepsilon_n| + Lh|\varepsilon_n| + R = (1 + Lh)|\varepsilon_n| + R.$$

依此递推得

$$\begin{aligned}|\varepsilon_{n+1}| &\leqslant (1 + Lh)^2|\varepsilon_{n-1}| + (1 + Lh)R + R \leqslant \cdots \\ &\leqslant (1 + Lh)^{n+1}|\varepsilon_0| + \tfrac{(1+Lh)^{n+1}-1}{Lh}R.\end{aligned}$$

因为

$$(1 + Lh)^{n+1} = \left[(1 + Lh)^{\frac{1}{Lh}}\right]^{(n+1)Lh} \leqslant \mathrm{e}^{(n+1)Lh},$$

所以有

$$|\varepsilon_n| \leqslant (1+Lh)^n|\varepsilon_0| + \frac{(1+Lh)^n-1}{Lh}R \leqslant \mathrm{e}^{L(b-a)}|\varepsilon_0| + \frac{\mathrm{e}^{L(b-a)}-1}{Lh}R,$$

即得定理结论. □

由定理8.4.1可知, 估计式右端依赖于初始误差ε_0和局部截断误差的界R. 由于在Euler方法中, $\varepsilon_0 = y(x_0) - y_0 = 0$, 又由式(8.2.4) 可知$R = \max|\tau_n| = O(h^2)$, 故Euler方法的局部截断误差为$O(h^2)$. 可见, 整体截断误差比局部截断误差低一阶.

类似地, 在一定条件下, 经典R-K方法的整体截断误差为$O(h^4)$, 从而是收敛的, 并且具有四阶收敛速度.

8.4.2 单步法的稳定性

8.4.1小节关于收敛性的讨论有一个前提条件, 必须假设数值方法本身的计算是准确的. 但是在实际计算中, 初始值一般会带有误差, 差分方程的求解还会有计算舍入误差, 这些误差在传播过程中可能会大量积累, 使得计算结果越来越偏离差分方程的真解. 这时就要考虑数值方法的稳定性问题.

首先引入算法稳定的概念. 若不考虑算法在计算中的舍入误差, 算法的精确解连续地依赖于初始值.

定义8.4.2 对于一个数值方法任意初始值y_0和z_0的解为$\widetilde{y_n}$和$\widetilde{z_n}$, 如果存在正常数C, h_0, 满足估计式

$$|\widetilde{y_n} - \widetilde{z_n}| \leqslant C|y_0 - z_0|, \quad a \leqslant a+nh \leqslant b,\ h \leqslant h_0,$$

则称此方法为稳定的.

数值稳定性的分析相当复杂, 它不仅与方法本身有关, 而且与$f(x,y)$以及h有关. 为简单起见, 通常只对试验方程

$$y' = \lambda y \tag{8.4.2}$$

(其中λ为常数, 可以为复数)进行讨论. 把试验方程代入式(8.4.1), 取步长为h时, 若某一时刻的误差对后面的计算影响逐步减少, 则称单步法对$\overline{h} = \lambda h$为**绝对稳定的**, 这种$\overline{h}$的全体称为**绝对稳定区域**, 绝对稳定区域与实轴的交称为**绝对稳定区间**.

对于Euler方法(8.2.1), 因为

$$y_{n+1} = y_n + hf(x_n, y_n) = y_n + \lambda h y_n = (1+\overline{h})y_n,$$

若y_n的实际计算值为$\widetilde{y}_n$, 则由误差$\delta_n = y_n - \widetilde{y}_n$引起$y_{n+1}$的误差为

$$\delta_{n+1} = (1+\overline{h})\varepsilon_n.$$

要使误差逐步减少, 应满足

$$|1+\overline{h}|<1,$$

即Euler方法在实半轴的绝对稳定区间是$(-2,0)$.

类似地可推出, 向后Euler方法(8.2.3)的绝对稳定区域为

$$|1-\overline{h}|>1.$$

对二阶R-K方法, 解试验方程(8.4.2)可得

$$y_{n+1}=\left[1+\lambda h+\frac{(\lambda h)^2}{2!}\right]y_n=\left(1+\overline{h}+\frac{\overline{h}^2}{2!}\right)y_n,$$

绝对稳定区域为

$$\left|1+\overline{h}+\frac{\overline{h}^2}{2!}\right|<1.$$

于是可得到绝对稳定区间$(-2,0)$.

类似地, 可推得P阶R-K方法的绝对稳定区域为

$$\left|1+\overline{h}+\frac{1}{2!}\overline{h}^2+\cdots+\frac{1}{p!}\overline{h}^p\right|<1.$$

一般的算法对步长h都有限制, 若步长h不在所给的绝对稳定区间内, 则方法就不稳定.

例8.4.1 $y'=-20y\ (0\leqslant x\leqslant 1), y(0)=1$, 分别取$h=0.1$和$h=0.2$, 用经典R-K公式(8.3.8)计算.

解 经典R-K公式(8.3.8)的绝对稳定区域满足

$$\left|1+\overline{h}+\frac{1}{2!}\overline{h}^2+\frac{1}{3!}\overline{h}^3++\frac{1}{4!}\overline{h}^4\right|<1,$$

解得绝对稳定区间为$(-2.78,0)$. 本题中, $\lambda=-20$, h分别为0.1和0.2, 前者在绝对稳定区间, 后者则不在, 用经典R-K公式(8.3.8)计算, 其误差如表8.6所示.

表8.6 计算结果

x_n	0.2	0.4	0.6	0.8	1.0
$h=0.1$	0.93×10^{-1}	0.12×10^{-1}	0.14×10^{-2}	0.15×10^{-3}	0.17×10^{-4}
$h=0.2$	4.98	25.0	125.0	625.0	3125.0

8.5 线性多步法

单步法在计算y_{n+1}时,只用到了前一个节点上的近似值y_n. 自然地, 想到能否利用前面几个节点的近似值. 实际上, 经过多次单步法的计算后, 已经得出一系列近似

值 $y_0, y_1, \cdots, y_n$ 和 $y_0', y_1', \cdots, y_n'$ 等. 为了提高解的精度,充分利用这些信息, 可以采用如下的计算公式:

$$y_{n+1} = \sum_{j=0}^{k-1} \alpha_j y_{n-j} + h \sum_{j=-1}^{k-1} \beta_j f_{n-j}, \tag{8.5.1}$$

其中$f_{n-j} = f(x_{n-j}, y_{n-j})$, y_{n-j}为$y(x_{n-j})$的近似, α_j和β_j为常数, 并且α_0和β_0不同时为0. 那么, 按方程(8.5.1)计算y_{n+1}时要用到前面k个节点的值$y_n, y_{n-1}, \cdots, y_{n-k+1}$, 因此, 当$k=1$时, 方程(8.5.1)就是单步法; 当$k>1$ 时, 称方程(8.5.1)为多步法或k步法. 又因为方程(8.5.1)关于y_{n-j}, f_{n-j} 是线性的, 所以称之为**线性多步法**. 若$\beta_{-1}=0$, 则称方法(8.5.1)为显式的; 若$\beta_{-1}\neq 0$, 则称方法(8.5.1)为隐式的.

8.5.1 Adams方法

给定区间$[a,b]$的一个均匀网格, $x_n = a + nh(n=0,1,2,\cdots,N)$, 步长为$h$. 下面给出线性多步法的一些构造方法.

1. Adams外插法

假设已求得问题(8.1.1)在$x_n, x_{n-1}, \cdots, x_{n-k}$的解$y_n, y_{n-1}, \cdots, y_{n-k}$, 则可以求出相应$f_n = f(x_n, y_n)$, $\cdots$, $f_{n-k} = f(x_{n-k}, y_{n-k})$的值. 利用$x_n, x_{n-1}, \cdots, x_{n-k}$ 这$k+1$个节点, 构造f的k次Lagrange插值多项式$L_{n,k}(x)$, 它的余项记为$R_{n,k}(x)$, 所以有

$$\begin{aligned} y(x_{n+1}) &= y(x_n) + \int_{x_n}^{x_{n+1}} f(x, y(x))\mathrm{d}x \\ &= y(x_n) + \int_{x_n}^{x_{n+1}} L_{n,k}(t)\mathrm{d}x + \int_{x_n}^{x_{n+1}} R_{n,k}(x)\mathrm{d}x. \end{aligned}$$

舍去余项

$$R_{n,k} = \int_{x_n}^{x_{n+1}} R_{n,k}(x)\mathrm{d}x,$$

并用y_n代替$y(x_n)$, 得到

$$y_{n+1} = y_n + \int_{x_n}^{x_{n+1}} \sum_{i=1}^{k} \prod_{\substack{j=0 \\ j\neq i}}^{k} \left(\frac{x - x_{n-j}}{x_{n-i} - x_{n-j}}\right) f_{n-i}\mathrm{d}x.$$

记

$$\begin{aligned} b_{k,i} &= \frac{1}{h}\int_{x_n}^{x_{n+1}} \prod_{\substack{j=0 \\ j\neq i}}^{k} \left(\frac{x - x_{n-j}}{x_{n-i} - x_{n-j}}\right) \mathrm{d}x \\ &= \int_0^1 \frac{1}{(-1)^i (k-i)! i!} \prod_{\substack{j=0 \\ j\neq i}}^{k} (j+\tau)\mathrm{d}\tau \quad (x = x_n + \tau h) \\ &= (-1)^{k-i} \int_0^1 \binom{-\tau}{i} \binom{-\tau-(i+1)}{k-i} \mathrm{d}\tau, \end{aligned}$$

其中

$$\binom{s}{j} = \frac{s(s-1)\cdots(s-j+1)}{j!}, \quad \binom{s}{0} = 1,$$

于是得到Adams-Bashorth方法

$$y_{n+1} = y_n + h\sum_{i=0}^{k} b_{k,i} f_{n-i}.$$

由于插值区间(x_{n-k}, x_n)不在积分区间(x_n, x_{n+1})内, 故称之为**Adams外插法**. 显然, 当$k = 0$时就是Euler方法.

对于常用$k \leqslant 5$的情况, 系数$b_{k,i}$由表8.7给出.

表8.7 系数$b_{k,i}$ $(i = 0, 1, \cdots, 5)$

i	0	1	2	3	4	5
$b_{0,i}$	1					
$2b_{1,i}$	3	−1				
$12b_{2,i}$	23	−16	5			
$24b_{3,i}$	55	−59	37	−9		
$720b_{4,i}$	1901	−2774	2616	−1274	251	
$1440b_{5,i}$	4277	−7923	9982	−7298	2877	−475

从表8.7中可知, 当$k = 1$时,

$$y_{n+1} = y_n + \frac{h}{2}(3f_n - f_{n-1});$$

当$k = 2$时,

$$y_{n+1} = y_n + \frac{h}{12}(23f_n - 16f_{n-1} + 5f_{n-2});$$

当$k = 3$时,

$$y_{n+1} = y_n + \frac{h}{24}(55f_n - 59f_{n-1} + 37f_{n-2} - 9f_{n-3}), \tag{8.5.2}$$

其中当$k = 3$时, 上式用到了前面4个节点上f的值, 是一种最常见的多步算法, 称为**四步 Adams 显式方法**.

2. Adams内插法

假设已求得问题(8.1.1)在$x_n, x_{n-1}, \cdots, x_{n-k}$的解$y_n, y_{n-1}, \cdots, y_{n-k}$, 则可以求出相应$f_n, f_{n-1}, \cdots, f_{n-k}$的值. 把节点$x_{n+1}$加到插值点上, 利用$x_n, x_{n-1}, \cdots, x_{n-k}$和$x_{n+1}$这$k$+2个节点, 构造$f$的$k$+1次Lagrange插值多项式$\widetilde{L}_{n,k+1}(x)$, 它的余项记为$\widetilde{R}_{n,k+1}(x)$. 代入恒等式

$$\begin{aligned} y(x_{n+1}) &= y(x_n) + \int_{x_n}^{x_{n+1}} f(x, y(x))\mathrm{d}x \\ &= y(x_n) + \int_{x_n}^{x_{n+1}} \widetilde{L}_{n,k+1}(x)dx + \int_{x_n}^{x_{n+1}} \widetilde{R}_{n,k+1}(x)\mathrm{d}x, \end{aligned}$$

舍去余项, 并用y_n代替$y(x_n)$, 得到

$$y_{n+1}=y_n+\int_{x_n}^{x_{n+1}}\sum_{i=-1}^{k}\prod_{\substack{j=-1\\j\neq i}}^{k}\left(\frac{x-x_{n-j}}{x_{n-i}-x_{n-j}}\right)f_{n-i}\mathrm{d}x.$$

记

$$\begin{aligned}\widetilde{b}_{k,i}&=\frac{1}{h}\int_{x_n}^{x_{n+1}}\sum_{i=-1}^{k}\prod_{\substack{j=-1\\j\neq i}}^{k}\left(\frac{x-x_{n-j}}{x_{n-i}-x_{n-j}}\right)\mathrm{d}x\\&=\int_0^1\frac{1}{(-1)^i(k-i)!i!}\prod_{\substack{j=-1\\j\neq i}}^{k}(j+\tau)\mathrm{d}\tau\quad(x=x_n+\tau h)\\&=(-1)^{k+1-i}\int_{-1}^{0}\binom{-\tau}{i}\binom{-\tau-(i+1)}{k+1-i}\mathrm{d}\tau,\end{aligned}$$

于是得到Adams-Bashorth法

$$y_{n+1}=y_n+h\sum_{i=o}^{k}\widetilde{b}_{k,i}f_{n-i}.$$

由于插值区间(x_{n-k},x_{n+1})包含积分区间(x_n,x_{n+1}), 所以也称之为**Adams内插法**.

对于常用$k\leqslant 5$的情况,系数$\widetilde{b}_{k,i}$由表8.8给出.

表8.8 系数$b_{k,i}$ $(i=0,1,\cdots,5)$

i	0	1	2	3	4	5
$\widetilde{b}_{0,i}$	1					
$2\widetilde{b}_{1,i}$	1	1				
$12\widetilde{b}_{2,i}$	5	8	−1			
$24\widetilde{b}_{3,i}$	9	19	−5	1		
$720\widetilde{b}_{4,i}$	251	646	−264	106	−19	
$1440\widetilde{b}_{5,i}$	475	1427	−798	482	−173	27

从表8.7中可知, 当$k=0$时,

$$y_{n+1}=y_n+hf_{n+1}$$

为隐式Euler方法(8.2.3); 当$k=1$时,

$$y_{n+1}=y_n+\frac{h}{2}(f_{n+1}+f_n)$$

为改进的Euler方法(8.2.5); 当$k=2$时,

$$y_{n+1}=y_n+\frac{h}{12}(5f_{n+1}+8f_n-f_{n-1});$$

当$k=3$时,

$$y_{n+1}=y_n+\frac{h}{24}(9f_{n+1}+19f_n-5f_{n-1}+f_{n-2}), \tag{8.5.3}$$

其中$k=3$时的方法用到了前面三个节点上f的值, 称为**三步Adams隐式方法**.

Adams隐式和显式方法在实际计算中各有优缺点. 前者的计算工作量比后者大, 但是稳定性范围比后者小.

例8.5.1　用四步Adams显式方法(8.5.2)和三步Adams隐式方法(8.5.3)求解下列初值问题的数值解, 并比较两者所得结果的精度:

$$\begin{cases}\dfrac{\mathrm{d}y}{\mathrm{d}x}=-y, \quad x\in[0,1],\\ y(0)=1,\end{cases} \tag{8.5.4}$$

初值问题(8.5.4)的精确解为

$$y(x)=\mathrm{e}^{-x}.$$

取$h=0.1$, 两种方法的具体算式如下:

(1) 四步Adams显式方法(8.5.2)

$$\begin{aligned}y_{n+1}&=y_n+\frac{0.1}{24}[55(-y_n)-59(-y_{n-1})+37(-y_{n-2})-9(-y_{n-3})]\\&=\frac{1}{24}(18.5y_n+5.9y_{n-1}-3.7y_{n-2}+0.9y_{n-3}).\end{aligned}$$

(2) 三步Adams隐式方法(8.5.3)

$$\begin{aligned}y_{n+1}&=y_n+\frac{0.1}{24}[9(-y_{n+1})+19(-y_n)-5(-y_{n-1})+(-y_{n-2})]\\&=\frac{1}{24.9}(22.1y_n+0.5y_{n-1}-0.1y_{n-2}).\end{aligned}$$

计算结果如表8.9所示. 可见, 隐式的精度比显式的精度要高.

表8.9　计算结果

x_n	四步Adams显式方法		三步Adams隐式方法		精确解
	y_n	$y(x_n)-y_n$	y_n	$\lvert y(x_n)-y_n\rvert$	$\lvert y(x_n)\rvert$
0.3			0.740818006	2.14×10^{-7}	0.740818220
0.4	0.670322919	2.873×10^{-6}	0.670319661	3.85×10^{-7}	0.670320046
0.5	0.606535474	4.815×10^{-6}	0.606530138	5.21×10^{-7}	0.606530659
0.6	0.548818406	6.770×10^{-6}	0.548811007	6.29×10^{-7}	0.548811636
0.7	0.496593391	8.088×10^{-6}	0.496584592	7.11×10^{-7}	0.496585303
0.8	0.449338154	9.190×10^{-6}	0.449328191	7.73×10^{-7}	0.449328964
0.9	0.406579611	9.952×10^{-6}	0.406568844	8.15×10^{-7}	0.406569659
1.0	0.367889955	1.051×10^{-5}	0.367878598	8.43×10^{-7}	0.367879441

8.5.2 待定系数法

一般线性多步法可表示为式(8.5.1), 即

$$y_{n+1}=\sum_{j=0}^{k-1}\alpha_j y_{n-j}+h\sum_{j=-1}^{k-1}\beta_j f_{n-j},$$

其中α_j,β_j为待定的系数, $|\alpha_0|+|\beta_0|\neq 0$. 若选取特殊的$\alpha_j,\beta_j$, 就可以推出Adams外插法和内插法.

定义8.5.1 若$y(x)$是初值问题(8.1.1)的精确解,线性多步法(8.5.1)在x_{n+1}上的局部截断误差为

$$\begin{aligned}\tau_{n+1}&=y(x_{n+1})-\sum_{j=0}^{k-1}\alpha_j y_{n-j}-h\sum_{j=-1}^{k-1}\beta_j f(x_{n-j},y(x_{n-j}))\\&=y(x_{n+1})-\sum_{j=0}^{k-1}\alpha_j y_{n-j}-h\sum_{j=-1}^{k-1}\beta_j y'(x_{n-j}).\end{aligned}$$

若$\tau_{n+1}=O(h^{p+1})$, 则称方法(8.5.1)为p阶的. 若$p\geqslant 1$, 则称方法(8.5.1)与微分方程(8.1.1)为相容的.

对τ_{n+1}在x_n处作Taylor展开, 由于

$$\begin{aligned}y(x_n+jh)&=y(x_n)+jhy'(x_n)+\frac{(jh)^2}{2!}y''(x_n)+\frac{(jh)^3}{3!}y'''(x_n)+\cdots,\\y'(x_n+jh)&=y'(x_n)+jhy''(x_n)+\frac{(jh)^2}{2!}y'''(x_n)+\cdots,\end{aligned}$$

所以有

$$\tau_{n+1}=c_0y(x_n)+c_1hy'(x_n)+\cdots+c_qh^qy^{(q)}(x_n)+\cdots,$$

其中

$$\begin{cases}c_0=1-(\alpha_0+\alpha_1+\cdots+\alpha_{k-1}),\\c_1=1+[\alpha_1+2\alpha_2+\cdots+(k-1)\alpha_{k-1}]-(\beta_{-1}+\beta_0+\cdots+\beta_{k-1}),\\\qquad\cdots\cdots\\c_q=\dfrac{1}{q!}\left[1-\displaystyle\sum_{j=0}^{k-1}(-j)^q\alpha_j\right]-\dfrac{1}{(q-1)!}\displaystyle\sum_{j=-1}^{k-1}\beta_j(-j)^{q-1}.\end{cases}\tag{8.5.5}$$

在式(8.5.1)中选取系数α_j,β_j, 使得$c_0=c_1=\cdots=c_q=0$, 而$c_{q+1}\neq 0$. 由定义可知, 此时多步法(8.5.1)是q阶的, 并且

$$\tau_{n+1}=c_{q+1}h^{q+1}y^{(q+1)}(x_n)+O(h^{q+2}),$$

称右端第一项为**局部截断误差主项**, c_{q+1}称为**误差常数**.

当$k = 1$时,若$\beta_{-1} \neq 0$, 则此时方法为隐式的. 由$c_0 = c_1 = c_2 = 0$, 解得$\alpha_0 = 1, \beta_{-1} = \beta_0 = 1/2$, 于是可得

$$y_{n+1} = y_n + \frac{h}{2}(f_n + f_{n+1}),$$

为改进的Euler方法. 又由方程组(8.5.5)可求得$c_3 = -1/12$, 故$q = 2$, 它是一个二阶方法,与前面的讨论是一致的.

当$k = 2$时, 可构造如下的二步三阶显式方法:

$$y_{n+1} = -4y_n + 5y_{n-1} + h(4f_n + 2f_{n-1})$$

和二步四阶隐式方法

$$y_{n+1} = y_{n-1} + \frac{h}{3}(f_{n+1} + 4f_n + f_{n-1}).$$

从理论上来讲, 对于k步法(8.5.1), 可以唯一构造最高次为$2k$阶的隐式方法或唯一的$2k-1$阶的显式方法.

8.5.3 多步法的计算

由前面的分析可知, 具有相同步数的隐式方法的精度要比显式方法高, 而且稳定性也比显式方法好. 但是隐式方法在计算过程中, 往往会遇到要解超越方程, 也就是难以化成y_{n+1}的显式表示, 只能通过迭代的方法求解, 这就会增加计算工作量. 本节介绍一种被称为预估–校正的算法.

以四阶Adams内插、外插公式为例,

$$y^p_{n+1} = y_n + \frac{h}{24}(55f_n - 59f_{n-1} + 37f_{n-2} - 9f_{n-3}),$$

$$y^c_{n+1} = y_n + \frac{h}{24}[9f(x_{n+1}, y^p_{n+1}) + 19f_n - 5f_{n-1} + f_{n-2}],$$

其中$n = 0, 1, 2, \cdots$, 即先用显式方法给出y_{n+1}的近似值, 作为隐式方法的预测值, 然后再作校正. 在一般情况下, 预估格式与校正格式都取同阶的显式方法和隐式方法相匹配, 希望迭代次数不要太多, 好的预估值选取也会减少迭代次数.

下面构造一个预估–校正算法.

设在第n步的预估值和校正值为y^{p}_n和y^{c}_n, 由Adams外插法中局部截断误差的讨论有

$$y(x_{n+1}) - y^{\mathrm{p}}_{n+1} = \frac{251}{720}h^5 y^{(5)}(\xi_n), \quad x_{n-3} < \xi_n < x_{n+1},$$

$$y(x_{n+1}) - y^{\mathrm{c}}_{n+1} = -\frac{19}{720}h^5 y^{(5)}(\xi^*_n), \quad x_{n-2} < \xi^*_n < x_{n+1}.$$

两式相减得

$$y^{\mathrm{c}}_{n+1} - y^{\mathrm{p}}_{n+1} = \frac{19}{720}h^5 y^{(5)}(\xi^*_n) + \frac{251}{720}h^5 y^{(5)}(\xi_n).$$

若解$y(x)$具有五阶连续导数, 并且在区间(x_{n-3},x_{n+1})内变化不大, 则可以近似得到

$$\frac{270}{720}h^5y^{(5)}(\eta_n)\approx y_{n+1}^{\mathrm{c}}-y_{n+1}^{\mathrm{p}},$$

即

$$y(x_{n+1})-y_{n+1}^{\mathrm{p}}\approx\frac{251}{270}(y_{n+1}^{\mathrm{c}}-y_{n+1}^{\mathrm{p}}),$$

$$y(x_{n+1})-y_{n+1}^{\mathrm{c}}\approx-\frac{19}{270}(y_{n+1}^{\mathrm{c}}-y_{n+1}^{\mathrm{p}}),$$

于是可得到一种预估–校正的算法如下:

$$\begin{aligned}
&\text{预估:}\quad y_{n+1}^{\mathrm{p}}=y_n+\frac{h}{24}(55f_n-59f_{n-1}+37f_{n-2}-9f_{n-3}),\\
&\text{校正:}\quad \overline{y}_{n+1}^{\mathrm{p}}=y_{n+1}^{\mathrm{p}}+\frac{251}{270}(y_{n+1}^{\mathrm{c}}-y_{n+1}^{\mathrm{p}}),\\
&\text{求值:}\quad \overline{f}_{n+1}=f(x_{n+1},\overline{y}_{n+1}^{\mathrm{p}}),\\
&\text{校正:}\quad y_{n+1}^{\mathrm{c}}=y_n+\frac{h}{24}(9\overline{f}+19f_n-5f_{n-1}+f_{n-2}),\\
&\text{修正:}\quad \overline{y}_{n+1}=y_{n+1}^{\mathrm{c}}-\frac{19}{270}(y_{n+1}^{\mathrm{c}}-y_{n+1}^{\mathrm{p}}),\\
&\text{求值:}\quad f_{n+1}=f(x_{n+1},\overline{y}_{n+1}).
\end{aligned}$$

在这个算法中, 还可以利用$|y_{n+1}^{\mathrm{c}}-y_{n+1}^{\mathrm{p}}|$的大小来调整步长, 当$|y_{n+1}^{\mathrm{c}}-y_{n+1}^{\mathrm{p}}|$非常小时, 可以放大$h$; 当$|y_{n+1}^{\mathrm{c}}-y_{n+1}^{\mathrm{p}}|$比较大时, 就缩小步长$h$. 利用此思想可构造自适应的算法.

*8.6 边值问题的数值解法

考虑二阶常微分方程的边值问题

$$y''=f(x,y,y'),\quad x\in[a,b], \tag{8.6.1}$$

其边值条件可分为如下三类:

(1) 第一边值条件:

$$y(a)=\alpha,\quad y(b)=\beta;$$

(2) 第二边值条件:

$$y'(a)=\alpha,\quad y'(b)=\beta;$$

(3) 第三边值条件:

$$\begin{cases}y'(a)-\alpha_0y(a)=\alpha_1,\\ y'(b)+\beta_0y(b)=\beta_1,\end{cases}$$

其中$\alpha_0\geqslant0,\beta_0\geqslant0,\alpha_0+\beta_0>0$.

若微分方程(8.6.1)分别附加上第一、二、三边值条件, 则分别称它们为第一、二、三边值问题. 求解常微分边值问题的数值方法主要有有限差分法和打靶法. 有限差分法是直接用差商逼近导数, 进而将一个连续的微分方程边值问题转化为代数方程组的求解. 打靶法的实质在于把边值问题转化为初值问题,并采用已讨论的各种初值问题的单步方法或多步方法进行求解.

在本节中, 将介绍解线性微分方程边值问题的差分法和非线性微分方程的打靶法.

8.6.1 有限差分解法

有限差分方法是解常微分方程边值问题的一种基本数值方法. 其基本思想如下: 以差商代替导数, 把微分方程离散化为一个差分方程组, 即由若干个差分方程组成一个方程组, 然后以此方程组解作为微分方程边值问题的近似值.

下面以二阶线性常微分方程为例, 介绍两点边值问题的有限差分方法.

$$\begin{cases} Ly = -\dfrac{\mathrm{d}}{\mathrm{d}x}\Big[p(x)\dfrac{\mathrm{d}y}{\mathrm{d}x}\Big] + r(x)\Big(\dfrac{\mathrm{d}y}{\mathrm{d}x}\Big) + q(x)y = f(x), \\ y(a) = \alpha, \quad y(b) = \beta, \end{cases} \tag{8.6.2}$$

其中假定$p(x) \in C^1[a,b], r(x), q(x), f(x) \in C[a,b], p(x) \geqslant p_{\min} > 0, q(x) \geqslant 0, \alpha$和$\beta$为给定的常数.

将区间[a,b]进行网格剖分.设区间被分成N等份, 即

$$x_n = a + nh, \quad n = 0, 1, \cdots, N,$$

其中$x_0 = a, x_N = b$, 称x_n为**网格节点**, $h = (b-a)/N$为**网格步长**, 将在$[a,b]$内求解$y(x)$的问题转化为在这些节点x_n上求$y(x_n)$的近似值的问题.

将(8.6.1)在节点x_n上离散化, 对于x_n, 用一阶和二阶差商来分别近似代替一阶和二阶导数

$$\begin{aligned} \frac{\mathrm{d}y}{\mathrm{d}x}\Big|_{x_n} &\approx \frac{y(x_{n+1}) - y(x_{n-1})}{2h}, \\ \frac{\mathrm{d}}{\mathrm{d}x}\Big(p\frac{\mathrm{d}y}{\mathrm{d}x}\Big)\Big|_{x_n} &\approx \frac{1}{h}\Big[\Big(p\frac{\mathrm{d}y}{\mathrm{d}x}\Big)\Big|_{x_{n+\frac{1}{2}}} - \Big(p\frac{\mathrm{d}y}{\mathrm{d}x}\Big)\Big|_{x_{n-\frac{1}{2}}}\Big] \\ &\approx \frac{1}{h}\Big[p_{n+\frac{1}{2}}\frac{y(x_{n+1}) - y(x_n)}{h} - p_{n-\frac{1}{2}}\frac{y(x_n) - y(x_{n-1})}{h}\Big], \end{aligned}$$

其中$x_{n+\frac{1}{2}} = \dfrac{1}{2}(x_n + x_{n+1}), p_{n\pm\frac{1}{2}} = p(x_{n\pm\frac{1}{2}})$. 设$y_n = y(x_n), r_n = r(x_n), q_n = q(x_n), f_n = f(x_n)$, 可得(8.6.2)的近似方程

$$-\frac{1}{h}\Big(p_{n+\frac{1}{2}}\frac{y_{n+1} - y_n}{h} - p_{n-\frac{1}{2}}\frac{y_n - y_{n-1}}{h}\Big) + r_n\frac{y_{n+1} - y_{n-1}}{2h} + q_n y_n = f_n, \quad n = 1, 2, \cdots, N-1, \tag{8.6.3}$$

加上边值条件

$$y_0 = \alpha, \quad y_N = \beta. \tag{8.6.4}$$

方程(8.6.3)和(8.6.4)是关于未知量$y_n(n = 0, 1, 2, \cdots, N)$的一个线性方程组, 若用矩阵向量形式表示, 系数矩阵是一个三对角矩阵,

$$\boldsymbol{A} = \begin{bmatrix} b_1 & -c_1 & & & \\ -a_2 & b_2 & -c_2 & & \\ & \ddots & \ddots & \ddots & \\ & & -a_{N-2} & b_{N-2} & -c_{N-2} \\ & & & -a_{N-1} & b_{N-1} \end{bmatrix}_{(N-1)\times(N-1)}$$

其中

$$\begin{cases} a_n = \dfrac{1}{h^2}p_{n-\frac{1}{2}} + \dfrac{1}{2h}r_n, \\ b_n = \dfrac{1}{h^2}(p_{n+\frac{1}{2}} + p_{n-\frac{1}{2}}) + q_n, \\ c_n = \dfrac{1}{h^2}p_{n+\frac{1}{2}} - \dfrac{1}{2h}r_n. \end{cases}$$

显然, 系数矩阵是严格对角占优的三对角线矩阵, 故可用追赶法来求解.

8.6.2 打靶法

打靶法是将边值问题转化为初值问题的一种数值方法, 考虑非线性两点边值问题

$$\begin{cases} y'' = f(x, y, y'), \quad x \in (a, b), \\ y(a) = \alpha, \quad y(b) = \beta. \end{cases} \tag{8.6.5}$$

假设方程(8.6.5)存在唯一解, 设法确定$y'(b) = s$, 使初值问题

$$\begin{cases} y'' = f(x, y, y'), \quad x \in [a, b], \\ y(a) = \alpha, \quad y'(a) = s \end{cases}$$

的解$y(x, s)$在$x = b$的值$y(b, s)$满足

$$|y(b, s) - \beta| < \varepsilon,$$

其中ε为容许的误差限.这样可以把$y(x, s)$作为边值问题(8.6.5)的近似解.这个近似解可以用逐次逼近法来得到.

设$y(x)$为边值问题的解, 若取$y'(a) = s_0$, 解初值问题

$$\begin{cases} y'' = f(x, y, y'), \quad x \in [a, b], \\ y(a) = \alpha, \quad y'(a) = s_0, \end{cases}$$

得到解为$y(x,s_0)$，再算出$y(b,s_0)=\beta_0$. 若$\beta_0=\beta$或$|\beta_0-\beta|<\varepsilon$，则可将$y(x,s_0)$作为边值问题(8.6.5)的近似解. 若$\beta_0\neq\beta$，则调整$s_0$为$s_1=\dfrac{\beta}{\beta_0}s_0$，再解此初值问题，算出其解$y(x,s_1)$,从而算出$y(b,s_1)=\beta_1$.若$\beta_1=\beta$或$|\beta_1-\beta|<\varepsilon$，则$y(b,s_1)$为边值问题(8.6.5)的近似解；否则，再继续调整s_1，直到$\beta_k=\beta$或$|\beta_k-\beta|<\varepsilon$为止. 此时，$y(x,s_k)$即为边值问题(8.6.5)的近似解.

算出边值问题的近似解$y(x,s_k)$, 当然希望

$$\lim_{k\to\infty} y(x,s_k)=y(b)=\beta,$$

这样, 确定s_k的问题就归结为求方程

$$y(b,s)=\beta \tag{8.6.6}$$

的近似根.

方程(8.6.6)是一个非线性方程, 可以用迭代法求解. 例如, 用割线法(初始值 s_0, s_1 需先选取),

$$s_k=s_{k-1}-\frac{(s_{k-1}-s_{k-2})(y(b,s_{k-1})-\beta)}{y(b,s_{k-1})-y(b,s_{k-2})},\quad k=2,3,\cdots;$$

也可以用Newton迭代法(初始值s_0需先给定),

$$s_k=s_{k-1}-\frac{(y(b,s_{k-1})-\beta)}{\dfrac{\partial y}{\partial s}(b,s_{k-1})},\quad k=1,2,\cdots.$$

上面两种方法都可以求出s_k, 直到$|y(b,s_k)-\beta|<\varepsilon$为止, 其中$\varepsilon$为容许的误差限.

8.7 数值实验

8.7.1 Euler方法

在本节中, 给出向前 Euler 方法(即显式 Euler 方法)和改进的 Euler 方法的 MATLAB 实现. 由式 (8.2.1) 可编写如下的程序：

```
function E = euler(f,a,b,y0,n)
% 显式Euler方法, f为右端函数, [a,b]为区间, y0为初值, n为步长数
h = (b-a)/n;
y = zeros(n+1,1);
x = a:h:b;
y(1) = y0;
for i = 1:n
```

```
    y(i+1) = y(i) + h*f(x(i),y(i));
end
E = [x' y];
```

改进的Euler方法由式(8.2.6)给出, 为了方便程序编写, 将它写成如下的形式:

$$\begin{cases} y_p = y_n + hf(x_n, y_n), \\ y_c = y_n + hf(x_{n+1}, y_p), \\ y_{n+1} = \dfrac{1}{2}(y_p + y_c). \end{cases}$$

由此公式得到改进的Euler方法的程序如下:

```
function E = euler_pro(f,a,b,y0,n)
% 改进Euler方法
h = (b-a)/n;
y = zeros(n+1,1);
x = a:h:b;
y(1) = y0;
for i = 1:n
    yp = y(i) + h*f(x(i),y(i));
    yc = y(i) + h*f(x(i+1),yp);
    y(i+1) = (yp + yc)/2;
end
E = [x' y];
```

下面验证例8.2.1中的结果. 例中的步长分别取$h = 0.2$, 0.1和0.05, 则由 $h = \dfrac{b-a}{n}$ 可知, n分别取25, 50和100, 下面在命令窗口中输入如下命令:

```
>> f = inline('(y+x^2-2)/(x+1)');
>> E=euler(f,0,5,2,25)
>> E=euler_pro(f,0,5,2,25)
```

就可以得到例8.1中的结果.

8.7.2 R-K方法

经典R-K方法即四阶古典显式R-K方法, 由式(8.3.8)给出. 类似于前面Euler方法的实现, 得到如下的M文件函数:

```
function RK = rk4(f,a,b,y0,n)
% 四阶古典显式Runge-Kutta方法(经典R-K方法)
h = (b-a)/n;
y = zeros(n+1,1);
x = a:h:b;
```

```
y(1) = y0;
for i = 1:n
    k1 = f(x(i),y(i));
    k2 = f(x(i)+h/2,y(i)+h*k1/2);
    k3 = f(x(i)+h/2,y(i)+h*k2/2);
    k4 = f(x(i)+h,y(i)+h*k3);
    y(i+1) = y(i) + h*(k1+2*k2+2*k3+k4)/6;
end
RK = [x' y];
```

别的公式, 如中点公式、Heun公式等, 这些方法的实现和经典R-K方法的实现类似, 只需将公式稍微变形, 就可以很方便地编写程序. 例如, 中点公式(8.3.5)可以改写成下面的等价形式:

$$\begin{cases} k_1 = f(x_n, y_n), \\ y_{n+1} = y_n + hf\left(x_n + \dfrac{h}{2}, y_n + \dfrac{h}{2}k_1\right). \end{cases}$$

Heun公式(8.3.6)可以改写成下面的形式:

$$\begin{cases} k_1 = f(x_n, y_n), \\ k_2 = y_n + hk_1, \\ k_3 = y_n + hf\left(x_n + \dfrac{2}{3}h, y_n + \dfrac{2}{3}hk_1\right), \\ y_{n+1} = \dfrac{1}{4}(k_2 + 3k_3). \end{cases}$$

8.7.3 MATLAB自带的求解常微分方程函数

MATLAB中提供了几个用来解常微分方程的函数, 如ode23和ode45分别指二三阶R-K方法和四五阶R-K方法. 在一般情况下, 若用户首次求解一个指定初值问题, 则可以先选用ode45, 若不行, 再选用其他的函数.

函数ode45的一般形式为[x,y]=ode45(f,tspan,y0), 其中tspan $=[a,b]$表示微分方程所在的区间. 需要说明的是, MATLAB在调用函数ode45时, 在一般情况下都要写上输出参数[x,y]; 如果不写, 则不会生成输出变量, 但是会画出图形.

函数ode45使用变步长的方法实现, 程序通常会对自己的解进行插值处理, 在不降低解的精确度的前提下, 尽可能获得更多的求解信息. 另外, MATLAB还对这类函数提供了一个选项结果, 允许用户在进行计算或显示时采用个性化的方式, 如指定误差限等. 在缺省的情况下, 都是采用默认的误差限来进行计算的. 这个选项结构是作为第4个输入参数出现的, 它的形式为[x,y]=ode45(f,tspan,y0,options), 是由odeset和odeget函数来控制的. 有兴趣的读者可以参考MATLAB帮助文件.

应用实例——人口增长模型

从人类的发展历史和人口变化曲线中, 不难发现, 人口的增长并没有明显的规律, 它受多方面因素的影响. 200多年前, 英国人口学家马尔萨斯(Malthus) 在人口增长率不变的假设下, 建立了著名的人口指数级增长模型

$$\begin{cases} \dfrac{\mathrm{d}N}{\mathrm{d}t} = rN(t), \\ N(t_0) = N_0, \end{cases}$$

其中$N(t)$为时间t时的人口数, N_0为$t=t_0$时的人口数, r为人口增长率. 用此模型, 他预测了大不列颠群岛的人口数将以每25年翻一番的速度增长. 后来的统计数据表明, 至少前50年的预测是正确的. 但他没有考虑到由于有限的生产空间和资源而引发的生产竞争问题, 事实上, 人口增长率应与人口数量有关.

1840年, 比利时数学家韦吕勒(Verhulst)在假设人口成长不能超过由其环境、资源所决定的人口最大容量N_{m}下, 发展了Logistic模型

$$\begin{cases} \dfrac{\mathrm{d}N}{\mathrm{d}t} = rN\left(1 - \dfrac{N}{N_{\mathrm{m}}}\right), \\ N(t_0) = N_0, \end{cases}$$

也称之为阻滞增长模型, 考虑到自然资源、环境条件等因素对人口增长的阻滞作用, 主要体现在对人口增长率r的影响上, 使得r随着人口数量N的增加而下降. 当人口无限接近最大容量N_{m}时, 人口增长率逐渐降低, 并趋向于零.

现在假设某国人口的最大容量$N_{\mathrm{m}}=16$亿, 人口增长率$r=0.29/10$年. 2010年该国的人口数为$N_0=13.7054$亿, 试用Logistic模型预测2050年该国人口将会达到多少?

对于常微分方程初值问题的数值解法, 主要有单步法和线性多步法, 各自都包括相应的显示和隐式公式. 显式计算简单, 但稳定性差; 隐式计算复杂, 但稳定性高, 预估–校正法结合了二者的优点. 选择预估–校正法:

预估: $\overline{y}_{n+1} = y_n + hf(x_n, y_n)$,

校正: $y_{n+1} = y_n + \dfrac{h}{2}[f(x_n, y_n) + f(x_{n+1}, \overline{y}_{n+1})]$,

计算结果如下(步长$h=10$)(表8.10):

表8.10

t	2010	2020	2030	2040	2050
N	13.7054	14.2135	14.6200	14.9406	15.1906

为了提高精度, 可以多次计算函数值来选择R-K方法, 也可以通过解方程组来选择线性多步法.

Logistic模型不仅大体描述了物种数量(如人口、树木、鱼类等)的变化规律, 还可以在社会学、经济学、遗传学、流行病学等多个领域中获得广泛应用.

习　题　8

(一)

1. 分别用显式Euler法与改进的预估–校正法构造初值问题

$$\begin{cases} y' = x + y, \quad x \in [0,1], \\ y(0) = 1 \end{cases}$$

的迭代格式($h = 0.1$).

2. 对初值问题

$$\begin{cases} y' = ax + b, \\ y(0) = 0, \end{cases}$$

分别写出 Euler 法和改进的 Euler 法的近似解 y_n 的表达式, 并求它们与真解 $y(x) = \dfrac{1}{2}ax^2 + bx$ 的误差.

3. 试分别用Euler方法与改进的Euler方法求解初值问题

$$\begin{cases} y' = x^2 y, \quad x \in [0,1], \\ y(0) = 1 \end{cases}$$

的数值解(取$h = 0.2$), 并将计算结果与准确值$y = e^{\frac{1}{3}x^3}$进行比较.

4. 用梯形方法解第2题中的初值问题, 并估计局部截断误差.

5. 用梯形公式求解初值问题

$$\begin{cases} y' = 8 - 3y, \quad x \in [1,2], \\ y(0) = 1, \end{cases}$$

取步长$h = 0.2$, 要求计算结果至少保留小数点后5位.

6. 用经典R-K法求初值问题

$$\begin{cases} y' = y - \dfrac{2x}{y}, \quad x \in [0,1], \\ y(0) = 1 \end{cases}$$

的数值解(取$h = 0.2$), 并与准确值$y = \sqrt{1+2x}$作比较.

7. 给定初值问题

$$\begin{cases} y' = f(x,y), \quad a < x \leqslant b, \\ y(a) = y_0, \end{cases}$$

试构造线性多步公式

$$y_{n+1} = \frac{1}{3}(\alpha y_n - y_{n-1}) + \beta h f(x_{n+1}, y_{n+1}),$$

使其局部截断误差的阶数尽可能高, 并给出局部截断误差的表达式.

8. 试证明微分方程$y' = f(x,y)$的线性二步法

$$y_{n+2} + (b-1)y_{n+1} - by_n = \frac{h}{4}[(b+3)f_{n+2} + (3b+1)f_n],$$

当$b \neq -1$时, 方法为二阶; 当$b = -1$时, 方法为三阶.

9. 证明微分方程$y' = f(x, y)$的下列差分公式:

$$y_{n+1} = \frac{1}{2}(y_n + y_{n-1}) + \frac{h}{4}(4y'_{n+1} - y'_n + 3y'_{n-1})$$

是二阶的, 并求出截断误差的主项.

(二)

1. 对于初值问题

$$\begin{cases} y' = -100(y - x^2) + 2x, \\ y(0) = 1. \end{cases}$$

(1) 用Euler法求解, 步长h取什么范围的值, 才能使计算稳定?

(2) 若用经典R-K公式计算, 步长h如何选取?

(3) 若用改进的Euler方法计算, 步长h有无限制?

2. 证明中点公式

$$y_{n+1} = y_n + hf\left(x_n + \frac{h}{2}, y_n + \frac{h}{2}f(x_n, y_n)\right)$$

是二阶的, 并求其绝对稳定区间.

*3. 试用有限差分解法求解边值问题

$$\begin{cases} y'' = 1, \quad x \in (0, 1), \\ y(0) = y(1) = 0 \end{cases}$$

的数值解(取$h = 0.2$), 并将计算结果与准确解$y = \frac{1}{2}(x^2 - x)$进行比较.

*4. 试用打靶法求解第一边值问题

$$\begin{cases} y'' + y = 0, \quad x \in \left(0, \frac{\pi}{2}\right), \\ y(0) = 1,\ y\left(\frac{\pi}{2}\right) = 0 \end{cases}$$

的数值解(用Euler方法解方程组, 取$h = \frac{\pi}{8}$), 并将计算结果与准确解$y = \cos x$进行比较.

参 考 文 献

何汉林, 梅家斌. 2007. 数值分析. 北京: 科学出版社

蒋尔雄, 赵风光. 1996. 数值逼近. 上海: 复旦大学出版社

李庆扬, 王能超, 易大义. 2008. 数值分析. 5版. 北京: 清华大学出版社

马昌凤, 林伟川. 2008. 现代数值计算方法. 北京: 科学出版社

马东升. 2002. 数值计算方法. 北京: 机械工业出版社

马正飞, 殷翔. 2002. 数学计算方法与软件的工程应用. 北京: 化学工业出版社

沈剑华. 1999. 数值计算基础. 上海: 同济大学出版社

肖筱南. 2005. 现代数值计算方法. 北京: 北京大学出版社

易大义, 陈道琦. 1998. 数值分析引论. 杭州: 浙江大学出版社

叶彦谦. 1998. 常微分方程讲义. 2版. 北京: 高等教育出版社

Davis P J, Rabinowitz P. 1975. Methods of Numerical Intergration. New York: Academic Press

Haier E, Norsett S P, Wanner G. 2006. Sloving Ordinary Differential Equations I: Nonstiff Problems(影印版). 2nd ed. 北京: 科学出版社

Haier E, Wanner G. 2006. Sloving Ordinary Differential Equations II: Stiff and Diff(影印版). 2nd ed. 北京: 科学出版社

Quarteroni A, Sacco R, Saleri F. 2006. Numerical Mathematics. 北京: 科学出版社

部分习题答案

习　题　1

(一)

1. $0.00005, 0.017\%$, 4位; $0.005, 0.017\%$, 4位; $0.0005, 0.0017\%$, 5位;
   $0.5, 0.0017\%$, 5位; $0.00005 \times 10^5, 0.017\%$, 4位.
2. 4位.
3. $-5.556, -28, 0.01, -4.04$.
4. 4位, 4位. (提示: $e(x_1^* + x_2^*) \approx e(x_1^*) + e(x_2^*)$, $e(x_1^{*2} x_2^*) \approx x_1^{*2} e(x_2^*) + 2x_1^* x_2^* e(x_1^*)$.)
5. $0.0052328, 0.008, 0.0051253, 1$, $\dfrac{1}{(3+2\sqrt{2})^3}$效果最好.
6. 39.975, 0.02502.
7. $0.0353, 0.035311358$; $\dfrac{1}{2} \times 10^{-3}$, 2位; $\dfrac{1}{2} \times 10^{-6}$, 5位.
8. $\dfrac{1}{2} \times 10^{-3}$.
9. $|T_{10} - T_{10}^*| < 5^{10} \times 2 \times 10^{-2}$, $|S_{10} - S_{10}^*| < \dfrac{1}{5^{10}} \times 2 \times 10^{-2}$;
   计算T_{10}所得的结果不可靠, 计算S_{10}所得的结果可靠.

(二)

1. (1) 7; (2) 11或者7.
2. $0.3 \times 10^{-2}, 0.834 \times 10^{-6}$.
3. $I_{n-1} = \dfrac{1}{n}(\mathrm{e}^2 - 2I_n)$.

习　题　2

(一)

1. (1) $(-13, 8, 2)^{\mathrm{T}}$,　(2) $(1, 2, 1)^{\mathrm{T}}$.
3. $(1, -1, 2)^{\mathrm{T}}$.
4. $\boldsymbol{x}^{\mathrm{T}} = (1/26, 16/13, 2/13)^{\mathrm{T}}$,　$\boldsymbol{y}^{\mathrm{T}} = (-2/13, -12/13, -8/13)^{\mathrm{T}}$.
5. $\boldsymbol{x}^{\mathrm{T}} = (n+1, 0, \cdots, 0, -1)^{\mathrm{T}}$.
6. $\boldsymbol{x}^{\mathrm{T}} = (1, -1, 2)^{\mathrm{T}}$.
7. $(2, -1, 1, 0)^{\mathrm{T}}$.
8. $\|\boldsymbol{x}\|_1 = 3, \|\boldsymbol{x}\|_2 = 2.236, \|\boldsymbol{x}\|_\infty = 2; \|\boldsymbol{A}\|_\infty = 1.1, \|\boldsymbol{A}\|_1 = 0.8, \|\boldsymbol{A}\|_{\mathrm{F}} = 0.8426$,
   $\rho(\boldsymbol{A}) = 0.719; \|\boldsymbol{A}\boldsymbol{x}\|_\infty = 0.5$.
9. $\mathrm{Cond}(\boldsymbol{A})_2 = 39206, \mathrm{Cond}(\boldsymbol{A})_\infty = 39601$.

(二)

1. $\boldsymbol{A}=\begin{bmatrix}1&2&3\\2&4&1\\4&6&7\end{bmatrix}$不能分解, 第2, 3行对调后的矩阵就可以分解.

2. $(x_1,x_2,x_3,x_4,x_5)^{\mathrm{T}}=(0.0370,4.6667,1.4444,-2.2963,2.9259)^{\mathrm{T}}$.

3. $\boldsymbol{x}^{\mathrm{T}}=(-0.61156,1.14081,0.23556,-0.69522)^{\mathrm{T}}$.

4.

$$\boldsymbol{A}^{-1}=\begin{bmatrix}4/3&-2/3&0&0\\-2/3&32/15&-6/5&0\\0&-6/5&108/35&-12/7\\0&0&-12/7&16/7\end{bmatrix}.$$

6. $\widetilde{\boldsymbol{x}}^{\mathrm{T}}=(1.82,-0.36,1.35,0.79)^{\mathrm{T}}$, 相对误差为0.685.

习 题 3

(一)

1. 取$\boldsymbol{x}^{(0)}=(-3,2,1)^{\mathrm{T}}$, Jacobi迭代法计算得

$\boldsymbol{x}^{(3)}=(-4.211,2.9125,1.7595)^{\mathrm{T}}$,

$\boldsymbol{x}^{(6)}=(-4.00420,2.99221,2.00862)^{\mathrm{T}}$,

$\boldsymbol{x}^{(9)}=(-4.00006,3.00155,1.99984)^{\mathrm{T}}$,

$\boldsymbol{x}^{(12)}=(-3.99987,2.99990,1.99990)^{\mathrm{T}}$,

$\boldsymbol{x}^{(13)}=(-3.99994,3.00008,1.99994)^{\mathrm{T}}$;

Gauss-Seidel迭代法计算得

$\boldsymbol{x}^{(3)}=(-3.96213,2.99791,1.99180)^{\mathrm{T}}$,

$\boldsymbol{x}^{(6)}=(-3.99963,3.00003,1.99994)^{\mathrm{T}}$,

$\boldsymbol{x}^{(7)}=(-4.00000,3.00003,2.00000)^{\mathrm{T}}$.

2. $\omega=1.03$, 迭代8次, $\boldsymbol{x}^{(8)}=(-3.99996,2,99999,1,99999)^{\mathrm{T}}$;

$\omega=1.1$, 迭代9次, $\boldsymbol{x}^{(9)}=(-4.00021,2.99988,2.00000)^{\mathrm{T}}$.

3. (2) $\rho(\boldsymbol{B}_{\mathrm{J}})=\dfrac{\sqrt{3|ab|}}{10}<1,\rho(\boldsymbol{B}_{\text{G-S}})=\dfrac{3|ab|}{100}<1$.

4. (1) 都收敛; (2) Jacobi迭代发散, Gauss-Seidel迭代法发散.

5. $|a^3+c^3|<|abc|$.

6. (2) $\alpha\in(-1,3)$; (3) $\alpha=1$收敛最快.

7. 将第1, 2个方程对调, 系数矩阵是对角占优的, 得到的Jacobi和Gauss-Seidel迭代都收敛.

(二)

2. $0<\omega<\dfrac{3}{2}$.

3. 从初值$(x_1,x_2,x_3,x_4,x_5,x_6,x_7)^{\mathrm{T}}=(8,8,8,8,8,8,8)^{\mathrm{T}}$,用Jacobi迭代151次得

$$(x_1,x_2,x_3,x_4,x_5,x_6,x_7)^{\mathrm{T}}=(1.4311,3.1496,5.0139,6.7875,8.0770,8.2261,6.1413)^{\mathrm{T}}.$$

4. 当$\omega=1.0$时, 迭代11次, 近似解为

$$(0.99999879,0.99999951,0.99999968,0.99999921,0.99999948,0.99999979)^{\mathrm{T}};$$

当$\omega=1.1$时, 迭代7次, 近似解为

$$(1.0000024,0.99999968,0.99999979,1.0000003,1.0000000,0.99999998)^{\mathrm{T}}.$$

习 题 4

(一)

1. 有唯一正根$x^*\approx x_6=1.8984375$.
3. (1)收敛; (2)收敛; (3)发散.
4. 取$g(x)=\sqrt[3]{x+1}$, 由

$$\begin{cases} y_n=g(x_n), \\ z_n=g(y_n), \quad n=0,1,2,\cdots, \\ x_{n+1}=x_n-\dfrac{(y_n-x_n)^2}{z_n-2y_n+x_n}, \end{cases}$$

取初值$x_0=1.5$, 计算结果如下表所示:

n	x_n	y_n	z_n
0	1.5	1.357208808	1.330860959
1	1.324899181	1.324752379	1.324724496
2	1.324717957	1.324717957	1.324717957

5. $x_4=2.09455148$.
6. (1) 当$x_0>\sqrt{a}$时, 用Newton法求方程$x^2-a=0$的正根收敛, 相应迭代公式为$x_{k+1}=\dfrac{1}{2}\left(x_k+\dfrac{a}{x_k}\right)$;
   (2) $x_3=4.12310563$.
7. (1) 在区间$(0,1)$及$(1,2)$内分别有一个根;
   (2) 取$x_0=0.3$ 得$x_3=0.26821301$; 取$x_0=1.5$ 得$x_3=1.71133617$.
8. Newton形式$x_{15}=1.89548842$; 重根形式$x_5=1.89549427$.
9. $x_5=0.33766677$.

(二)

1. $x_{14}=0.3376678467$.

3. (1) 迭代函数$g(x) = 1 + \frac{1}{2}\sin x$, 迭代格式$x_{k+1} = 1 + \dfrac{1}{2}\sin x_k (k = 1, 1, 2, \cdots)$;

当$x \in \left[0.5, \dfrac{\pi}{2}\right]$时, 迭代收敛;

(2) 相应的Steffenson迭代格式为$x_{k+1} = x_k - (g(x_k) - x_k)^2/(g(g(x_k)) - 2g(x_k) + x_k)$, $k = 0, 1, 2, \cdots$; $x_1 = 1.4987$.

4. 所求的根如下表所示:

k	0	1	2	3
x_k	3.0	3.147918	3.146193	3.146193

5. $x_3 = 0.382179$.

*6. $(x_2, y_2)^{\mathrm{T}} = (1.5811388, 1.2247449)^{\mathrm{T}}$.

习　题　5

(一)

1. $\dfrac{5}{6}x^2 + \dfrac{3}{2}x - \dfrac{7}{3}$.

2. $L_1(11.75) \approx 2.46315, |R_1(11.75)| < 7.8 \times 10^{-4}$;

$L_2(11.75) \approx 2.46381, |R_2(11.75)| < 5.9 \times 10^{-5}$.

3. $\sin 1.0$的近似值依次为0.83725, 0.84115, 0.84141.

4. $I(0.5) \approx 0.49272, \quad I(0.44525) \approx 0.44$.

5. $h \leqslant 0.00658$.

6. 2^{n-1}, 2^n.

7. $H_3(x) = 11x^3 - 50x^2 + 69x - 27$.

8. $P_4(x) = \dfrac{1}{4}x^2(x-3)^2$.

9. $$I_h(x) = \begin{cases} \dfrac{\sqrt{2}-1}{30}x + \dfrac{3}{2} - \sqrt{2}, & x \in [30, 45], \\ \dfrac{\sqrt{3}-\sqrt{2}}{30}x + 2\sqrt{2} - \dfrac{3}{2}\sqrt{3}, & x \in [45, 60], \\ \dfrac{2-\sqrt{3}}{60}x + \dfrac{3\sqrt{3}}{2} - 2, & x \in [60, 90]. \end{cases}$$

10. (1)

$$S(x) = \begin{cases} \dfrac{11}{15}x^3 - \dfrac{26}{15}x^2 + x, & 0 \leqslant x \leqslant 1, \\ -\dfrac{1}{5}x^3 + \dfrac{16}{15}x^2 - \dfrac{9}{5}x + \dfrac{14}{15}, & 1 \leqslant x \leqslant 2, \\ \dfrac{1}{15}x^3 - \dfrac{8}{15}x^2 + \dfrac{7}{5}x - \dfrac{6}{5}, & 2 < x \leqslant 3; \end{cases}$$

(2)

$$S(x)=\begin{cases}-\frac{19}{90}x^3+\frac{1}{2}x^2-\frac{13}{45}x, & 0\leqslant x\leqslant 1,\\ \frac{1}{18}x^3-\frac{3}{10}x^2+\frac{23}{45}x-\frac{4}{15}, & 1\leqslant x\leqslant 2,\\ -\frac{1}{90}x^3+\frac{1}{10}x^2-\frac{13}{45}x+\frac{4}{15}, & 2\leqslant x\leqslant 3.\end{cases}$$

(二)

3. $I_h(x)=\frac{x_i^2}{h_i}(x_{i+1}-x_i)+\frac{x_{i+1}^2}{h_i}(x-x_i),\quad x_i\in[x_i,x_{i+1}],\ i=0,1,\cdots,n-1$,
其中x_i为在区间$[a,b]$内的节点(即$a=x_0<x_1<\cdots<x_n=b$),
$h_i=x_{i+1}-x_i$为每个小区间的长度; 误差小于 $\max\limits_{0\leqslant i\leqslant n-1}\frac{h_i^2}{4}$.

4. $P_5(x)=-6.5104x^5+20.7031x^4-24.7656x^3+13.4297x^2-4.0017x+1.4986$,

$$S(x)=\begin{cases}3.1340x^3-0.9402x^2-1.1313x+1.1394, & 0.1\leqslant x\leqslant 0.3,\\ -5.6699x^3+6.9833x^2-3.5084x+1.5671, & 0.3\leqslant x\leqslant 0.5,\\ 3.2955x^3-6.4648x^2+3.2157x-0.4464, & 0.5\leqslant x\leqslant 0.7,\\ -2.5120x^3+5.7309x^2-5.3214x+2.4384, & 0.7\leqslant x\leqslant 0.9,\\ 1.7524x^3-5.7830x^2+5.0412x-0.6704, & 0.9\leqslant x\leqslant 1.1.\end{cases}$$

习 题 6

(一)

1. $\max\limits_{-1\leqslant x\leqslant 1}|R_4(x)|\leqslant\frac{\mathrm{e}}{120}\approx 0.0226$.
2. 正交.
3. $\varphi_0(x)=1,\varphi_1(x)=x,\varphi_2(x)=x^2-\frac{2}{5},\varphi_3(x)=x^3-\frac{9}{14}x$.
4. $P_3^*(x)=2x-2x^3$.
5. (1) $P_1^*(x)=-0.2958x+1.1410$;
(2) $P_1^*(x)=-2.4317x+1.2159$;
(3) $P_1^*(x)=0.6822x-0.6371$.
6. $P_1(x)=36.72+0.79x,\quad P_2(x)=36.649+0.79x+0.035x^2$.
7. $y=0.97258+0.050035x^2$.
8. $a=84.8513,\quad b=-0.45643$.
9. $F=1.235+0.15575W$.

(二)

2. $P^*(x)=A_0^*+\sum_{i=1}^{n}(A_i^*\cos ix+B_i^*\sin ix)$,

$$A_0^*=\frac{1}{2\pi}\int_{-\pi}^{\pi}f(x)\mathrm{d}x,\quad A_i^*=\frac{1}{\pi}\int_{-\pi}^{\pi}f(x)\cos ix\mathrm{d}x,\quad B_i^*=\frac{1}{\pi}\int_{-\pi}^{\pi}f(x)\sin ix\mathrm{d}x.$$

3. $y=95.3524+2.2337x$.

4. 设收入为x万元, 消费为y万元, 则有$y=0.03284677x^2+0.37164521x+0.30673442$.

*5. (1) 选取H_3中的基$\{1,x,x^2,x^3\}$, 求实验数据的拟合多项式$P_3^*(x)=\sum_{j=1}^{4}a_j^*x^{j-1}$.

法方程组系数矩阵为

$$G=\begin{bmatrix}21 & & & \\ 10.5 & 7.157 & & 对称 \\ 7.175 & 5.5125 & 4.516663 & \\ 5.125 & 4.516663 & 3.854156 & 3.382122\end{bmatrix}$$

常数项

$$d=(24.118,13.2345,9.468365,3.382122)^{\mathrm{T}},$$

系数

$$\{a_j^*\}=(0.5746909,4.725488,-11.12734,7.668118)^{\mathrm{T}}.$$

(2) 基$\{T_0(t),T_1(t),T_2(t),T_3(t)\}$(Chebyshev多项式), 求实验数据的拟合多项式$C_3^*(x)=\sum_{j=1}^{4}a_j^*x^{j-1}(t)$. 法方程组系数矩阵为

$$G=\begin{bmatrix}21 & & & \\ 0 & 7.7 & & 对称 \\ -5.6 & 0 & 10.4664 & \\ 0 & -2.8336 & 0 & 11.01056\end{bmatrix}$$

常数项

$$d=(24.118,2.351,-6.01108,1.523576)^{\mathrm{T}},$$

系数

$$\{a_j^*\}=(1.160969,0.3935144,0.0468986,0.2396463)^{\mathrm{T}}.$$

最小平方误差为0.1927446, 最大偏差为0.8865869.

习　题　7

(一)

1. (1) $A_0=A_2=\dfrac{h}{3},A_1=\dfrac{4h}{3}$,具有3次代数精度;

(2) $A_0=A_2=\dfrac{8h}{3},A_1=-\dfrac{4h}{3}$,具有3次代数精度;

(3) $x_1 = -0.28990, x_2 = 0.52660$或$x_1 = 0.68990, x_2 = -0.12660$,

具有2次代数精度.

2. $a = \frac{5}{3},\ b = \frac{1}{3}$, 具有2次代数精度.

3. 积分公式为$\frac{2}{3}f\left(\frac{1}{4}\right) - \frac{1}{3}f\left(\frac{1}{2}\right) + \frac{2}{3}f\left(\frac{3}{4}\right)$.

4. 1.47573058,　0.043.

5. (1) $T_6 = 1.722259,\quad S_1 = 1.718861$;

(2) $T_8 = 0.562079,\quad S_4 = 0.561963$.

6. 0.9460831.

7. $\int_0^1 f(x)\mathrm{d}x \approx \frac{1}{2}f(0.21132487) + \frac{1}{2}f(0.78867513)$,　3.14754099.

8. (1) $$\int_a^b g(x)\mathrm{d}x \approx \frac{b-a}{2}\Big[\frac{5}{9}g\Big(\frac{b+a}{2} - \frac{b-a}{2}\sqrt{0.6}\Big) + \frac{8}{9}g\Big(\frac{b+a}{2}\Big) + \frac{5}{9}g\Big(\frac{b+a}{2} + \frac{b-a}{2}\sqrt{0.6}\Big)\Big];$$

(2) 1.09803922.

9. 由三点公式得

$$f'(1.0) \approx -0.247,\quad |R_2(1,0)| \leqslant 0.0025,$$
$$f'(1.1) \approx -0.217,\quad |R_2(1,1)| \leqslant 0.00125,$$
$$f'(1.2) \approx -0.187,\quad |R_2(1,2)| \leqslant 0.0025.$$

(二)

2. 用复化梯形需分成213等份, 用复化Simpson公式区间分为8等份.

3. 用复化梯形公式计算得$\omega \approx 1.587\mathrm{e}+004$.

习　题　8

(一)

1. (1) $\begin{cases} y_{n+1} = 1.1y_n + 0.01n, \\ y_0 = 1; \end{cases}$

(2) $\begin{cases} \overline{y}_{n+1} = 1.1y_n + 0.01n, \\ y_{n+1} = 1.105y_n + 0.0105n + 0.005, \\ y_0 = 1. \end{cases}$

2. Euler格式

$$y_{n+1} = y_n + h(ax_n + b) = ah^2\frac{n(n+1)}{2} + (n+1)hb,$$

误差

$$y(x_{n+1}) - y_{n+1} = \frac{1}{2}anh^2;$$

改进的Euler格式

$$y_{n+1} = y_n + \frac{ah}{2}(x_n + x_{n+1}) + hb = \frac{a(n+1)^2h^2}{2} + (n+1)hb,$$

误差

$$y(x_{n+1}) - y_{n+1} = 0.$$

3.

x_i	0	0.2	0.4	0.6	0.8	1.0
Euler法y_i	1	1	1.008	1.040256	1.115154	1.257894
改进的Euler法y_i	1	1.004	1.024208	1.078647	1.191482	1.402136
准确值$y(x_i)$	1	1.002670	1.021562	1.074655	1.186095	1.395612

4.

x_i	0	0.2	0.4	0.6	0.8	1.0
梯形法y_i	1	1.00402	1.024423	1.079682	1.195033	1.412794

局部截断误差为0.04186.

5. $y_{n+1} = y_n + 0.1(16 - 3y_n - 3y_{n+1})$,即$y_{n+1} = \dfrac{7y_n + 16}{13}$;

x_i	1	1.2	1.4	1.6	1.8	2.0
梯形法y_i	2	2.30769	2.47337	2.56258	2.61062	2.63649

6.

x_i	0.2	0.4	0.6	0.8	1.0
y_i	1.183229	1.341667	1.483281	1.612514	1.732142
$y(x_i)$	1.183216	1.341641	1.483240	1.612452	1.732051

7. $\alpha = 4,\ \beta = 2/3$, 截断误差$\tau_{n+1} = -\dfrac{2}{9}h^3 y'''(x_n) + O(h^4)$, 最高阶为2阶.

9. $-\dfrac{5}{8}h^3 y'''(x_n)$.

(二)

1. (1) $0 < h \leqslant 0.02$; (2) $0 < h \leqslant 0.0278$; (3) $0 < h < +\infty$.

*3.

x_i	0.0	0.2	0.4	0.6	0.8	1.0
近似解	0.00	−0.08	−0.12	−0.12	−0.08	0.00
准确解	0.00	−0.08	−0.12	−0.12	−0.08	0.00

*4.

x_i	$\dfrac{\pi}{8}$	$\dfrac{\pi}{4}$	$\dfrac{3\pi}{8}$	$\dfrac{\pi}{2}$
近似解	0.97088	0.78755	0.45450	0.00000
准确解	0.92388	0.70711	0.38268	0.00000

(在计算中取$\varepsilon = 10^{-2}$.)